普通高等教育“十二五”规划教材

高等数学

（化生地类）下册

主　编　赵奎奇
副主编　李绍林　李素云
　　　　陈　静　廖玉怀
参　编　方艳溪　张绍康
　　　　程　洁　熊绍武

科学出版社
北　京

内 容 简 介

本书是云南省部分高校本科教育质量工程建设成果，全书分上、下两册，本书为下册，内容包括无穷级数、空间解析几何、多元函数微分学及其应用、重积分及其应用、曲线积分与曲面积分.

本书可作为普通高等学校化学与化工学、生物学与生命科学、地理学与旅游学、医学与环境科学等专业的"高等数学"课程教材，也可作为高等院校相关专业学生的参考书.

图书在版编目(CIP)数据

高等数学：化生地类. 下册/赵奎奇主编. —北京：科学出版社，2013
普通高等教育"十二五"规划教材
ISBN 978-7-03-036308-4

Ⅰ. ①高…　Ⅱ. ①赵…　Ⅲ. ①高等数学-高等学校-教材　Ⅳ. ①O13

中国版本图书馆 CIP 数据核字(2012)第 309158 号

责任编辑：胡云志　任俊红　于　红 / 责任校对：刘亚琦
责任印制：徐晓晨 / 封面设计：华路天然工作室

科 学 出 版 社 出版
北京东黄城根北街 16 号
邮政编码：100717
http://www.sciencep.com

北京中石油彩色印刷有限责任公司 印刷

科学出版社发行　各地新华书店经销

*

2013 年 1 月第　一　版　　开本：720×1000　B5
2016 年 8 月第四次印刷　　印张：9 1/4
字数：181 000

定价：25.00 元

（如有印装质量问题，我社负责调换）

目　　录

第 8 章　无 穷 级 数

无穷级数是与数列极限有着密切联系的一个概念，是研究函数性质和进行数值计算的重要工具，在自然学科和工程技术中有着广泛的应用. 本章主要介绍无穷级数的一些基本内容和简单应用.

8.1　数 项 级 数

8.1.1　数项级数的概念

定义 8.1　设$\{u_n\}$是一个数列，表达式

$$u_1+u_2+\cdots+u_n+\cdots \tag{8.1}$$

称为**无穷级数**，简称为(**数项**)**级数**，记为 $\sum\limits_{n=1}^{\infty}u_n$ ，即

$$\sum_{n=1}^{\infty}u_n=u_1+u_2+\cdots+u_n+\cdots,$$

其中，$u_1,u_2,\cdots,u_n,\cdots$称为级数的**项**，$u_n$ 称为级数的**一般项或通项**.

由定义可知，级数呈无限个数项相加形式，与有限个数项相加有本质区别，有限个数项相加总是有“和”的。无限项相加是否有“和”呢？如果有“和”，那么“和”又等于什么？回答这些问题，要用极限的方法来解决. 设

$$S_1=u_1,\quad S_2=u_1+u_2,\cdots,\quad S_n=u_1+u_2+\cdots+u_n=\sum_{k=1}^{n}u_k,\cdots,$$

称 S_n 为级数(8.1)的前 n **项部分和**，简称**部分和**，数列$\{S_n\}$为级数(8.1)的**部分和数列**.

定义 8.2　设级数(8.1)的部分和数列为$\{S_n\}$，如果

$$\lim_{n\to\infty}S_n=S(\text{有限数值}),$$

则称级数(8.1)**收敛**，并称 S 为级数(8.1)的**和**，记为

$$S=u_1+u_2+\cdots+u_n+\cdots=\sum_{n=1}^{\infty}u_n.$$

如果$\lim\limits_{n\to\infty}S_n$ 不存在，则称级数(8.1)**发散**，此时级数没有和.

例 8.1　讨论级数 $\sum\limits_{n=1}^{\infty}\dfrac{1}{3^n}$ 的敛散性.

解　因为 $S_n=\frac{1}{3}+\frac{1}{3^2}+\cdots+\frac{1}{3^n}=\frac{\frac{1}{3}\left[1-\left(\frac{1}{3}\right)^n\right]}{1-\frac{1}{3}}=\frac{1}{2}\left(1-\frac{1}{3^n}\right)$,

$$\lim_{n\to\infty}S_n=\lim_{n\to\infty}\left[\frac{1}{2}\left(1-\frac{1}{3^n}\right)\right]=\frac{1}{2},$$

所以，$\sum_{n=1}^{\infty}\frac{1}{3^n}=\frac{1}{3}+\frac{1}{3^2}+\cdots+\frac{1}{3^n}+\cdots=\frac{1}{2}$ 收敛.

例 8.2　证明级数 $\sum_{n=1}^{\infty}n=1+2+\cdots+n+\cdots$ 发散.

证　由于 $S_n=1+2+\cdots+n=\frac{n(n+1)}{2}$, $\lim_{n\to\infty}S_n=\infty$,所以级数 $\sum_{n=1}^{\infty}n$ 发散.

例 8.3　讨论等比级数(**几何级数**) $\sum_{n=1}^{\infty}aq^{n-1}=a+aq+aq^2+\cdots+aq^{n-1}+\cdots$ 的敛散性.

解　当 $|q|\neq1$ 时,有

$$S_n=a+aq+aq^2+\cdots+aq^{n-1}=\frac{a(1-q^n)}{1-q}.$$

若 $|q|<1$,则 $\lim_{n\to\infty}S_n=\lim_{n\to\infty}\frac{a(1-q^n)}{1-q}=\frac{a}{1-q}$,级数收敛,其和为 $\frac{a}{1-q}$.

若 $|q|>1$,则 $\lim_{n\to\infty}S_n=\infty$,级数发散.

当 $q=1$ 时,有 $S_n=na$, $\lim_{n\to\infty}S_n=\infty$,级数发散.

当 $q=-1$ 时,有 $S_n=a$(n 为奇数时)或 $S_n=0$(n 为偶数时), $\lim_{n\to\infty}S_n$ 不存在,级数发散.

综上所述,当 $|q|<1$ 时, $\sum_{n=1}^{\infty}aq^{n-1}=\frac{a}{1-q}$,收敛,当 $|q|\geqslant1$ 时, $\sum_{n=1}^{\infty}aq^{n-1}$ 发散.

例 8.4　讨论级数 $\sum_{n=1}^{\infty}\frac{1}{n(n+1)}$ 的敛散性.

解(化差求和法)　因为

$$\begin{aligned}S_n&=\frac{1}{1\cdot2}+\frac{1}{2\cdot3}+\cdots+\frac{1}{n(n+1)}\\&=\left(1-\frac{1}{2}\right)+\left(\frac{1}{2}-\frac{1}{3}\right)+\cdots+\left(\frac{1}{n}-\frac{1}{n+1}\right)=1-\frac{1}{n+1},\end{aligned}$$

$$\lim_{n\to\infty}S_n=\lim_{n\to\infty}\left(1-\frac{1}{n+1}\right)=1,$$

所以，$\sum\limits_{n=1}^{\infty}\dfrac{1}{n(n+1)}=1$ 收敛.

8.1.2　收敛级数的基本性质

性质 8.1　级数 $\sum\limits_{n=1}^{\infty}u_n$ 与 $\sum\limits_{n=1}^{\infty}ku_n$ 具有相同的敛散性. 其中，k 为非零常数.

证　设 $\sum\limits_{n=1}^{\infty}u_n$，$\sum\limits_{n=1}^{\infty}ku_n$ 的部分和分别为 S_n，T_n，则

$$S_n=u_1+u_2+\cdots+u_n,$$

$$T_n=ku_1+ku_2+\cdots+ku_n=k(u_1+u_2+\cdots+u_n)=kS_n,$$

如果 $\sum\limits_{n=1}^{\infty}u_n=S$ 收敛，则 $\lim\limits_{n\to\infty}S_n=S$，$\lim\limits_{n\to\infty}T_n=\lim\limits_{n\to\infty}kS_n=kS$，所以 $\sum\limits_{n=1}^{\infty}ku_n=kS$ 收敛.

如果 $\sum\limits_{n=1}^{\infty}u_n$ 发散，则 $\lim\limits_{n\to\infty}S_n$ 不存在，$\lim\limits_{n\to\infty}T_n=\lim\limits_{n\to\infty}kS_n$ 也不存在，所以 $\sum\limits_{n=1}^{\infty}ku_n$ 发散.

性质 8.2　如果 $\sum\limits_{n=1}^{\infty}u_n=S$，$\sum\limits_{n=1}^{\infty}v_n=T$，则 $\sum\limits_{n=1}^{\infty}(u_n\pm v_n)=S\pm T$.

证　设 $\sum\limits_{n=1}^{\infty}u_n$，$\sum\limits_{n=1}^{\infty}v_n$，$\sum\limits_{n=1}^{\infty}(u_n\pm v_n)$ 的部分和分别为 S_n，T_n，W_n，则

$$\begin{aligned}W_n&=(u_1\pm v_1)+(u_2\pm v_2)+\cdots+(u_n\pm v_n)\\&=(u_1+u_2+\cdots+u_n)\pm(v_1+v_2+\cdots+v_n)=S_n\pm T_n.\end{aligned}$$

已知有 $\lim\limits_{n\to\infty}S_n=S$，$\lim\limits_{n\to\infty}T_n=T$，于是

$$\lim_{n\to\infty}W_n=\lim_{n\to\infty}(S_n\pm T_n)=S\pm T,$$

所以，$\sum\limits_{n=1}^{\infty}(u_n\pm v_n)=S\pm T$ 收敛.

性质 8.3　去掉、增加或改变级数的有限项，级数的敛散性不变.

***证**　不妨设，去掉 $\sum\limits_{n=1}^{\infty}u_n$ 中的前 k 项：$u_1,u_2,\cdots,u_k$，得到级数

$$\sum_{n=1}^{\infty}u_{k+n}=u_{k+1}+u_{k+2}+\cdots+u_{k+n}+\cdots.$$

又设该级数的前 n 项和为 T_n，并且令 $S_k=u_1+u_2+\cdots+u_k$，则 $T_n=S_{k+n}-S_k$，同时注意到 S_k 是一个常数，所以 $\lim\limits_{n\to\infty}T_n$ 和 $\lim\limits_{n\to\infty}S_{k+n}$ 同时存在或同时不存在. 因此，$\sum\limits_{n=1}^{\infty}u_n$ 与 $\sum\limits_{n=1}^{\infty}u_{k+n}$ 具有相同的敛散性.

性质 8.4　收敛级数加括号所得级数仍然收敛且和不变. 即若 $\sum\limits_{n=1}^{\infty}u_n$ 收敛，则

$$(u_1+u_2+\cdots+u_{n_1})+(u_{n_1+1}+\cdots+u_{n_2})+\cdots+(u_{n_{k-1}+1}+\cdots+u_{n_k})+\cdots$$

也收敛,且和不变.

*证 设 $\sum_{n=1}^{\infty}u_n$ 收敛于 S,且 $S_n=\sum_{k=1}^{n}u_k$,则 $\lim_{n\to\infty}S_n=S$. 对 $\sum_{n=1}^{\infty}u_n$ 的各项间任意加括号后所得级数的前 k 项部分和记为 T_k,则

$$T_1=S_{n_1},T_2=S_{n_2},\cdots,T_k=S_{n_k},\cdots,$$

数列 $\{T_k\}$ 是数列 $\{S_n\}$ 的一个子数列. 由数列 $\{S_n\}$ 的收敛性以及收敛数列与子数列的关系可知,数列 $\{T_k\}$ 必收敛, $\lim_{k\to\infty}T_k=\lim_{n\to\infty}S_n=S$. 因此,加括号后所形成的级数仍收敛,且其和不变.

注 8.1 性质 8.4 的逆命题不成立,即收敛级数去括号后所形成的级数不一定收敛. 例如,级数

$$(1-1)+(1-1)+\cdots+(1-1)+\cdots$$

收敛于零,但级数 $\sum_{n=1}^{\infty}(-1)^{n-1}=1+(-1)+1+(-1)+\cdots+(-1)^{n-1}+\cdots$ 发散.

另外,性质 8.4 也表明,若加括号后所形成的新级数发散,则原级数必发散.

8.1.3 级数收敛的必要条件

定理 8.1(级数收敛的必要条件) $\sum_{n=1}^{\infty}u_n$ 收敛 $\Rightarrow \lim_{n\to\infty}u_n=0$.

证 设 $\sum_{n=1}^{\infty}u_n$ 的部分和为 S_n,并且 $\lim_{n\to\infty}S_n=S$,因为 $u_n=S_n-S_{n-1}$,所以

$$\lim_{n\to\infty}u_n=\lim_{n\to\infty}(S_n-S_{n-1})=\lim_{n\to\infty}S_n=\lim_{n\to\infty}S_{n-1}=S-S=0.$$

定理 8.1 也表明,若 $\lim_{n\to\infty}u_n\neq 0\Rightarrow \sum_{n=1}^{\infty}u_n$ 发散.

例如,由于 $\lim_{n\to\infty}\frac{n}{2n+1}=\frac{1}{2}\neq 0$,所以 $\sum_{n=1}^{\infty}\frac{n}{2n+1}$ 发散.

需要注意, $\lim_{n\to\infty}u_n=0$ 只是 $\sum_{n=1}^{\infty}u_n$ 收敛的必要条件,不是充分条件,即当 $\lim_{n\to\infty}u_n=0$ 时,级数 $\sum_{n=1}^{\infty}u_n$ 也可能发散.

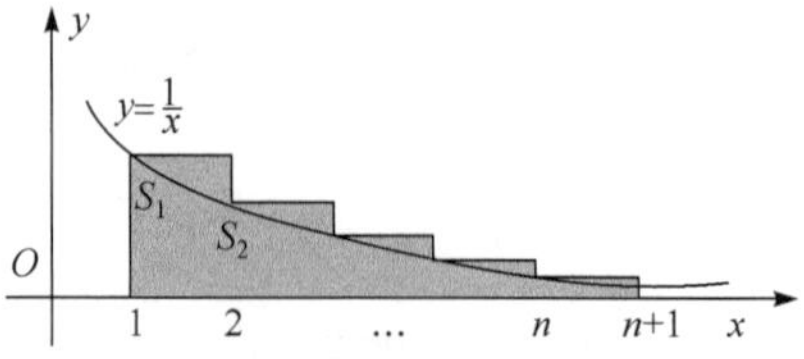

图 8-1

***例 8.5** 证明调和级数 $\sum_{n=1}^{\infty}\frac{1}{n}=1+\frac{1}{2}+\frac{1}{3}\cdots+\frac{1}{n}+\cdots$ 发散.

证 如图 8-1 所示,部分和

$$S_n=1+\frac{1}{2}+\frac{1}{3}\cdots+\frac{1}{n}$$

与图中阴影部分的面积相等，并且大于曲线 $y=\frac{1}{x}$ 在区间 $[0,n+1]$ 上的曲边梯形的面积 S，即

$$S_n > S = \int_1^{n+1}\frac{1}{x}\mathrm{d}x = \ln(n+1).$$

而且 $\lim\limits_{n\to\infty}\ln(n+1)=\infty$，所以 $\lim\limits_{n\to\infty}S_n=\infty$，即 $\sum\limits_{n=1}^{\infty}\frac{1}{n}$ 发散.

习　题　8.1

1. 写出下列级数的通项：

(1) $\frac{1}{1\cdot 2}+\frac{1}{2\cdot 3}+\frac{1}{3\cdot 4}+\cdots$；　(2) $\frac{2}{1}-\frac{3}{2}+\frac{4}{3}-\frac{5}{4}+\frac{6}{5}-\cdots$；

(3) $\frac{1}{2}+\frac{2}{5}+\frac{3}{10}+\frac{4}{17}+\cdots$；　(4) $\frac{\sqrt{x}}{2}+\frac{x}{2\cdot 4}+\frac{x\sqrt{x}}{2\cdot 4\cdot 6}+\frac{x^2}{2\cdot 4\cdot 6\cdot 8}+\cdots$.

2. 根据级数收敛与发散的定义判别下列级数的敛散性：

(1) $\sum\limits_{n=1}^{\infty}(2n+1)$；　(2) $\sum\limits_{n=1}^{\infty}\frac{1}{\sqrt{n+1}+\sqrt{n}}$；

*(3) $\sum\limits_{n=1}^{\infty}(\sqrt{n+2}-2\sqrt{n+1}+\sqrt{n})$；　*(4) $\sum\limits_{n=1}^{\infty}\frac{1}{n(n+1)(n+2)}$.

3. 利用级数的性质和收敛的必要条件判别下列级数的敛散性：

(1) $\sum\limits_{n=1}^{\infty}\frac{n}{2n+1}$；　(2) $\sum\limits_{n=1}^{\infty}\left[\frac{1}{2n}+\left(-\frac{4}{5}\right)^n\right]$；　(3) $\sum\limits_{n=1}^{\infty}\left(\frac{1}{2^n}+\frac{1}{5^n}\right)$；

(4) $\sum\limits_{n=1}^{\infty}\sin\frac{n\pi}{6}$；　(5) $\sum\limits_{n=1}^{\infty}n\sin\frac{3}{n}$；　(6) $\sum\limits_{n=1}^{\infty}\frac{1}{\left(1+\frac{2}{n}\right)^n}$.

8.2　正项级数

很多级数的敛散性问题可归结为正项级数的敛散性问题. 本节主要介绍正项级数的几个敛散性判别定理.

若 $u_n\geqslant 0(n\geqslant 1)$，则称 $\sum\limits_{n=1}^{\infty}u_n$ 为**正项级数**.

设正项级数 $\sum\limits_{n=1}^{\infty}u_n$ 的部分和 $S_n=\sum\limits_{k=1}^{n}u_k(n=1,2,\cdots)$，由于 $u_n\geqslant 0$，所以数列

$\{S_n\}$是一个单调递增数列. 由此,我们给出如下定理.

定理 8.2　正项级数 $\sum_{n=1}^{\infty} u_n$ 收敛的充分必要条件是它的部分和数列$\{S_n\}$有界.

定理 8.3(比较判别法)　设级数 $\sum_{n=1}^{\infty} u_n$ 和 $\sum_{n=1}^{\infty} v_n$ 都是正项级数,当 $n>N(N\in \mathbf{Z}^+)$时,有 $u_n\leqslant v_n$,则

(1) 若级数 $\sum_{n=1}^{\infty} v_n$ 收敛,则级数 $\sum_{n=1}^{\infty} u_n$ 也收敛;

(2) 若级数 $\sum_{n=1}^{\infty} u_n$ 发散,则级数 $\sum_{n=1}^{\infty} v_n$ 也发散.

证　设正项级数 $\sum_{n=1}^{\infty} u_n$ 和 $\sum_{n=1}^{\infty} v_n$ 的部分和分别为 S_n 和 T_n,由级数的收敛性与前面有限项无关,不妨设对于任意的 $n(n=1,2,\cdots)$,有 $u_n\leqslant v_n$,则

$$S_n=u_1+u_2+\cdots+u_n\leqslant v_1+v_2+\cdots+v_n=T_n.$$

(1) 若 $\sum_{n=1}^{\infty} v_n$ 收敛,由定理 8.2 可知,部分和数列$\{T_n\}$有界,数列$\{S_n\}$有界,所以级数 $\sum_{n=1}^{\infty} u_n$ 也收敛.

(2) $\sum_{n=1}^{\infty} u_n$ 发散,根据定理 8.2,有$\lim\limits_{n\to\infty} S_n=\infty$,因而$\lim\limits_{n\to\infty} T_n=\infty$,所以 $\sum_{n=1}^{\infty} v_n$ 也发散.

例 8.6　讨论正项级数 $1+\frac{1}{1\cdot 2}+\frac{1}{2\cdot 2^2}+\cdots+\frac{1}{n\cdot 2^n}+\cdots$的敛散性.

解　因为 $0<\frac{1}{n\cdot 2^n}\leqslant\frac{1}{2^n}$,且 $\sum_{n=1}^{\infty}\frac{1}{2^n}$ 收敛. 所以,此级数收敛.

例 8.7　讨论正项级数(p-**级数**) $\sum_{n=1}^{\infty}\frac{1}{n^p}=1+\frac{1}{2^p}+\frac{1}{3^p}+\cdots+\frac{1}{n^p}+\cdots$ 的敛散性,其中,常数 $p>0$.

解　当 $p\leqslant 1$ 时,有$\frac{1}{n^p}\geqslant\frac{1}{n}(n=1,2,\cdots)$,且 $\sum_{n=1}^{\infty}\frac{1}{n}$ 发散,所以 p-级数发散.

当 $p>1$ 时, $\sum_{n=1}^{\infty}\frac{1}{n^p}$ 的前 n 项部分和记为 S_n,因为 $S_n<S_{2n+1}$,并且

$$\begin{aligned}S_{2n+1}&=1+\left[\frac{1}{2^p}+\frac{1}{4^p}+\cdots+\frac{1}{(2n)^p}\right]+\left[\frac{1}{3^p}+\frac{1}{5^p}+\cdots+\frac{1}{(2n+1)^p}\right]\\&<1+\left[\frac{1}{2^p}+\frac{1}{4^p}+\cdots+\frac{1}{(2n)^p}\right]+\left[\frac{1}{2^p}+\frac{1}{4^p}+\cdots+\frac{1}{(2n)^p}\right]\\&=1+\frac{1}{2^p}\cdot S_n+\frac{1}{2^p}\cdot S_n=1+2^{1-p}\cdot S_n<1+2^{1-p}\cdot S_{2n+1},\end{aligned}$$

即 $S_{2n+1}<1+2^{1-p}\cdot S_{2n+1}$，进而有 $S_{2n+1}<\dfrac{1}{1-2^{1-p}}$，$n=1,2,\cdots$，故数列 $\{S_n\}$ 有界，p-级数收敛.

综上所述，$p\leqslant 1$ 时，p-级数 $\sum\limits_{n=1}^{\infty}\dfrac{1}{n^p}$ 发散；$p>1$ 时，p-级数 $\sum\limits_{n=1}^{\infty}\dfrac{1}{n^p}$ 收敛.

特别地，$\sum\limits_{k=1}^{\infty}\dfrac{1}{k^2}=1+\dfrac{1}{2^2}+\cdots+\dfrac{1}{k^2}+\cdots$ 收敛，$\sum\limits_{k=1}^{\infty}\dfrac{1}{\sqrt{k}}=1+\dfrac{1}{\sqrt{2}}+\cdots+\dfrac{1}{\sqrt{k}}+\cdots$ 发散.

例 8.8　讨论级数 $\sum\limits_{n=1}^{\infty}\dfrac{1}{\sqrt{n(n+1)}}$ 的敛散性.

解　因为 $\dfrac{1}{\sqrt{n(n+1)}}>\dfrac{1}{\sqrt{(n+1)^2}}=\dfrac{1}{n+1}$，而且

$$\sum_{n=1}^{\infty}\frac{1}{n+1}=\frac{1}{2}+\frac{1}{3}+\cdots+\frac{1}{n+1}+\cdots$$

发散，所以 $\sum\limits_{n=1}^{\infty}\dfrac{1}{\sqrt{n(n+1)}}$ 发散.

定理 8.4（比较判别法的极限形式）　设级数 $\sum\limits_{n=1}^{\infty}u_n$ 和 $\sum\limits_{n=1}^{\infty}v_n$ 都是正项级数，则

(1) 若 $\lim\limits_{n\to\infty}\dfrac{u_n}{v_n}=l$，且 $0<l<+\infty$，则级数 $\sum\limits_{n=1}^{\infty}u_n$ 和 $\sum\limits_{n=1}^{\infty}v_n$ 有相同的敛散性；

(2) 若 $\lim\limits_{n\to\infty}\dfrac{u_n}{v_n}=0$，且级数 $\sum\limits_{n=1}^{\infty}v_n$ 收敛，则级数 $\sum\limits_{n=1}^{\infty}u_n$ 也收敛；

(3) 若 $\lim\limits_{n\to\infty}\dfrac{u_n}{v_n}=+\infty$，且级数 $\sum\limits_{n=1}^{\infty}v_n$ 发散，则级数 $\sum\limits_{n=1}^{\infty}u_n$ 也发散.

证　这里仅对情形(1)进行证明，情形(2)，(3)的证明方法是类似的.

设 $\lim\limits_{n\to\infty}\dfrac{u_n}{v_n}=l$，且 $0<l<+\infty$，则对于任意给定 $\varepsilon>0$（令 $\varepsilon=\dfrac{l}{2}$），存在正整数 N，当 $n>N$ 时，有 $\left|\dfrac{u_n}{v_n}-l\right|<\dfrac{l}{2}$，即 $\dfrac{l}{2}\cdot v_n<u_n<\dfrac{3l}{2}\cdot v_n$.

所以，由不等式 $\dfrac{l}{2}\cdot v_n<u_n$ 知，当级数 $\sum\limits_{n=1}^{\infty}u_n$ 收敛时，则级数 $\sum\limits_{n=1}^{\infty}v_n$ 也收敛；由不等式 $u_n<\dfrac{3l}{2}\cdot v_n$ 知，当级数 $\sum\limits_{n=1}^{\infty}u_n$ 发散时，则级数 $\sum\limits_{n=1}^{\infty}v_n$ 也发散. 所以，$\sum\limits_{n=1}^{\infty}u_n$ 和 $\sum\limits_{n=1}^{\infty}v_n$ 有相同的敛散性.

例 8.9 讨论级数 $\sum\limits_{n=1}^{\infty}\tan\dfrac{1}{n^2}$ 的敛散性.

解 因为$\lim\limits_{n\to\infty}\dfrac{\tan\dfrac{1}{n^2}}{\dfrac{1}{n^2}}=1$,且 $\sum\limits_{n=1}^{\infty}\dfrac{1}{n^2}$ 收敛,所以 $\sum\limits_{n=1}^{\infty}\tan\dfrac{1}{n^2}$ 收敛.

例 8.10 讨论级数 $\sum\limits_{n=1}^{\infty}\ln\left(1+\dfrac{1}{n}\right)$ 的敛散性.

解 因为 $\lim\limits_{n\to\infty}\dfrac{\ln\left(1+\dfrac{1}{n}\right)}{\dfrac{1}{n}}=\lim\limits_{n\to\infty}\ln\left(1+\dfrac{1}{n}\right)^n=1$ 且 $\sum\limits_{n=1}^{\infty}\dfrac{1}{n}$ 发散, 所以 $\sum\limits_{n=1}^{\infty}\ln\left(1+\dfrac{1}{n}\right)$ 发散.

定理 8.5(比值判别法) 给定正项级数 $\sum\limits_{n=1}^{\infty}u_n$,如果$\lim\limits_{n\to\infty}\dfrac{u_{n+1}}{u_n}=\rho$,则

(1) 当 $\rho<1$ 时, $\sum\limits_{n=1}^{\infty}u_n$ 收敛;

(2) 当 $\rho>1$(或$\lim\limits_{n\to\infty}\dfrac{u_{n+1}}{u_n}=+\infty$)时, $\sum\limits_{n=1}^{\infty}u_n$ 发散;

(3) 当 $\rho=1$ 时, $\sum\limits_{n=1}^{\infty}u_n$ 可能收敛也可能发散.

***证** (1) 当 $\rho<1$ 时,即$\lim\limits_{n\to\infty}\dfrac{u_{n+1}}{u_n}<1$,可取正数 r,使得 $0<\rho<r<1$,而且存在正整数 N,使当 $n>N$ 时,有不等式$\dfrac{u_{n+1}}{u_n}<r$,因此

$$u_{N+2}<ru_{N+1},u_{N+3}<ru_{N+2}<r^2u_{N+1},u_{N+4}<ru_{N+3}<r^3u_{N+1},\cdots$$

正项级数 $ru_{N+1}+r^2u_{N+1}+r^3u_{N+1}+\cdots$是公比为 $r(0<r<1)$的等比级数,收敛. 而级数 $u_{N+2}+u_{N+3}+u_{N+4}+\cdots$的各项小于级数 $ru_{N+1}+r^2u_{N+1}+r^3u_{N+1}+\cdots$的对应项,所以

$$u_{N+2}+u_{N+3}+u_{N+4}+\cdots$$

收敛,进而由级数的性质 8.3 知, $\sum\limits_{n=1}^{\infty}u_n$ 收敛.

(2) 当 $\rho>1$ 时,即$\lim\limits_{n\to\infty}\dfrac{u_{n+1}}{u_n}>1$,可取正数 r,使得 $1<r<\rho$,而且存在正整数 N,使当 $n>N$ 时,有不等式$\dfrac{u_{n+1}}{u_n}>r>1$,由 $u_{n+1}>u_n$ 知级数 $\sum\limits_{n=1}^{\infty}u_n$ 从第 N 项以后开

始，每一项随 n 的增大而增大，因而 $\lim\limits_{n\to\infty}u_n\neq 0$，所以 $\sum\limits_{n=1}^{\infty}u_n$ 发散.

类似地，可以证明当 $\lim\limits_{n\to\infty}\frac{u_{n+1}}{u_n}=+\infty$ 时，级数 $\sum\limits_{n=1}^{\infty}u_n$ 发散.

(3) 由实例说明，级数 $\sum\limits_{n=1}^{\infty}\frac{1}{n}$，$\sum\limits_{n=1}^{\infty}\frac{1}{n^2}$ 一个发散，一个收敛，但他们都满足 $\rho=1$.

例 8.11　讨论级数 $\sum\limits_{n=1}^{\infty}\frac{1}{(2n+1)3^{2n+1}}$ 的敛散性.

解　因为
$$\lim_{n\to\infty}\frac{u_{n+1}}{u_n}=\lim_{n\to\infty}\frac{\dfrac{1}{(2n+3)3^{2n+3}}}{\dfrac{1}{(2n+1)3^{2n+1}}}=\frac{1}{9}\lim_{n\to\infty}\frac{2n+1}{2n+3}=\frac{1}{9}<1,$$

所以，$\sum\limits_{n=1}^{\infty}\frac{1}{(2n+1)3^{2n+1}}$ 收敛.

例 8.12　讨论级数 $\sum\limits_{n=1}^{\infty}\frac{n!}{2^n}$ 的敛散性.

解　因为 $\lim\limits_{n\to\infty}\frac{u_{n+1}}{u_n}=\lim\limits_{n\to\infty}\dfrac{\dfrac{(n+1)!}{2^{n+1}}}{\dfrac{n!}{2^n}}=\lim\limits_{n\to\infty}\frac{n+1}{2}=+\infty$，所以，$\sum\limits_{n=1}^{\infty}\frac{n!}{2^n}$ 发散.

定理 8.6(根值判别法)　给定正项级数 $\sum\limits_{n=1}^{\infty}u_n$，如果 $\lim\limits_{n\to\infty}\sqrt[n]{u_n}=\rho$，则

(1) 当 $\rho<1$ 时，则级数 $\sum\limits_{n=1}^{\infty}u_n$ 收敛；

(2) 当 $\rho>1$（或 $\lim\limits_{n\to\infty}\sqrt[n]{u_n}=+\infty$）时，级数 $\sum\limits_{n=1}^{\infty}u_n$ 发散；

(3) 当 $\rho=1$ 时，$\sum\limits_{n=1}^{\infty}u_n$ 可能收敛也可能发散.

定理 8.6 的证明与定理 8.5 的证明类似，读者可自行证明.

例 8.13　讨论级数 $\sum\limits_{n=1}^{\infty}\frac{1}{2^n}\left(1+\frac{1}{2n}\right)^{n^2}$ 的敛散性.

解　因为
$$\lim_{n\to\infty}\sqrt[n]{u_n}=\lim_{n\to\infty}\sqrt[n]{\frac{1}{2^n}\left(1+\frac{1}{2n}\right)^{n^2}}=\lim_{n\to\infty}\frac{1}{2}\left(1+\frac{1}{2n}\right)^n=\frac{\sqrt{e}}{2}<1,$$

由定理 8.6 可知，级数 $\sum\limits_{n=1}^{\infty}\frac{1}{2^n}\left(1+\frac{1}{2n}\right)^{n^2}$ 收敛.

例 8.14　讨论级数 $\sum\limits_{n=1}^{\infty}\left(\frac{3n}{n+1}\right)^n$ 的敛散性.

解　因为 $\lim\limits_{n\to\infty}\sqrt[n]{u_n}=\lim\limits_{n\to\infty}\sqrt[n]{\left(\dfrac{3n}{n+1}\right)^n}=\lim\limits_{n\to\infty}\dfrac{3n}{n+1}=3>1$,

由定理 8.6 可知,级数 $\sum\limits_{n=1}^{\infty}\left(\dfrac{3n}{n+1}\right)^n$ 发散.

习　题　8.2

1. 用比较判别法判别下列级数的敛散性:

(1) $\sum\limits_{n=1}^{\infty}\dfrac{1}{n^2+n+1}$;　(2) $\sum\limits_{n=1}^{\infty}\dfrac{1}{\sqrt{n^2+3}}$;　(3) $\sum\limits_{n=1}^{\infty}\dfrac{1+n}{1+n^2}$;

(4) $\sum\limits_{n=1}^{\infty}\sin\dfrac{\pi}{2^n}$;　(5) $\sum\limits_{n=1}^{\infty}\dfrac{2n}{\sqrt{n^3+1}}$;　(6) $\sum\limits_{n=1}^{\infty}\dfrac{1}{1+a^n}\ (a>0)$.

2. 用比值判别法判别下列级数的敛散性:

(1) $\sum\limits_{n=1}^{\infty}\dfrac{n^2}{3^n}$;　(2) $\sum\limits_{n=1}^{\infty}\dfrac{2^n\cdot n!}{n^n}$;

(3) $\sum\limits_{n=1}^{\infty}2^n\sin\dfrac{\pi}{3^n}$;　(4) $\sum\limits_{n=1}^{\infty}n\tan\dfrac{\pi}{2^{n+1}}$.

3. 用根值判别法判别下列级数的敛散性:

(1) $\sum\limits_{n=1}^{\infty}\left(\dfrac{n}{2n+1}\right)^n$;　(2) $\sum\limits_{n=1}^{\infty}\dfrac{1}{n}\left(\dfrac{4}{3}\right)^n$;

(3) $\sum\limits_{n=1}^{\infty}\left(\dfrac{n}{3n-1}\right)^{2n-1}$;　(4) $\sum\limits_{n=1}^{\infty}\dfrac{3^n}{1+e^n}$.

8.3　交错级数　绝对收敛与条件收敛

8.3.1　交错级数及其收敛判别法

定义 8.3　设 $u_n>0(n=1,2,\cdots)$,形如

$$\sum_{n=1}^{\infty}(-1)^{n-1}u_n=u_1-u_2+u_3-u_4+\cdots+(-1)^{n-1}u_n+\cdots,$$

或

$$\sum_{n=1}^{\infty}(-1)^n u_n=-u_1+u_2-u_3+u_4-\cdots+(-1)^n u_n+\cdots$$

的级数称为**交错级数**.

定理 8.7(莱布尼茨判别法)　如果交错级数 $\sum\limits_{n=1}^{\infty}(-1)^{n-1}u_n$ 满足

(1) $u_n\geqslant u_{n+1}(n=1,2,\cdots)$;

(2) $\lim\limits_{n\to\infty}u_n=0$;

则 $\sum\limits_{n=1}^{\infty}(-1)^{n-1}u_n$ 收敛,而且和 $S\leqslant u_1$,余项 $r_n=\sum\limits_{k=n+1}^{\infty}(-1)^{k-1}u_k$ 满足 $|r_n|\leqslant u_{n+1}$.

证　首先研究部分和数列 $\{S_n\}$ 中的偶数项

$$S_2,S_4,S_6,\cdots,S_{2k-2},S_{2k},\cdots,$$

其中,$S_{2k}=(u_1-u_2)+(u_3-u_4)+\cdots+(u_{2k-1}-u_{2k})$.

由条件(1)知,所有括号内的差都是非负的,即 $u_i-u_{i+1}\geqslant 0(i=1,3,\cdots,2k-1)$,所以数列 $\{S_{2k}\}$ 是单调递增数列.

S_{2k} 又可写为

$$S_{2k}=u_1-[(u_2-u_3)+(u_4-u_5)+\cdots+(u_{2k-2}-u_{2k-1})+u_{2k}],$$

同样,由条件(1)知,$S_{2k}\leqslant u_1$,即数列 $\{S_{2k}\}$ 有上界. 根据极限存在准则,数列 $\{S_{2k}\}$ 收敛,不妨设 $\lim\limits_{k\to\infty}S_{2k}=S\leqslant u_1$.

再考虑数列 $\{S_n\}$ 中的奇数项

$$S_1,S_3,S_5,\cdots,S_{2k+1},\cdots,$$

因为 $S_{2k+1}=S_{2k}+u_{2k+1}$,由条件(2)知,$\lim\limits_{k\to\infty}u_{2k+1}=0$,所以

$$\lim_{k\to\infty}S_{2k+1}=\lim_{k\to\infty}(S_{2k}+u_{2k+1})=\lim_{k\to\infty}S_{2k}+\lim_{k\to\infty}u_{2k+1}=S+0=S.$$

综上所述,有 $\lim\limits_{n\to\infty}S_n=S(S\leqslant u_1)$,即 $\sum\limits_{n=1}^{\infty}(-1)^{n-1}u_n$ 收敛,且 $S\leqslant u_1$.

最后,考虑交错级数 $\sum\limits_{n=1}^{\infty}(-1)^{n-1}u_n$ 余项 r_n 的绝对值

$$|r_n|=|\pm(u_{n+1}-u_{n+2}+u_{n+3}-u_{n+4}+\cdots)|,$$

且绝对值符号内也是满足条件(1)和条件(2)的交错级数,所以该级数收敛,并且 $|r_n|\leqslant u_{n+1}$.

例 8.15　讨论级数 $\sum\limits_{n=1}^{\infty}(-1)^{n-1}\dfrac{1}{n}$ 的敛散性.

解　由于 $\sum\limits_{n=1}^{\infty}(-1)^{n-1}\dfrac{1}{n}$ 是交错级数,并且满足

(1) $u_n=\dfrac{1}{n}>\dfrac{1}{n+1}=u_{n+1}\quad(n=1,2,\cdots)$;

(2) $\lim\limits_{n\to\infty}u_n=\lim\limits_{n\to\infty}\dfrac{1}{n}=0$;

所以,$\sum\limits_{n=1}^{\infty}(-1)^{n-1}\dfrac{1}{n}$ 收敛.

8.3.2 绝对收敛与条件收敛

定义 8.4 如果任意项级数 $\sum\limits_{n=1}^{\infty} u_n$ 的各项取绝对值所成的级数 $\sum\limits_{n=1}^{\infty} |u_n|$ 收敛，则称级数 $\sum\limits_{n=1}^{\infty} u_n$ 绝对收敛；如果级数 $\sum\limits_{n=1}^{\infty} u_n$ 收敛，而级数 $\sum\limits_{n=1}^{\infty} |u_n|$ 发散，则称级数 $\sum\limits_{n=1}^{\infty} u_n$ 条件收敛.

可以验证，$\sum\limits_{n=1}^{\infty} (-1)^{n-1} \dfrac{1}{n^2}$ 绝对收敛，$\sum\limits_{n=1}^{\infty} (-1)^{n-1} \dfrac{1}{n}$ 条件收敛.

定理 8.8 如果 $\sum\limits_{n=1}^{\infty} |u_n|$ 收敛 $\Rightarrow \sum\limits_{n=1}^{\infty} u_n$ 收敛.

证 设 $\sum\limits_{n=1}^{\infty} |u_n|$ 收敛，则级数 $\sum\limits_{n=1}^{\infty} 2|u_n|$ 收敛. 又因为

$$0 \leqslant |u_n| - u_n \leqslant 2|u_n| \quad (n=1,2,\cdots),$$

所以 $\sum\limits_{n=1}^{\infty} (|u_n| - u_n)$ 收敛，$\sum\limits_{n=1}^{\infty} u_n = \sum\limits_{n=1}^{\infty} [|u_n| - (|u_n| - u_n)]$ 收敛.

例 8.16 判别级数 $\sum\limits_{n=1}^{\infty} \dfrac{\sin an}{n^2}$（$a$ 为常数）的敛散性.

解 由于 $\left|\dfrac{\sin an}{n^2}\right| \leqslant \dfrac{1}{n^2}(n=1,2,\cdots)$，级数 $\sum\limits_{n=1}^{\infty} \dfrac{1}{n^2}$ 收敛，所以 $\sum\limits_{n=1}^{\infty} \left|\dfrac{\sin an}{n^2}\right|$ 收敛，故级数 $\sum\limits_{n=1}^{\infty} \dfrac{\sin an}{n^2}$ 收敛，而且是绝对收敛.

例 8.17 判别级数 $\sum\limits_{n=1}^{\infty} \dfrac{(-1)^{n-1}}{\sqrt{n}}$ 的敛散性.

解 由于 $\dfrac{1}{\sqrt{n}} > \dfrac{1}{\sqrt{n+1}}$，且 $\lim\limits_{n\to\infty} \dfrac{1}{\sqrt{n}} = 0$，所以 $\sum\limits_{n=1}^{\infty} \dfrac{(-1)^{n-1}}{\sqrt{n}}$ 收敛.

但是 $\sum\limits_{n=1}^{\infty} \left|\dfrac{(-1)^{n-1}}{\sqrt{n}}\right| = \sum\limits_{n=1}^{\infty} \dfrac{1}{\sqrt{n}}$ 发散，故 $\sum\limits_{n=1}^{\infty} \dfrac{(-1)^{n-1}}{\sqrt{n}}$ 是条件收敛.

习 题 8.3

判别下列级数是否收敛？如果是收敛的，是绝对收敛还是条件收敛？

(1) $\sum\limits_{n=1}^{\infty} (-1)^n \dfrac{1}{\sqrt{n+1}}$；

(2) $\sum\limits_{n=1}^{\infty} (-1)^{n-1} \dfrac{1}{(2n+1)^2}$；

(3) $\sum\limits_{n=1}^{\infty} \dfrac{2+(-1)^n}{2^n}$；

(4) $\sum\limits_{n=1}^{\infty} (-1)^{n+1} \dfrac{1}{\ln(n+1)}$；

(5) $\sum_{n=1}^{\infty}\frac{\sin nx}{n^2}\ (x\in\mathbf{R})$；　　(6) $\sum_{n=1}^{\infty}(-1)^{n+1}\frac{2^{n^2}}{n!}$；

(7) $\sum_{n=1}^{\infty}(-1)^{n-1}\frac{1}{n^p}$；　　(8) $\sum_{n=1}^{\infty}(-1)^{n-1}\frac{\ln n}{n}$.

8.4 幂级数

8.4.1 函数项级数的概念

设 $u_1(x),u_2(x),\cdots,u_n(x),\cdots$是定义在某个区间 I 上的函数列，则表达式

$$\sum_{n=1}^{\infty}u_n(x)=u_1(x)+u_2(x)+\cdots+u_n(x)+\cdots \tag{8.2}$$

称为区间 I 上的**函数项级数**.

当 $x=x_0(x_0\in I)$时，函数项级数(8.2)就称为数项级数

$$\sum_{n=1}^{\infty}u_n(x_0)=u_1(x_0)+u_2(x_0)+\cdots+u_n(x_0)+\cdots. \tag{8.3}$$

如果数项级数(8.3)收敛，则称 x_0 是函数项级数(8.2)的**收敛点**；如果数项级数(8.3)发散，则称 x_0 是函数项级数(8.2)的**发散点**. 所有收敛点组成的集合称为函数项级数(8.2)的**收敛域**，所有发散点组成的集合称为函数项级数(8.2)的**发散域**.

对于函数项级数(8.2)收敛域内的任一点 x，函数项级数成为一个收敛的数项级数，因而有一确定的和 $S(x)$，当 x 在收敛域内变化时，$S(x)$随之而变化. 因此，$S(x)$是定义在收敛域上的一个函数. 设

$$S(x)=\sum_{n=1}^{\infty}u_n(x)=u_1(x)+u_2(x)+\cdots+u_n(x)+\cdots,$$

则 $S(x)$称为函数项级数 $\sum_{n=1}^{\infty}u_n(x)$ 的**和函数**.

类似于数项级数，$S_n(x)=\sum_{k=1}^{n}u_k(x)$ 称为函数项级数 $\sum_{n=1}^{\infty}u_n(x)$ 的前 n 项**部分和**，并且在其收敛域上有

$$\lim_{n\to\infty}S_n(x)=S(x),\quad \lim_{n\to\infty}r_n(x)=0,$$

其中，$r_n(x)=S(x)-S_n(x)=u_{n+1}(x)+u_{n+2}(x)+\cdots$称为函数项级数 $\sum_{n=1}^{\infty}u_n(x)$ 的**余项**.

8.4.2 幂级数及其收敛性

在函数项级数中，最简单而又重要的一类级数是如下形式的**幂级数**

$$\sum_{n=0}^{\infty}a_n(x-x_0)^n=a_0+a_1(x-x_0)+a_2(x-x_0)^2+\cdots+a_n(x-x_0)^n+\cdots,\tag{8.4}$$

其中,x 是**自变量**,$x_0,a_0,a_1,\cdots,a_n,\cdots$都是常数,$a_n(n=0,1,2,\cdots)$称为幂级数(8.4)的**系数**. 作变换 $t=x-x_0$,幂级数(8.4)可写为 $\sum_{n=0}^{\infty}a_nt^n=a_0+a_1t+a_2t^2+\cdots+a_nt^n+\cdots$. 因此,不失一般性,本节主要介绍下列形式的幂级数

$$\sum_{n=0}^{\infty}a_nx^n=a_0+a_1x+a_2x^2+\cdots+a_nx^n+\cdots.\tag{8.5}$$

关于幂级数(8.5),我们重点讨论两个问题:如何求出幂级数的收敛域?怎样把一个函数表示为幂级数?

例 8.18　求幂级数 $1+x+x^2+\cdots+x^n+\cdots$的收敛域及和函数.

解　这是一个公比为 x 的等比级数,当$|x|<1$ 时,收敛;当$|x|\geqslant1$ 时,发散,所以级数的收敛域是$(-1,1)$,并且

$$S(x)=\sum_{n=0}^{\infty}x^n=\frac{1}{1-x},\quad x\in(-1,1).$$

例 8.19　求幂级数 $1+x+\frac{x^2}{2!}+\cdots+\frac{x^n}{n!}+\cdots$的收敛域.

解　因为

$$\lim_{n\to\infty}\left|\frac{u_{n+1}}{u_n}\right|=\lim_{n\to\infty}\frac{|x|}{n+1}=0<1,$$

所以,对于一切 x 该级数都是绝对收敛的,收敛域是$(-\infty,\infty)$.

例 8.20　求幂级数 $x+4x^2+27x^3+\cdots+n^nx^n+\cdots$的收敛域.

解　当 $x=0$ 时,级数收敛;当 $x\neq0$ 时,对于大于$\frac{1}{|x|}$的一切 n 都有

$$|u_n|=|n^nx^n|=|nx|^n>1,\quad \lim_{n\to\infty}u_n\neq0.$$

因此,$x\neq0$ 时级数发散,级数收敛域为$\{x|x=0\}$.

定理 8.9(阿贝尔定理)　如果幂级数 $\sum_{n=0}^{\infty}a_nx^n$ 在 $x=x_0(x_0\neq0)$处收敛,则在区间$(-|x_0|,|x_0|)$上,此处幂级数绝对收敛. 反之,$\sum_{n=0}^{\infty}a_nx^n$ 在 $x=x_0$ 处发散,则在区间$[-|x_0|,|x_0|]$之外任意点,此处幂级数发散.

证明略.

可以看出,$\sum_{n=0}^{\infty}a_nx^n$ 的收敛域应该为三种情况:① 是$\{0\}$;② 是$(-\infty,+\infty)$;③ 是$(-R,R)$,$[-R,R)$,$(-R,R]$,$[-R,R]$ 中之一. 我们也称情况 ③ 中的 R,$(-R,R)$ 分

别是该级数的**收敛半径**和**收敛区间**,并约定情况①和情况②对应级数的收敛半径R分别是0和$+\infty$,情况①没有收敛区间,情况②的收敛区间就是$(-\infty,+\infty)$.

注意,幂级数的收敛域等于收敛区间加上收敛端点.关于幂级数收敛半径的求法,有下列定理.

定理 8.10 如果幂级数$\sum\limits_{n=0}^{\infty}a_nx^n$ $(a_n\neq 0,n=0,1,2,\cdots)$的系数满足$\lim\limits_{n\to\infty}\left|\dfrac{a_{n+1}}{a_n}\right|=\lambda$,则

(1) 当$0<\lambda<+\infty$时,收敛半径$R=\dfrac{1}{\lambda}$;

(2) 当$\lambda=0$时,收敛半径$R=+\infty$;

(3) 当$\lambda=+\infty$时,收敛半径$R=0$.

证 由于$\lim\limits_{n\to\infty}\left|\dfrac{a_{n+1}x^{n+1}}{a_nx^n}\right|=|x|\lim\limits_{n\to\infty}\left|\dfrac{a_{n+1}}{a_n}\right|=\lambda|x|$,

(1) 当$0<\lambda<+\infty$时,由$\lambda|x|<1$得,$|x|<\dfrac{1}{\lambda}$时,幂$\sum\limits_{n=0}^{\infty}a_nx^n$绝对收敛;由$\lambda|x|>1$得,$|x|>\dfrac{1}{\lambda}$时,幂级数$\sum\limits_{n=0}^{\infty}a_nx^n$发散.所以,收敛半径$R=\dfrac{1}{\lambda}$.

(2) 当$\lambda=0$时,由$\lambda|x|=0<1$得,对一切x,幂级数收敛,收敛半径$R=+\infty$.

(3) 如果$\lambda=+\infty$,则当$x\neq 0$时,由$\lim\limits_{n\to\infty}\left|\dfrac{a_{n+1}x^{n+1}}{a_nx^n}\right|=|x|\lim\limits_{n\to\infty}\left|\dfrac{a_{n+1}}{a_n}\right|=+\infty$知,对于一切$x\neq 0$,级数发散,所以收敛半径$R=0$.

例 8.21 求幂级数$\sum\limits_{n=1}^{\infty}\dfrac{x^n}{5^nn}$的收敛域.

解 由于

$$\lambda=\lim_{n\to\infty}\left|\frac{a_{n+1}}{a_n}\right|=\lim_{n\to\infty}\frac{n}{5(n+1)}=\frac{1}{5},$$

所以收敛半径$R=\dfrac{1}{\lambda}=5$.又因$x=5$时,级数$\sum\limits_{n=1}^{\infty}\dfrac{x^n}{5^nn}=\sum\limits_{n=1}^{\infty}\dfrac{1}{n}$发散;$x=-5$时,级数$\sum\limits_{n=1}^{\infty}\dfrac{x^n}{5^nn}=\sum\limits_{n=1}^{\infty}(-1)^n\dfrac{1}{n}$收敛.所以,幂级数$\sum\limits_{n=1}^{\infty}\dfrac{x^n}{5^nn}$的收敛域为$[-5,5)$.

例 8.22 求幂级数$\sum\limits_{n=1}^{\infty}\dfrac{x^n}{\sqrt{n!}}$的收敛域.

解 由于$\lambda=\lim\limits_{n\to\infty}\left|\dfrac{a_{n+1}}{a_n}\right|=\lim\limits_{n\to\infty}\dfrac{1}{\sqrt{n+1}}=0$,所以收敛半径$R=+\infty$,因而幂级数

$\sum\limits_{n=1}^{\infty} \dfrac{x^n}{\sqrt{n!}}$ 的收敛域为$(-\infty,+\infty)$.

例 8.23　求幂级数 $\sum\limits_{n=1}^{\infty} \dfrac{(x-1)^{n-1}}{n}$ 的收敛域.

解　作变换 $t=x-1$,则原级数也即幂级数 $\sum\limits_{n=1}^{\infty} \dfrac{t^{n-1}}{n}$. 由于

$$\lambda=\lim_{n\to\infty}\left|\frac{a_{n+1}}{a_n}\right|=\lim_{n\to\infty}\frac{n}{n+1}=1,$$

所以, $\sum\limits_{n=1}^{\infty} \dfrac{t^{n-1}}{n}$ 的收敛半径 $R=1$,当 $t=-1$ 时, $\sum\limits_{n=1}^{\infty} \dfrac{(-1)^{n-1}}{n}$ 收敛,当 $t=1$ 时, $\sum\limits_{n=1}^{\infty} \dfrac{1}{n}$ 发散, $\sum\limits_{n=1}^{\infty} \dfrac{t^{n-1}}{n}$ 的收敛域为$[-1,1)$. 所以 $\sum\limits_{n=1}^{\infty} \dfrac{(x-1)^{n-1}}{n}$ 的收敛域由 $-1\leqslant x-1<1$ 给出,是$[0,2)$.

例 8.24　求幂级数 $\sum\limits_{n=0}^{\infty} (-1)^n \dfrac{x^{2n}}{3^n}$ 的收敛域.

此例可作变换 $t=x^2$,考查 $\sum\limits_{n=0}^{\infty} (-1)^n \dfrac{t^n}{3^n}$ 去确定,解略.

8.4.3　幂级数的性质

在一些应用中,通常会对幂级数进行加、减、乘、除、求导和积分运算. 于是,就得到了幂级数的一些简单性质和运算法则.

性质 8.5　设有两个幂级数

$$\sum_{n=0}^{\infty} a_n x^n = a_0 + a_1 x + a_2 x^2 + \cdots + a_n x^n + \cdots,\quad x\in(-R_1,R_1),$$

$$\sum_{n=0}^{\infty} b_n x^n = b_0 + b_1 x + b_2 x^2 + \cdots + b_n x^n + \cdots,\quad x\in(-R_2,R_2),$$

则 $|x|<R=\min(R_1,R_2)$ 时,有

(1) $\sum\limits_{n=0}^{\infty} a_n x^n \pm \sum\limits_{n=0}^{\infty} b_n x^n = \sum\limits_{n=0}^{\infty} (a_n \pm b_n) x^n$;

(2) $\left(\sum\limits_{n=0}^{\infty} a_n x^n\right)\cdot\left(\sum\limits_{n=0}^{\infty} b_n x^n\right)$

$$=(a_0+a_1x+a_2x^2+\cdots+a_nx^n+\cdots)\cdot(b_0+b_1x+b_2x^2+\cdots+b_nx^n+\cdots)$$
$$=a_0b_0+(a_0b_1+a_1b_0)x+\cdots+(a_0b_n+a_1b_{n-1}+\cdots+a_nb_0)x^n+\cdots.$$

幂级数的除法运算可用乘法运算进行规定、给出,留给读者思考.

性质 8.6(连续性)　设 $\sum\limits_{n=0}^{\infty} a_n x^n$ 的收敛半径为 R,则 $S(x)=\sum\limits_{n=0}^{\infty} a_n x^n$ 在$(-R,$

$R)$内连续;若 $\sum_{n=0}^{\infty} a_n x^n$ 在 $x=R$(或 $x=-R$)处收敛,则 $S(x)=\sum_{n=0}^{\infty} a_n x^n$ 在 $x=R$(或$x=-R$)处左连续(或右连续),并且

$$S(x_0)=\lim_{x\to x_0} S(x)=\lim_{x\to x_0}\sum_{n=0}^{\infty} a_n x^n=\sum_{n=0}^{\infty}\lim_{x\to x_0} a_n x^n=\sum_{n=1}^{\infty} a_n x_0^n,\quad x_0\in I,$$

其中,I 是 $\sum_{n=0}^{\infty} a_n x^n$ 的收敛域.

性质 8.7(可导性)　设 $\sum_{n=0}^{\infty} a_n x^n$ 的收敛半径为R,则 $S(x)=\sum_{n=0}^{\infty} a_n x^n$ 在$(-R,R)$内可逐项求导,也即

$$S'(x)=\Big(\sum_{n=0}^{\infty} a_n x^n\Big)'=\sum_{n=0}^{\infty}(a_n x^n)'=\sum_{n=1}^{\infty} n a_n x^{n-1},\quad x\in(-R,R)$$

且 $\sum_{n=1}^{\infty} n a_n x^{n-1}$ 的收敛半径也是 R.

性质 8.8(可积性)　设幂级数 $\sum_{n=0}^{\infty} a_n x^n$ 的收敛半径为 R,则幂级数 $S(x)=\sum_{n=0}^{\infty} a_n x^n$ 在$(-R,R)$内可逐项求积分,也即

$$\int_0^x S(t)\mathrm{d}t=\int_0^x\Big(\sum_{n=0}^{\infty} a_n t^n\Big)\mathrm{d}t=\sum_{n=0}^{\infty}\Big(\int_0^x a_n t^n\mathrm{d}t\Big)=\sum_{n=0}^{\infty}\frac{a_n}{n+1}x^{n+1},\quad x\in(-R,R)$$

且 $\sum_{n=0}^{\infty}\frac{a_n}{n+1}x^{n+1}$ 的收敛半径也是 R.

例 8.25　求幂级数 $\sum_{n=1}^{\infty} n x^{n-1}$ 的和函数.

解　使用定理 8.10 可计算出,幂级数 $\sum_{n=1}^{\infty} n x^{n-1}$ 的收敛半径 $R=1$,收敛区间为$(-1,1)$. 应用性质 8.7 可得

$$\sum_{n=1}^{\infty} n x^{n-1}=\sum_{n=1}^{\infty}(x^n)'=\Big(\sum_{n=1}^{\infty} x^n\Big)'=\Big(\frac{x}{1-x}\Big)'=\frac{1}{(1-x)^2},\quad x\in(-1,1).$$

例 8.26　求幂级数 $\sum_{n=1}^{\infty}\frac{x^{2n-1}}{2n-1}$ 的和函数.

解　使用定理 8.10 可计算出,幂级数 $\sum_{n=1}^{\infty}\frac{x^{2n-1}}{2n-1}$ 的收敛半径 $R=1$,收敛区间为$(-1,1)$. 应用性质 8.8 可得

$$\sum_{n=1}^{\infty}\frac{x^{2n-1}}{2n-1}=\sum_{n=1}^{\infty}\int_0^x x^{2n-2}\mathrm{d}x=\int_0^x\left(\sum_{n=1}^{\infty}x^{2n-2}\right)\mathrm{d}t=\int_0^x\frac{1}{1-t^2}\mathrm{d}t=\frac{1}{2}\ln\frac{1+x}{1-x},$$
$$x\in(-1,1).$$

习　题　8.4

1. 求下列幂级数的收敛域:

(1) $\sum_{n=1}^{\infty}nx^n$;　(2) $\sum_{n=1}^{\infty}\frac{2^n}{n^2+1}x^n$;　(3) $\sum_{n=1}^{\infty}\frac{x^n}{(2n-1)}$;

(4) $\sum_{n=1}^{\infty}(-1)^n\frac{x^{2n+1}}{2n+1}$;　(5) $\sum_{n=1}^{\infty}\frac{2n-1}{2^n}x^{2n-2}$;　(6) $\sum_{n=1}^{\infty}n!(x-1)^n$;

(7) $\sum_{n=1}^{\infty}(-1)^{n-1}\frac{(x+1)^n}{n}$;　(8) $\sum_{n=1}^{\infty}\frac{(x-5)^n}{\sqrt{n}}$.

2. 求下列级数的和函数:

(1) $\sum_{n=0}^{\infty}(2n+1)x^{2n}$;　(2) $\sum_{n=0}^{\infty}\frac{x^n}{n+1}$;

(3) $\sum_{n=1}^{\infty}\frac{x^{4n+1}}{4n+1}$;　(4) $\sum_{n=1}^{\infty}\frac{(-1)^n}{2n+1}x^{2n+1}$.

3. 求下列级数的和:

(1) $\sum_{n=1}^{\infty}\frac{n}{2^{n-1}}$;　(2) $\sum_{n=1}^{\infty}\frac{n^2}{n!}$.

8.5　函数的幂级数展开式

在 8.4 节的讨论中,我们知道,幂级数在其收敛域上表示为一个函数(和函数).现在考虑反过来的问题,给定一个函数,能否用一个收敛的幂级数来表示它呢?由于幂级数的部分和是一个多项式函数,其结构形式较为简单,因此,这一问题若解决,我们便可以考虑用多项式函数近似代替较为复杂的函数,这对于研究函数的性质和函数值的近似计算都是十分有意义的.

如果幂级数 $\sum_{n=0}^{\infty}a_n(x-x_0)^n$ 在其收敛区间内可以表示函数 $f(x)$,即

$$f(x)=\sum_{n=0}^{\infty}a_n(x-x_0)^n\quad(x_0-R<x<x_0+R),\tag{8.6}$$

则称 $\sum_{n=0}^{\infty}a_n(x-x_0)^n$ 是函数 $f(x)$ 在 $x_0-R<x<x_0+R$ 上的**幂级数展开式**.这时也称函数 $f(x)$ 在 $x_0-R<x<x_0+R$ 上可以展开为幂级数.

8.5.1 泰勒级数

定理 8.11 如果函数 $f(x)$ 在某个区间 $(x_0-R<x<x_0+R)$ 内可展开为幂级数,即 $f(x)=\sum_{n=0}^{\infty}a_n(x-x_0)^n$,则

$$a_n=\frac{f^{(n)}(x_0)}{n!} \quad (n=0,1,2,\cdots), \tag{8.7}$$

其中,$f^{(0)}(x_0)=f(x_0)$.

证 设 $f(x)=\sum_{n=0}^{\infty}a_n(x-x_0)^n=a_0+a_1(x-x_0)+\cdots+a_n(x-x_0)^n+\cdots$,根据幂级数的逐项可导性,有

$$f'(x)=a_1+2a_2(x-x_0)+3a_3(x-x_0)^2+\cdots+na_n(x-x_0)^{n-1}+\cdots,$$

$$f''(x)=2a_2+3\cdot 2a_3(x-x_0)+\cdots+n\cdot(n-1)a_n(x-x_0)^{n-2}+\cdots,$$

……

$$f^{(n)}(x)=n!a_n+(n+1)!\ a_{n+1}(x-x_0)+\frac{(n+2)!}{2!}a_{n+2}(x-x_0)^2+\cdots,$$

将 $x=x_0$ 代入上式,得

$$f^{(n)}(x_0)=n!a_n,$$

即

$$a_n=\frac{f^{(n)}(x_0)}{n!} \quad (n=0,1,2,\cdots).$$

定理 8.11 表明,如果函数 $f(x)$ 在区间 $(x_0-R<x<x_0+R)$ 内可展开为幂级数,则展开式是唯一确定的.

定义 8.5 如果函数 $f(x)$ 在点 $x=x_0$ 处存在任意阶导数,则级数

$$f(x_0)+\frac{f'(x_0)}{1!}(x-x_0)+\frac{f''(x_0)}{2!}(x-x_0)^2+\cdots+\frac{f^{(n)}(x_0)}{n!}(x-x_0)^n+\cdots \tag{8.8}$$

称为函数 $f(x)$ 在点 $x=x_0$ 处的**泰勒级数**.

由微分中值定理中的泰勒公式与麦克劳林公式可知,

$$f(x)=f(x_0)+\frac{f'(x_0)}{1!}(x-x_0)+\frac{f''(x_0)}{2!}(x-x_0)^2+\cdots+\frac{f^{(n)}(x_0)}{n!}(x-x_0)^n+R_n(x), \tag{8.9}$$

其中,$R_n(x)=\frac{f^{(n+1)}(\xi)}{(n+1)!}(x-x_0)^{n+1}$,$\xi$ 在 x_0 与 x 之间.

$$f(x)=f(0)+\frac{f'(0)}{1!}x+\frac{f''(0)}{2!}x^2+\cdots+\frac{f^{(n)}(0)}{n!}x^n+R_n(x), \tag{8.10}$$

其中，$R_n(x)=\frac{f^{(n+1)}(\xi)}{(n+1)!}x^{n+1}$，$\xi$ 在 0 与 x 之间.

由泰勒级数的定义可知，若函数 $f(x)$ 在点 x_0 处存在任意阶导数，则函数 $f(x)$ 在点 x_0 处存在泰勒级数. 函数 $f(x)$ 能展开成 x 的幂级数，其级数是否收敛？收敛的和函数是否等于 $f(x)$ 呢？关于这一问题的结论，有如下定理.

定理 8.12 如果函数 $f(x)$ 在区间 (x_0-R, x_0+R) 内存在任意阶导数，则 $f(x)$ 在点 x_0 的泰勒级数在区间 (x_0-R,x_0+R) 内收敛于 $f(x)$ 的充分必要条件是 $f(x)$ 的泰勒余项 $R_n(x)$ 当 $n\to\infty$ 时的极限为零，即

$$\lim_{n\to\infty}R_n(x)=0,\quad x_0-R<x<x_0+R.$$

证明略.

注 8.2 只要函数 $f(x)$ 在 $x=0$ 处存在任意阶导数，$f(x)$ 在 $x=0$ 处的泰勒级数未必收敛于 $f(x)$.

例如，对于 $f(x)=\begin{cases}e^{-\frac{1}{x^2}}, & x\neq 0,\\ 0, & x=0,\end{cases}$ 可以计算出 $f^{(n)}(0)=0$，$n=0,1,2,\cdots$，$f(x)$ 的泰勒级数的和 $S(x)\equiv 0$.

8.5.2 初等函数的幂级数展开式

把函数 $f(x)$ 展开为幂级数，有**直接法**和**间接法**.

1. 直接法

将函数 $f(x)$ 展开为 x 的幂级数用直接法步骤如下：

第一步 求出 $f(x)$ 在 $x=0$ 处的各阶导数 $f^{(n)}(0)$，$n=0,1,2,\cdots$.

第二步 写出幂级数

$$f(0)+\frac{f'(0)}{1!}x+\frac{f''(0)}{2!}x^2+\cdots+\frac{f^{(n)}(0)}{n!}x^n+\cdots,$$

并求出其收敛半径 R.

第三步 考虑当 $n\to\infty$ 时，余项的极限

$$\lim_{n\to\infty}R_n(x)=\lim_{n\to\infty}\frac{f^{(n+1)}(\xi)}{(n+1)!}x^{n+1}\quad(-R<x<R,\xi\text{ 在 0 与 }x\text{ 之间}).$$

若极限为零，则 $f(x)$ 在区间 $(-R,R)$ 内可展开成幂级数，即

$$f(x)=f(0)+\frac{f'(0)}{1!}x+\frac{f''(0)}{2!}x^2+\cdots+\frac{f^{(n)}(0)}{n!}x^n+\cdots\quad(-R<x<R).$$

例 8.27 求函数 $f(x)=e^x$ 关于 x 的幂级数展开式.

解 由于 $f^{(n)}(x)=e^x$，$f^{(n)}(0)=1(n=0,1,2,\cdots)$，所以 $f(x)=e^x$ 的泰勒级数为

$$\sum_{n=0}^{\infty}\frac{f^{(n)}(0)}{n!}x^n=\sum_{n=0}^{\infty}\frac{x^n}{n!}=1+x+\frac{x^2}{2!}+\cdots+\frac{x^n}{n!}+\cdots\quad(-\infty<x<+\infty),$$

其收敛半径 $R=+\infty$. 而且

$$R_n(x)=\frac{f^{(n+1)}(\xi)}{(n+1)!}x^{n+1}=\frac{\mathrm{e}^{\xi}}{(n+1)!}x^{n+1}\quad(\xi\text{ 介于 }0\text{ 与 }x\text{ 之间})$$

对于任意 x,有

$$|R_n(x)|\leqslant\frac{\mathrm{e}^{|x|}}{(n+1)!}|x|^{n+1}.$$

由于 $\sum\limits_{n=0}^{\infty}\frac{|x|^{n+1}}{(n+1)!}$ 收敛,知 $\lim\limits_{n\to\infty}\frac{|x|^{n+1}}{(n+1)!}=0$,所以 $\lim\limits_{n\to\infty}R_n(x)=0$. 故函数 $f(x)=\mathrm{e}^x$ 的幂级数展开式为

$$\mathrm{e}^x=1+x+\frac{x^2}{2!}+\cdots+\frac{x^n}{n!}+\cdots=\sum_{n=0}^{\infty}\frac{x^n}{n!},\quad x\in(-\infty,+\infty).$$

例 8.28　将函数 $f(x)=\sin x$ 展开为 x 的幂级数.

解　由 $f^{(n)}(x)=\sin\left(x+\frac{n\pi}{2}\right)$ 知

$$f^{(2k)}(0)=\sin k\pi=0,\quad f^{(2k+1)}(0)=\sin\left(k\pi+\frac{\pi}{2}\right)=(-1)^k,\quad k=0,1,2,\cdots.$$

于是,$f(x)=\sin x$ 的泰勒级数为

$$\sum_{n=0}^{\infty}\frac{f^{(n)}(0)}{n!}x^n=x-\frac{x^3}{3!}+\frac{x^5}{5!}-\cdots+(-1)^n\frac{x^{2n+1}}{(2n+1)!}+\cdots,$$

其收敛半径 $R=+\infty$. 而且由于

$$R_n(x)=\frac{f^{(n+1)}(\xi)}{(n+1)!}x^{n+1}=\frac{x^{n+1}}{(n+1)!}\sin\left(\xi+\frac{n+1}{2}\pi\right),$$

$$|R_n(x)|\leqslant\frac{|x|^{n+1}}{(n+1)!}\to0\quad(n\to\infty).$$

所以 $f(x)=\sin x$ 的幂级数展开式为

$$\sin x=x-\frac{x^3}{3!}+\frac{x^5}{5!}-\frac{x^7}{7!}+\cdots+(-1)^n\frac{x^{2n+1}}{(2n+1)!}+\cdots,\quad x\in(-\infty,+\infty).$$

例 8.29　将函数 $f(x)=(1+x)^m$(m 为实数)展开为 x 的幂级数.

解　因为

$$f'(x)=m(1+x)^{m-1},$$

$$f''(x)=m(m-1)(1+x)^{m-2},\cdots,$$

$$f^{(n)}(x)=m(m-1)(m-2)\cdots(m-n+1)(1+x)^{m-n},\cdots,$$

$$f'(0)=m,f''(0)=m(m-1),\cdots,f^{(n)}(0)=m(m-1)(m-2)\cdots(m-n+1),\cdots,$$

所以 $f(x)=(1+x)^m$ 的泰勒级数为

$$\sum_{n=0}^{\infty}\frac{f^{(n)}(0)}{n!}x^n=1+mx+\frac{m(m-1)}{2!}x^2+\cdots+\frac{m(m-1)\cdots(m-n+1)}{n!}x^n+\cdots.$$

由$\lim\limits_{n\to\infty}\left|\dfrac{a_{n+1}}{a_n}\right|=\lim\limits_{n\to\infty}\left|\dfrac{\dfrac{m(m-1)(m-2)\cdots(m-n+1)(m-n)}{(n+1)!}}{\dfrac{m(m-1)(m-2)\cdots(m-n+1)}{n!}}\right|=\lim\limits_{n\to\infty}\left|\dfrac{m-n}{n+1}\right|=1$知,收敛半径$R=1$. 并且可以证明(较难,略)在区间$(-1,1)$内有$\lim\limits_{n\to\infty}R_n(x)=0$. 所以

$$(1+x)^m=1+mx+\frac{m(m-1)}{2!}x^2+\cdots+\frac{m(m-1)\cdots(m-n+1)}{n!}x^n+\cdots,\quad x\in(-1,1).$$

上式右边级数通常称为**二项式级数**. 在收敛区间的端点,展开式是否成立要看m的具体取值确定.

当m为正整数时,$(1+x)^m$的展开式是关于x的m次多项式,得到二项式定理

$$(1+x)^m=1+mx+\frac{m(m-1)}{2!}x^2+\cdots+x^m.$$

在$(1+x)^m$展开式中m分别取$-1,\dfrac{1}{2},-\dfrac{1}{2}$可得到下面三个函数幂级数展开式

$$\frac{1}{1+x}=1-x+x^2-x^3+\cdots,\quad x\in(-1,1).$$

$$\sqrt{1+x}=1+\frac{1}{2}x-\frac{1}{2\cdot4}x^2+\frac{1\cdot3}{2\cdot4\cdot6}x^3-\frac{1\cdot3\cdot5}{2\cdot4\cdot6\cdot8}x^4+\cdots,\quad x\in[-1,1].$$

$$\frac{1}{\sqrt{1+x}}=1-\frac{1}{2}x+\frac{1\cdot3}{2\cdot4}x^2-\frac{1\cdot3\cdot5}{2\cdot4\cdot6}x^3+\frac{1\cdot3\cdot5\cdot7}{2\cdot4\cdot6\cdot8}x^4-\cdots,\quad x\in(-1,1].$$

上述几个例子,都是用直接法求$f(x)$的幂级数展开式. 一般说来,求函数$f(x)$的n阶导数是比较麻烦的,而且在某个区间$(-R,R)$内讨论泰勒余项$R_n(x)$在$n\to\infty$时是否趋于零也不容易. 下面举例说明,利用已知函数的幂展开式,通过幂级数的运算法则逐项求导,逐项积分以及变量代换等方法求出函数$f(x)$的幂级数展开式.

2. 间接法

将函数展开成幂级数的间接法举例如下.

例 8.30 将函数$f(x)=\cos x$展开为x的幂级数.

解 由于

$$\sin x=x-\frac{x^3}{3!}+\frac{x^5}{5!}-\frac{x^7}{7!}+\cdots+(-1)^n\frac{x^{2n+1}}{(2n+1)!}+\cdots,\quad x\in(-\infty,+\infty),$$

根据幂级数的逐项求导法则,对上式两边求导可得

$$\cos x=1-\frac{x^2}{2!}+\frac{x^4}{4!}-\frac{x^6}{6!}+\cdots+(-1)^n\frac{x^{2n}}{(2n)!}+\cdots=\sum_{n=0}^{\infty}(-1)^n\frac{x^{2n}}{(2n)!},$$
$$x\in(-\infty,+\infty).$$

例 8.31 将函数 $f(x)=\ln(1+x)$展开为 x 的幂级数.

解 由于

$$\frac{1}{1+x}=1-x+x^2-x^3+\cdots+(-1)^n x^n+\cdots=\sum_{n=0}^{\infty}(-1)^n x^n,\quad x\in(-1,1),$$

根据幂级数的逐项求积分法则,对上式两边求积分可得

$$\ln(1+x)=\int_0^x \frac{1}{1+t}\mathrm{d}t=\sum_{n=0}^{\infty}\int_0^x(-1)^n t^n\mathrm{d}t=\sum_{n=0}^{\infty}(-1)^n\frac{x^{n+1}}{n+1}.$$

在上式中,当 $x=-1$ 时,右端的幂级数发散;当 $x=1$ 时,右端的幂级数收敛.根据幂级数的性质,幂级数的和函数在区间$(-1,1]$上是连续的.因此,函数 $\ln(1+x)$的幂级数展开式为

$$\ln(1+x)=x-\frac{x^2}{2}+\frac{x^3}{3}-\frac{x^4}{4}+\cdots+(-1)^n\frac{x^{n+1}}{n+1}+\cdots=\sum_{n=0}^{\infty}(-1)^n\frac{x^{n+1}}{n+1},$$
$$x\in(-1,1].$$

由上述的例 8.27～例 8.31,我们得到了一些初等函数的幂级数展开式:

$$\mathrm{e}^x=1+x+\frac{x^2}{2!}+\cdots+\frac{x^n}{n!}+\cdots=\sum_{n=0}^{\infty}\frac{x^n}{n!},\quad x\in(-\infty,+\infty).$$

$$\sin x=x-\frac{x^3}{3!}+\frac{x^5}{5!}-\frac{x^7}{7!}+\cdots+(-1)^n\frac{x^{2n+1}}{(2n+1)!}+\cdots,\quad x\in(-\infty,+\infty).$$

$$\cos x=1-\frac{x^2}{2!}+\frac{x^4}{4!}-\frac{x^6}{6!}+\cdots+(-1)^n\frac{x^{2n}}{(2n)!}+\cdots,\quad x\in(-\infty,+\infty).$$

$$(1+x)^m=1+mx+\frac{m(m-1)}{2!}x^2+\cdots+\frac{m(m-1)\cdots(m-n+1)}{n!}x^n+\cdots,\quad x\in(-1,1).$$

$$\ln(1+x)=x-\frac{x^2}{2}+\frac{x^3}{3}-\frac{x^4}{4}+\cdots+(-1)^n\frac{x^{n+1}}{n+1}+\cdots,\quad x\in(-1,1].$$

这些公式很重要,应该熟记.

例 8.32 将函数 $f(x)=\arctan x$ 展开为 x 的幂级数.

解 应用 $\dfrac{1}{1+t}=\sum\limits_{n=0}^{\infty}(-1)^n t^n$,$-1<t<1$ 有

$$\arctan x=\int_0^x(\arctan t)'\mathrm{d}t=\int_0^x\frac{1}{1+t^2}\mathrm{d}t=\int_0^x\Big[\sum_{n=0}^{\infty}(-1)^n(t^2)^n\Big]\mathrm{d}t$$
$$=\sum_{n=0}^{\infty}\int_0^x(-1)^n t^{2n}\mathrm{d}t=\sum_{n=0}^{\infty}(-1)^n\frac{x^{2n+1}}{2n+1},$$

而且在 $x=\pm1$ 处,上式右端的幂级数都收敛,所以

$$\arctan x=x-\frac{x^3}{3}+\frac{x^5}{5}-\frac{x^7}{7}+\cdots+(-1)^n\frac{x^{2n+1}}{2n+1}+\cdots=\sum_{n=0}^{\infty}(-1)^n\frac{x^{2n+1}}{2n+1},$$
$$x\in[-1,1].$$

注 8.3 将 $x=1$ 代入上式有

$$\frac{\pi}{4}=1-\frac{1}{3}+\frac{1}{5}-\frac{1}{7}+\cdots+(-1)^n\frac{1}{2n+1}+\cdots=\sum_{n=0}^{\infty}(-1)^n\frac{1}{2n+1},$$

即 $\pi=4\sum\limits_{n=0}^{\infty}(-1)^n\frac{1}{2n+1}$，这为我们提供了 π 的又一种表示和算法.

例 8.33 将函数 $f(x)=\frac{1}{x^2+3x+2}$ 展开成 $(x-1)$ 的幂级数.

解 因为

$$\frac{1}{x^2+3x+2}=\frac{1}{(x+1)(x+2)}=\frac{1}{x+1}-\frac{1}{x+2}=\frac{1}{2\left(1+\frac{x-1}{2}\right)}-\frac{1}{3\left(1+\frac{x-1}{3}\right)},$$

应用 $\frac{1}{1+t}=\sum\limits_{n=0}^{\infty}(-1)^n t^n$，$-1<t<1$ 可得

$$\frac{1}{2\left(1+\frac{x-1}{2}\right)}=\frac{1}{2}\sum_{n=0}^{\infty}(-1)^n\left(\frac{x-1}{2}\right)^n=\sum_{n=0}^{\infty}\frac{(-1)^n}{2^{n+1}}(x-1)^n,\quad -1<\frac{x-1}{2}<1.$$

$$\frac{1}{3\left(1+\frac{x-1}{3}\right)}=\frac{1}{3}\sum_{n=0}^{\infty}(-1)^n\left(\frac{x-1}{3}\right)^n=\sum_{n=0}^{\infty}\frac{(-1)^n}{3^{n+1}}(x-1)^n,\quad -1<\frac{x-1}{3}<1.$$

所以

$$f(x)=\frac{1}{x^2+3x+2}=\sum_{n=0}^{\infty}(-1)^n\left(\frac{1}{2^{n+1}}-\frac{1}{3^{n+1}}\right)(x-1)^n,\quad |x-1|<2.$$

*8.5.3 欧拉公式

在这里，我们利用函数的幂级数展开式推导出一个有用的公式，即为**欧拉公式**：

$$e^{ix}=\cos x+i\sin x. \tag{8.11}$$

由于 e^{ix} 是复值函数，因而先考虑一般的**复数项级数**

$$\sum_{n=1}^{\infty}z_n=\sum_{n=1}^{\infty}(u_n+iv_n). \tag{8.12}$$

如果级数(8.12)右边各项的实部、虚部构成收敛的实数项级数，即

$$\sum_{n=1}^{\infty}u_n=u,\quad \sum_{n=1}^{\infty}v_n=v,$$

则称复数项级数(8.12)收敛，和为 $u+iv$，即

$$\sum_{n=1}^{\infty}z_n=\sum_{n=1}^{\infty}(u_n+iv_n)=u+iv.$$

由于 $|u_n|\leqslant|z_n|$，$|v_n|\leqslant|z_n|$，故 $\sum\limits_{n=1}^{\infty}|z_n|$ 收敛，则 $\sum\limits_{n=1}^{\infty}u_n$ 与 $\sum\limits_{n=1}^{\infty}v_n$ 都绝对收

敛，所以有

$$\sum_{n=1}^{\infty}|z_n| \text{ 收敛} \Rightarrow \sum_{n=1}^{\infty} z_n \text{ 收敛}.$$

下面讨论具体的复数项幂级数

$$1+z+\frac{z^2}{2!}+\cdots+\frac{z^n}{n!}+\cdots \quad (z=x+\mathrm{i}y).$$

由于 $\sum_{n=0}^{\infty}\left|\frac{z^n}{n!}\right|=\sum_{n=0}^{\infty}\frac{|z^n|}{n!}$ 收敛，因而上述级数 $\sum_{n=0}^{\infty}\frac{z^n}{n!}$ 收敛. 当 z 取实数 x 时，级数化为实级数 $\sum_{n=0}^{\infty}\frac{x^n}{n!}$，其和为 e^x. 于是，在整个复平面上将级数 $\sum_{n=0}^{\infty}\frac{z^n}{n!}$ 的和记为 e^z，即复变量指数函数 e^z 定义为

$$\mathrm{e}^z=1+z+\frac{z^2}{2!}+\cdots+\frac{z^n}{n!}+\cdots.$$

取 $z=\mathrm{i}x$（纯虚数），则

$$\begin{aligned}
\mathrm{e}^{\mathrm{i}x}&=1+\mathrm{i}x+\frac{(\mathrm{i}x)^2}{2!}+\frac{(\mathrm{i}x)^3}{3!}+\cdots+\frac{(\mathrm{i}x)^{2n}}{(2n)!}+\frac{(\mathrm{i}x)^{2n+1}}{(2n+1)!}+\cdots\\
&=1+\mathrm{i}x-\frac{x^2}{2!}-\mathrm{i}\frac{x^3}{3!}+\cdots+(-1)^n\frac{x^{2n}}{(2n)!}+(-1)^n\mathrm{i}\frac{x^{2n+1}}{(2n+1)!}+\cdots\\
&=\left(1-\frac{x^2}{2!}+\cdots+(-1)^n\frac{x^{2n}}{(2n)!}+\cdots\right)+\mathrm{i}\left(x-\frac{x^3}{3!}+\cdots+(-1)^n\frac{x^{2n+1}}{(2n+1)!}+\cdots\right)\\
&=\cos x+\mathrm{i}\sin x.
\end{aligned}$$

于是，得到欧拉公式

$$\mathrm{e}^{\mathrm{i}x}=\cos x+\mathrm{i}\sin x.$$

在欧拉公式中用 $-x$ 来代替 x，则有

$$\mathrm{e}^{-\mathrm{i}x}=\cos x-\mathrm{i}\sin x,$$

从而可以得到

$$\begin{cases}\cos x=\dfrac{\mathrm{e}^{\mathrm{i}x}+\mathrm{e}^{-\mathrm{i}x}}{2},\\[2ex] \sin x=\dfrac{\mathrm{e}^{\mathrm{i}x}-\mathrm{e}^{-\mathrm{i}x}}{2}.\end{cases} \tag{8.13}$$

这个公式也称为**欧拉公式**，它表明了三角函数与指数函数之间的关系.

由欧拉公式(8.11)可给出联系特殊常数 -1，i，π，e 的一个有趣公式 $\mathrm{e}^{\mathrm{i}\pi}=-1$.

*8.5.4　幂级数在近似计算中的运用

这里，我们以范例展示幂级数在近似计算中的应用.

例 8.34　求 e 的近似值（精确到小数点后第四位）.

解 在 e^x 的幂级数展开式中,令 $x=1$ 得

$$e=1+1+\frac{1}{2!}+\frac{1}{3!}+\cdots+\frac{1}{n!}+\cdots,$$

若取级数的前 $n+1$ 项部分和作为 e 的近似值,即

$$e\approx1+1+\frac{1}{2!}+\frac{1}{3!}+\cdots+\frac{1}{n!},$$

则其误差

$$|R_n(1)|=\left|\frac{e^{\xi}}{(n+1)!}1^{n+1}\right|=\frac{e^{\xi}}{(n+1)!}<\frac{3}{(n+1)!}\quad(0<\xi<1).$$

若取 $n=7$,则有 $|R_n(1)|<\frac{3}{8!}=0.000075<0.0001$. 因此,取级数的前 8 项之和可得到

$$e\approx1+1+\frac{1}{2!}+\frac{1}{3!}+\cdots+\frac{1}{8!}\approx2.7183.$$

例 8.35 求 $\sqrt[5]{240}$ 的近似值(精确到小数点后第四位).

解 因为 $\sqrt[5]{240}=\sqrt[5]{243-3}=3\left(1-\frac{1}{3^4}\right)^{\frac{1}{5}}$,所以在二项式级数中取 $m=\frac{1}{5}$,$x=-\frac{1}{3^4}$,即得

$$\sqrt[5]{240}=3\left(1-\frac{1}{5}\cdot\frac{1}{3^4}-\frac{1\cdot4}{5\cdot5\cdot2!}\cdot\frac{1}{3^8}-\frac{1\cdot4\cdot9}{5\cdot5\cdot5\cdot3!}\cdot\frac{1}{3^{12}}-\cdots\right).$$

这个级数收敛很快,取前两项作为 $\sqrt[5]{240}$ 的近似值,其误差为

$$\begin{aligned}\left|R_2\left(-\frac{1}{3^4}\right)\right|&=3\left(\frac{1\cdot4}{5\cdot5\cdot2!}\cdot\frac{1}{3^8}+\frac{1\cdot4\cdot9}{5\cdot5\cdot5\cdot3!}\cdot\frac{1}{3^{12}}+\frac{1\cdot4\cdot9\cdot14}{5\cdot5\cdot5\cdot5\cdot4!}\cdot\frac{1}{3^{16}}+\cdots\right)\\&<3\cdot\frac{1\cdot4}{5\cdot5\cdot2!}\cdot\frac{1}{3^8}\left[1+\frac{1}{81}+\left(\frac{1}{81}\right)^2+\cdots\right]\\&=\frac{6}{25}\cdot\frac{1}{3^8}\cdot\frac{1}{1-\frac{1}{81}}=\frac{1}{25\cdot27\cdot40}<\frac{1}{20000}.\end{aligned}$$

而且 $\sqrt[5]{240}\approx3\left(1-\frac{1}{5}\cdot\frac{1}{3^4}\right)\approx2.9926.$

例 8.36 计算 $\sin9^\circ$ 的值,使其误差不超过 10^{-5}.

解 由 $\sin x$ 幂级数展开式得到

$$\sin9^\circ=\sin\frac{\pi}{20}=\frac{\pi}{20}-\frac{1}{3!}\cdot\left(\frac{\pi}{20}\right)^3+\frac{1}{5!}\cdot\left(\frac{\pi}{20}\right)^5-\frac{1}{7!}\cdot\left(\frac{\pi}{20}\right)^7+\cdots,$$

这是一个交错级数,并且满足莱布尼茨判别法的条件. 若取级数的前两项之和作为

$\sin\dfrac{\pi}{20}$的近似值，其误差为

$$\left|R_2\left(\frac{\pi}{20}\right)\right|<\frac{1}{5!}\cdot\left(\frac{\pi}{20}\right)^5<\frac{1}{5!}\cdot(0.2)^5<0.00001,$$

而且

$$\sin 9°=\sin\frac{\pi}{20}\approx\frac{\pi}{20}-\frac{1}{3!}\cdot\left(\frac{\pi}{20}\right)^3\approx 0.15643.$$

例 8.37　求$\displaystyle\int_0^1\frac{\sin x}{x}\mathrm{d}x$ 的近似值(精确到 0.0001).

解　因为$\displaystyle\lim_{x\to 0}\frac{\sin x}{x}=1$，知 $x=0$ 是$\dfrac{\sin x}{x}$的可去间断点，因而$\dfrac{\sin x}{x}$在$[0,1]$上可积. 由于$\displaystyle\int\frac{\sin x}{x}\mathrm{d}x$ 不能用初等函数表示，这里由幂级数展开的方法来计算其近似值. 对

$$\frac{\sin x}{x}=1-\frac{x^2}{3!}+\frac{x^4}{5!}-\frac{x^6}{7!}+\cdots\quad(-\infty<x<+\infty),$$

在$[0,1]$上逐项积分，得

$$\int_0^1\frac{\sin x}{x}\mathrm{d}x=1-\frac{1}{3\cdot 3!}+\frac{1}{5\cdot 5!}-\frac{1}{7\cdot 7!}+\cdots.$$

由交错级数的误差估计，若取前三项的和作为积分的近似值，其误差为

$$|R_3|<\frac{1}{7\cdot 7!}=\frac{1}{35280}<0.0001.$$

取 4 位小数进行计算，得

$$\int_0^1\frac{\sin x}{x}\mathrm{d}x=1-\frac{1}{3\cdot 3!}+\frac{1}{5\cdot 5!}\approx 0.9461.$$

习　题　8.5

1. 将下列函数展开成 x 的幂级数，并求展开式成立的区间：

(1) $\dfrac{1}{2}(\mathrm{e}^x-\mathrm{e}^{-x})$；　(2) a^x；　(3) $\sin^2 x$；

(4) $\ln(a+x)(a>0)$；　(5) $\dfrac{x}{\sqrt{1+x^2}}$；　(6) $\arcsin x$.

2. 将函数 $f(x)=\dfrac{1}{x}$展开为$(x-3)$的幂级数.

3. 将函数 $f(x)=\sin x$ 展开为$\left(x-\dfrac{\pi}{4}\right)$的幂级数.

4. 将函数 $f(x)=\dfrac{1}{x^2+5x+6}$展开为$(x+1)$的幂级数.

5. 将函数 $f(x)=\ln(6+x-x^2)$展开为$(x-2)$的幂级数.

6*. 求下列各式的近似值:

(1) $\ln 2$(精确到 10^{-4}); (2) $\sqrt{e}$(精确到 10^{-4});

(3) $\int_0^{\frac{1}{2}} e^{-x^2}\,dx$ (精确到 10^{-4}); (4) $\int_0^{\frac{1}{2}} \frac{\arctan x}{x}\,dx$ (精确到 10^{-3}).

*8.6 傅里叶级数

本节将简单介绍由三角函数构成的一类重要级数——**三角级数**,即**傅里叶级数**,重点是如何将已知函数展开成三角级数.

8.6.1 三角级数 三角函数系的正交性

形如

$$\frac{a_0}{2}+\sum_{n=1}^{\infty}(a_n\cos nx+b_n\sin nx) \tag{8.14}$$

的级数称为**三角级数**,其中,$a_0,a_n,b_n(n=1,2,3,\cdots)$都是常数,称为三角级数的**系数**. 特别是当 $a_n=0(n=0,1,2,\cdots)$时得 $\sum_{n=1}^{\infty}b_n\sin nx$,称为**正弦级数**;当 $b_n=0(n=1,2,\cdots)$时得 $\frac{a_0}{2}+\sum_{n=1}^{\infty}a_n\cos nx$,称为**余弦级数**.

函数系

$$1,\cos x,\sin x,\cos 2x,\sin 2x,\cdots,\cos nx,\sin nx,\cdots \tag{8.15}$$

称为**三角函数系**.

三角函数系(8.15)在区间$[-\pi,\pi]$上的**正交性**,是指三角函数系中的任意两个不同函数的乘积在$[-\pi,\pi]$上的积分等于零,即

$$\int_{-\pi}^{\pi}\cos nx\,dx=0\quad(n=1,2,3,\cdots),$$

$$\int_{-\pi}^{\pi}\sin nx\,dx=0\quad(n=1,2,3,\cdots),$$

$$\int_{-\pi}^{\pi}\sin kx\cos nx\,dx=0\quad(k,n=1,2,3,\cdots),$$

$$\int_{-\pi}^{\pi}\cos kx\cos nx\,dx=0\quad(k,n=1,2,3,\cdots,k\neq n),$$

$$\int_{-\pi}^{\pi}\sin kx\sin nx\,dx=0\quad(k,n=1,2,3,\cdots,k\neq n).$$

上述等式都可以通过计算定积分进行验证,下面就对第四个等式进行验证.

当 $k\neq n$ 时,利用三角函数的积化和差公式有

$$\int_{-\pi}^{\pi}\cos kx\cos nx\,dx=\frac{1}{2}\int_{-\pi}^{\pi}[\cos(k+n)x+\cos(k-n)x]dx$$
$$=\frac{1}{2}\left[\frac{\sin(k+n)x}{k+n}+\frac{\sin(k-n)x}{k-n}\right]_{-\pi}^{\pi}$$
$$=0\quad(k,n=1,2,3,\cdots,k\neq n).$$

其余等式请读者自行证之.

在三角函数系(8.15)中,两个相同函数的乘积在$[-\pi,\pi]$上的积分不等于零,即

$$\int_{-\pi}^{\pi}1^2\,dx=2\pi,\quad\int_{-\pi}^{\pi}\cos^2 nx\,dx=\pi,\quad\int_{-\pi}^{\pi}\sin^2 nx\,dx=\pi\quad(n=1,2,\cdots).$$

8.6.2 周期为 2π 的函数的傅里叶级数展开

设 $f(x)$在区间$[-\pi,\pi]$上能展开为逐项可积分的三角级数

$$f(x)=\frac{a_0}{2}+\sum_{n=1}^{\infty}(a_n\cos nx+b_n\sin nx),\tag{8.16}$$

其中,系数 $a_0,a_n,b_n(n=1,2,3,\cdots)$由函数 $f(x)$确定.

对式(8.16)两边积分,并利用三角函数系的正交性,有

$$\int_{-\pi}^{\pi}f(x)dx=\frac{a_0}{2}\int_{-\pi}^{\pi}dx+\sum_{n=1}^{\infty}\left(a_n\int_{-\pi}^{\pi}\cos nx\,dx+b_n\int_{-\pi}^{\pi}\sin nx\,dx\right)=a_0\pi,$$

得 $a_0=\frac{1}{\pi}\int_{-\pi}^{\pi}f(x)dx$.

在式(8.16)两边同时乘以 $\cos nx$,并求积分,有

$$\int_{-\pi}^{\pi}f(x)\cos nx\,dx=\frac{a_0}{2}\int_{-\pi}^{\pi}\cos nx\,dx+\sum_{k=1}^{\infty}\left(a_k\int_{-\pi}^{\pi}\cos kx\cos nx\,dx+b_k\int_{-\pi}^{\pi}\sin kx\cos nx\,dx\right)$$
$$=a_n\int_{-\pi}^{\pi}\cos^2 nx\,dx=a_n\pi,$$

得

$$a_n=\frac{1}{\pi}\int_{-\pi}^{\pi}f(x)\cos nx\,dx\quad(n=1,2,\cdots).$$

同样,在式(8.16)两边同时乘以 $\sin nx$,并求积分,可得

$$b_n=\frac{1}{\pi}\int_{-\pi}^{\pi}f(x)\sin nx\,dx\quad(n=1,2,\cdots).$$

因此,式(8.16)中的系数为

$$\begin{cases}a_n=\dfrac{1}{\pi}\displaystyle\int_{-\pi}^{\pi}f(x)\cos nx\,dx\quad(n=0,1,2,\cdots),\\ b_n=\dfrac{1}{\pi}\displaystyle\int_{-\pi}^{\pi}f(x)\sin nx\,dx\quad(n=1,2,\cdots).\end{cases}\tag{8.17}$$

由式(8.17)确定的系数 $a_0, a_n, b_n (n=1,2,3,\cdots)$ 称为函数 $f(x)$ 的**傅里叶系数**,由 $f(x)$ 的傅里叶系数所确定的三角级数

$$\frac{a_0}{2}+\sum_{n=1}^{\infty}(a_n\cos nx+b_n\sin nx) \tag{8.18}$$

称为 $f(x)$ 的**傅里叶级数**.

注意到,当 $f(x)$ 为奇函数时,式(8.17)中的 $a_n=0(n=0,1,2,\cdots)$;当 $f(x)$ 为偶函数时,式(8.17)中的 $b_n=0(n=1,2,\cdots)$. 因而,有下面的结论。

(1) $f(x)$ 是奇函数时,$f(x)$ 的傅里叶级数为正弦级数

$$\sum_{n=1}^{\infty}b_n\sin nx\ ,$$

其中,$b_n=\frac{1}{\pi}\int_{-\pi}^{\pi}f(x)\sin nx\,dx=\frac{2}{\pi}\int_{0}^{\pi}f(x)\sin nx\,dx(n=1,2,\cdots)$.

(2) $f(x)$ 是偶函数时,$f(x)$ 的傅里叶级数为余弦级数

$$\frac{a_0}{2}+\sum_{n=1}^{\infty}a_n\cos nx\ ,$$

其中,$a_n=\frac{1}{\pi}\int_{-\pi}^{\pi}f(x)\cos nx\,dx=\frac{2}{\pi}\int_{0}^{\pi}f(x)\cos nx\,dx(n=0,1,2,\cdots)$.

一般地,函数 $f(x)$ 在可积的条件下便存在傅里叶级数,但这级数未必收敛,即使收敛也不一定收敛于 $f(x)$. 为了保证得出的傅里叶级数收敛于 $f(x)$,需要给 $f(x)$ 附加一些条件. 下面给出傅里叶级数收敛的一个充分条件(证明略).

定理 8.13(收敛定理,狄利克雷充分条件) 设函数 $f(x)$ 是周期为 2π 的周期函数,且满足狄利克雷条件:

(1) $f(x)$ 在一个周期内连续或只有有限个第一类间断点,

(2) $f(x)$ 在一个周期内至多只有有限个极值点,则

$$\frac{a_0}{2}+\sum_{n=1}^{\infty}(a_n\cos nx+b_n\sin nx)=\begin{cases}f(x), & x\text{ 是 }f(x)\text{ 的连续点},\\ \dfrac{f(x^-)+f(x^+)}{2}, & x\text{ 是 }f(x)\text{ 的间断点},\end{cases}$$

或者

$$f(x)=\frac{a_0}{2}+\sum_{n=1}^{\infty}(a_n\cos nx+b_n\sin nx),x\in C=\left\{x\,\middle|\,f(x)=\frac{f(x^-)+f(x^+)}{2}\right\}.$$

定理 8.13 表明,只要函数 $f(x)$ 在区间 $[-\pi,\pi]$ 上至多有有限个间断点,并且不做无限次振动,函数 $f(x)$ 的傅里叶级数在连续点就收敛于 $f(x)$,在间断点就收敛于该点左极限和右极限的算术平均值. 因而函数展开成傅里叶级数的条件比展开成幂级数的条件要低得多,不要求可导,也不要求连续. 傅里叶级数广泛应用于许多自然学科与工程技术领域.

例 8.38 设函数 $f(x)$ 是以 2π 周期,且在一个周期上有

$$f(x)=\begin{cases}1, & -\pi<x\leqslant 0,\\ 0, & 0<x\leqslant\pi.\end{cases}$$

试将 $f(x)$展开成傅里叶级数.

解　先计算 $f(x)$的傅里叶系数

$$a_0=\frac{1}{\pi}\int_{-\pi}^{\pi}f(x)\mathrm{d}x=\frac{1}{\pi}\int_{-\pi}^{0}\mathrm{d}x=1,$$

$$a_n=\frac{1}{\pi}\int_{-\pi}^{\pi}f(x)\cos nx\mathrm{d}x=\frac{1}{\pi}\int_{-\pi}^{0}\cos nx\mathrm{d}x=\frac{1}{n\pi}\sin nx\Big|_{-\pi}^{0}=0,$$

$$b_n=\frac{1}{\pi}\int_{-\pi}^{\pi}f(x)\sin nx\mathrm{d}x=\frac{1}{\pi}\int_{-\pi}^{0}\sin nx\mathrm{d}x=-\frac{1}{n\pi}\cos nx\Big|_{-\pi}^{0}$$

$$=\frac{1}{n\pi}(\cos n\pi-1)=\frac{1}{n\pi}[(-1)^n-1].$$

也即

$$b_{2n}=0,\quad b_{2n-1}=-\frac{2}{(2n-1)\pi}\quad(n=1,2,\cdots).$$

如图 8-2 所示，$f(x)$满足狄利克雷条件. $f(x)$的傅里叶级数为

$$f(x)=\frac{1}{2}-\frac{2}{\pi}\sum_{n=1}^{\infty}\frac{1}{2n-1}\sin(2n-1)x\quad(-\infty<x<+\infty;x\neq 0,\pm\pi,\pm 3\pi,\cdots).$$

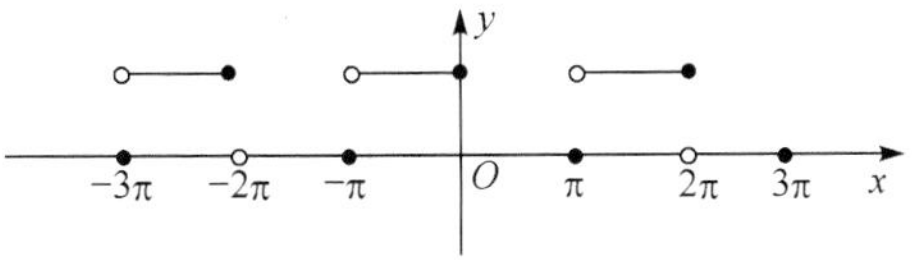

图 8-2

需要注意，傅里叶级数的每一项都是周期为 2π 的函数. 当它在区间$[-\pi,\pi]$上收敛时，其和函数——傅里叶级数，不仅在$[-\pi,\pi]$上有定义，并且也是以 2π 为周期的函数. 因此，和函数——傅里叶级数在整个数轴上有定义，而且以 2π 为周期复制它在$[-\pi,\pi]$上的函数值.

现在，函数 $f(x)$仅在$[-\pi,\pi]$上有定义并满足收敛定理条件，要将它展开为傅里叶级数的方法是，先考虑将 $f(x)$的周期延拓，即令

$$F(x+2k\pi)=f(x),\quad x\in[-\pi,\pi),\quad(k=0,\pm 1,\pm 2,\cdots),$$

则将 $F(x)$展开为傅里叶级数，之后将其限制在$[-\pi,\pi]$上，便可给出 $f(x)$的傅里叶级数展开式.

例 8.39　设 $f(x)=x(x\in[-\pi,\pi])$，将 $f(x)$展开为傅里叶级数.

解　因为 $f(x)$的周期延拓 $F(x)$的傅里叶系数

$$a_n=0\quad(n=0,1,2,\cdots),$$

$$b_n=\frac{1}{\pi}\int_{-\pi}^{\pi}F(x)\sin nx\,dx=\frac{1}{\pi}\int_{-\pi}^{\pi}f(x)\sin nx\,dx=\frac{1}{\pi}\int_{-\pi}^{\pi}x\sin nx\,dx$$
$$=\frac{1}{\pi}\left(-\frac{x\cos nx}{n}+\frac{\sin nx}{n^2}\right)\bigg|_{-\pi}^{\pi}$$
$$=-\frac{2}{n}\cos n\pi=\frac{2}{n}(-1)^{n+1}\quad (n=1,2,\cdots).$$

所以,由 $F(x)$ 的傅里叶级数展开式(图 8-3)在 $[-\pi,\pi]$ 上的限制便得要求为

$$f(x)=2\sum_{n=1}^{\infty}\frac{(-1)^{n+1}}{n}\sin nx\quad (-\pi<x<\pi).$$

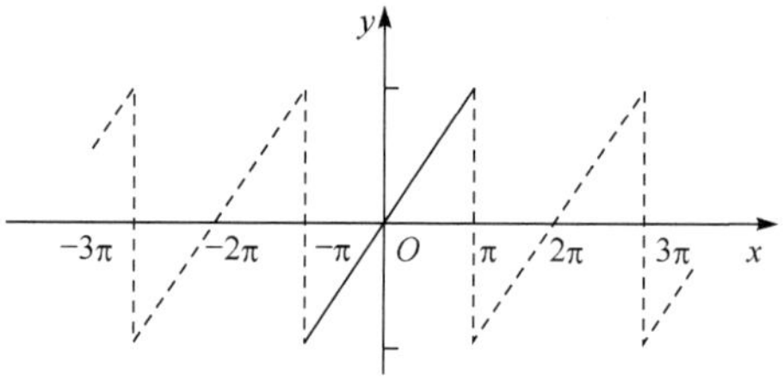

图 8-3

注 8.4 此处例子中,$\left(2\sum_{n=1}^{\infty}\frac{(-1)^{n+1}}{n}\sin nx\right)_{x=\pm\pi}=\frac{f(-\pi)+f(\pi)}{2}=0$.

注 8.5 此处例子过程又可小结为,先应用公式(8.17)算出 $f(x)$ 的傅里叶系数 a_n,b_n,再应用收敛定理在 $[-\pi,\pi]$ 上写出 $f(x)$ 的展开式.

8.6.3 周期为 2l 的函数的傅里叶级数

这里仅叙述收敛定理内容并给出一个实例.

定理 8.14 设周期为 $2l$ 的函数 $f(x)$ 在 $[-l,l]$ 上满足狄利克雷条件,则 $f(x)$ 的傅里叶级数为

$$\frac{a_0}{2}+\sum_{n=1}^{\infty}\left(a_n\cos\frac{n\pi x}{l}+b_n\sin\frac{n\pi x}{l}\right)=\begin{cases}f(x), & x\text{ 是 }f(x)\text{ 的连续点},\\ \dfrac{f(x^-)+f(x^+)}{2}, & x\text{ 是 }f(x)\text{ 的间断点}.\end{cases}\tag{8.19}$$

其中,傅里叶系数

$$\begin{cases}a_n=\dfrac{1}{l}\displaystyle\int_{-l}^{l}f(x)\cos\frac{n\pi x}{l}dx & (n=0,1,2,\cdots),\\ b_n=\dfrac{1}{l}\displaystyle\int_{-l}^{l}f(x)\sin\frac{n\pi x}{l}dx & (n=1,2,3,\cdots).\end{cases}\tag{8.20}$$

例 8.40 将周期为 2 的函数 $f(x)$ 展开为傅里叶级数,它在一个周期上有

$$f(x)=\begin{cases}x, & -1<x\leqslant 0,\\ 0, & 0<x\leqslant 1.\end{cases}$$

解 由 $2l=2$，得 $l=1$，于是有

$$a_0=\int_{-1}^{1}f(x)\mathrm{d}x=\int_{-1}^{0}x\mathrm{d}x=-\frac{1}{2},$$

$$a_n=\int_{-1}^{1}f(x)\cos n\pi x\mathrm{d}x=\int_{-1}^{0}x\cos n\pi x\mathrm{d}x$$

$$=\left(\frac{1}{n\pi}x\sin n\pi x+\frac{1}{n^2\pi^2}\cos n\pi x\right)\bigg|_{-1}^{0}=\frac{1}{n^2\pi^2}(1-\cos n\pi)=\frac{1}{n^2\pi^2}[1-(-1)^n],$$

$$b_n=\int_{-1}^{1}f(x)\sin n\pi x\mathrm{d}x=\int_{-1}^{0}x\sin n\pi x\mathrm{d}x$$

$$=\left(-\frac{1}{n\pi}x\cos n\pi x+\frac{1}{n^2\pi^2}\sin n\pi x\right)\bigg|_{-1}^{0}=\frac{1}{n\pi}(-1)^{n+1}.$$

因而，$a_{2n}=0,a_{2n+1}=\dfrac{1-(-1)^{2n+1}}{(2n+1)^2\pi^2}=\dfrac{2}{(2n+1)^2\pi^2}(n=1,2,3,\cdots)$.

如图 8-4 所示，$f(x)$满足狄利克雷条件. 要求为

$$f(x)=-\frac{1}{4}+\sum_{n=1}^{\infty}\left[\frac{2}{(2n+1)^2\pi^2}\cos(2n+1)\pi x+\frac{(-1)^{n+1}}{n\pi}\sin n\pi x\right]$$

$$(-\infty<x<\infty,x\neq\pm1,\pm3,\cdots).$$

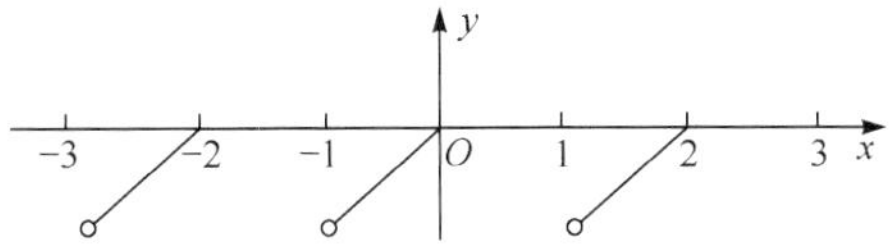

图 8-4

8.6.4 函数在[0,l]上的正弦级数和余弦级数

设函数 $f(x)$在区间$[0,l]$上定义.

奇函数 $F(x)=\begin{cases}-f(-x),-l\leqslant x<0\\ f(x),0\leqslant x\leqslant l\end{cases}$称为 $f(x)$在$[-l,l]$上的**奇延拓**.

偶函数 $G(x)=\begin{cases}f(-x),-l\leqslant x<0\\ f(x),0\leqslant x\leqslant l\end{cases}$称为 $f(x)$在$[-l,l]$上的**偶延拓**.

$f(x)$在区间$[0,l]$上的正弦级数是奇延拓 $F(x)$的正弦级数在$[0,l]$上的限制.

$f(x)$在区间$[0,l]$上的余弦级数是偶延拓 $F(x)$的余弦级数在$[0,l]$上的限制.

例 8.41 将函数 $f(x)=x-1(0\leqslant x\leqslant 2)$展开为余弦函数.

解 因为 $f(x)$的偶延拓 $G(x)$的傅里叶系数

$$a_0 = \frac{1}{2}\int_{-2}^{2} G(x)\mathrm{d}x = \int_0^2 G(x)\mathrm{d}x = \int_0^2 (x-1)\mathrm{d}x = 0\ ,$$

$$a_n = \frac{1}{2}\int_{-2}^{2} G(x)\cos\frac{n\pi x}{2}\mathrm{d}x = \int_0^2 G(x)\cos\frac{n\pi x}{2}\mathrm{d}x = \int_0^2 (x-1)\cos\frac{n\pi x}{2}\mathrm{d}x$$

$$= \int_0^2 x\cos\frac{n\pi x}{2}\mathrm{d}x - \int_0^2 \cos\frac{n\pi x}{2}\mathrm{d}x$$

$$= \frac{2}{n\pi}\left(x\sin\frac{n\pi x}{2} + \frac{2}{n\pi}\cos\frac{n\pi x}{2}\right)\Bigg|_0^2 - \left(\frac{2}{n\pi}\sin\frac{n\pi x}{2}\right)\Bigg|_0^2 = \frac{4}{n^2\pi^2}[(-1)^n - 1],$$

也即

$$a_{2n} = \frac{4}{(2n)^2\pi^2}[(-1)^{2n} - 1] = 0 \quad (n=1,2,\cdots),$$

$$a_{2n+1} = \frac{4}{(2n+1)^2\pi^2}[(-1)^{2n+1} - 1] = -\frac{8}{(2n+1)^2\pi^2} \quad (n=1,2,\cdots).$$

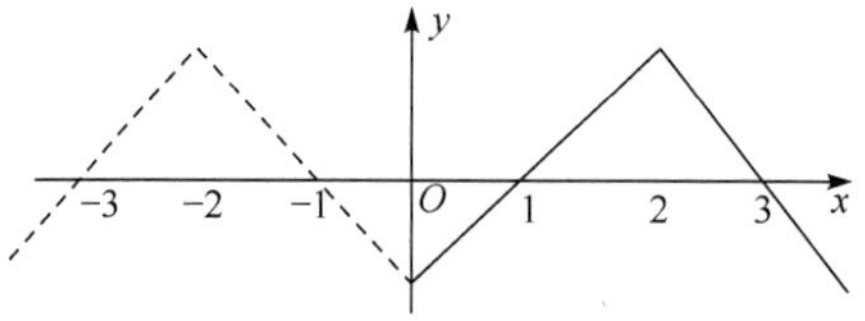

图 8-5

所以,由 $G(x)$ 的余弦函数展开式(图 8-5)在 $[0,2]$ 上的限制便得要求为

$$f(x) = -\frac{8}{\pi^2}\sum_{n=1}^{\infty}\frac{1}{(2n+1)^2}\cos\frac{(2n+1)\pi x}{2},\quad x\in[0,2].$$

*习　题　8.6

1. 将下列各函数展开为傅里叶级数:

(1) $f(x)=\pi^2-x^2\ (-\pi\leqslant x\leqslant\pi)$;　(2) $f(x)=|x|\ (-\pi\leqslant x\leqslant\pi)$;

(3) $f(x)=2+|x|\ (-1\leqslant x\leqslant 1)$;　(4) $f(x)=\begin{cases}2x+1, & -3\leqslant x<0,\\ 1, & 0\leqslant x<3.\end{cases}$

2. 设 $f(x)$ 是周期为 2π 的函数,它在 $[-\pi,2\pi)$ 上的表达式为

$$f(x)=\begin{cases}0, & -\pi\leqslant x<0,\\ e^x, & 0\leqslant x<\pi,\end{cases}$$

将 $f(x)$ 展开为傅里叶级数.

3. 将函数 $f(x)=x+1\ (0\leqslant x\leqslant\pi)$ 展开为正弦级数.

4. 将函数 $f(x)=\begin{cases}x, & 0\leqslant x<1\\ 1, & 1\leqslant x\leqslant 2\end{cases}$ 展开为余弦级数.

第 9 章　空间解析几何

解析几何的基本思想是用代数的方法研究、解决几何问题，它将数学的两个基本对象“形”与“数”紧密地结合起来，使几何、代数构成一个有机整体. 本章首先建立空间直角坐标系并简单介绍向量代数的基本知识，之后以向量代数为工具讨论空间中平面和直线的方程、性质及关系，最后介绍常见曲面和空间曲线的方程与图形.

9.1　空间直角坐标系

在平面直角坐标系中，确定平面上一点的位置，需要两个有序数组. 而在空间确定一个点的位置，自然是要用三个有序数组. 因此，我们先引进空间直角坐标系的概念.

在空间选一定点 O，过 O 作三条两两相互垂直的直线 Ox，Oy，Oz，在各条直线上取定正向，再取定长度单位. 这样就建立了一个空间直角坐标系 $O-xyz$. O 称为**坐标原点**；数轴 Ox，Oy，Oz 都称为坐标轴，依次称为 x **轴**，y **轴**与 z **轴**，他们的正向通常符合右手法则，即当右手的四个手指的弯曲方向从 x 轴的正向以不超过 π 的角转向 y 轴的正向时，大拇指所指的方向就是 z 轴的正向（图 9-1）；x 轴与 y 轴所确定的平面称为 xOy **坐标平面**，简称 xOy **坐标面**，同样的，还有 yOz **坐标面**和 xOz **坐标面**.

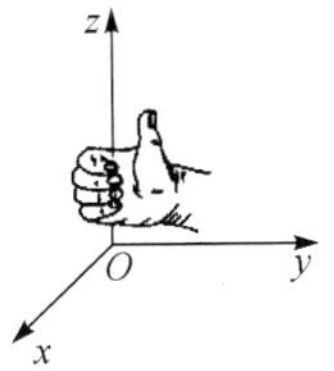

图 9-1

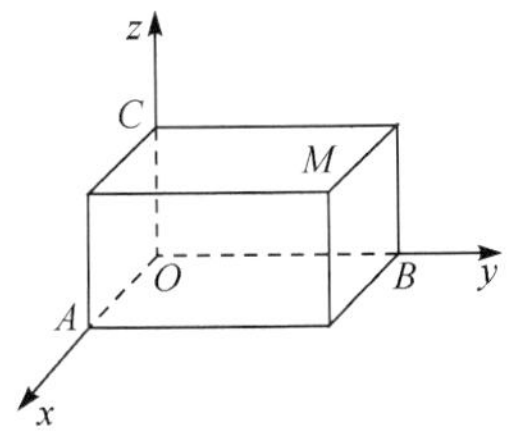

图 9-2

建立空间直角坐标系后，空间的点就可以用三个有序数组来表示. 设空间任意一点 M，过点 M 作三个平面，分别垂直于 x 轴，y 轴和 z 轴，交点分别记为 A，B，C（图 9-2）. 这三个点在 x 轴，y 轴和 z 轴上的坐标依次为 x，y，z，这样点 M 就唯一地确定了一个有序数组(x,y,z).

反过来,任给一个有序实数组(x,y,z),我们在x轴上取坐标为x的点A,在y轴上取坐标为y的点B,在z轴上取坐标为z的点C,然后通过点A,B,C分别作x轴,y轴,z轴的垂直平面,这三个垂直平面确定了唯一的交点M. 这样,空间的点M和有序数组(x,y,z)之间建立了一个一一对应的关系. 这组数(x,y,z)就称为点M的**坐标**,记为$M(x,y,z)$. 依次称x,y和z为点M的**横坐标**、**纵坐标**和**竖坐标**.

坐标面和坐标轴上的点的坐标具有一定的特征,三坐标面xOy,yOz,xOz上的点的坐标分别为$(x,y,0),(0,y,z),(x,0,z)$;x轴,y轴,z轴上的点的坐标分别为$(x,0,0),(0,y,0),(0,0,z)$;原点的坐标为$(0,0,0)$.

三个相互垂直的坐标面把空间分成八个部分,每一部分都称为一个象限,在xOy平面的上方,从位于x轴,y轴,z轴的正半轴的那个象限开始(图 9-3),按逆时针方向依次称为第Ⅰ,Ⅱ,Ⅲ,Ⅳ象限;在xOy平面下方,从与第Ⅰ象限相对的那个象限开始,按逆时针方向依次称为Ⅴ,Ⅵ,Ⅶ,Ⅷ象限. 在同一象限内的点的坐标的符号是一样的,但不同象限内的点的坐标的符号是不一样的. 例如,点(x,y,z)在第Ⅱ象限,则$x<0,y>0,z>0$,而点$(-2,-3,-4)$在第Ⅶ象限.

例 9.1 在空间直角坐标系中作出点$M(1,2,3)$及点M关于xOy坐标面对称的点.

解 如图 9-4 所示,先在坐标面xOy上作出点$N(1,2,0)$,过N作z轴的平行线,在这条平行线上,沿z轴的正向量 3 个单位得点$M(1,2,3)$,沿z轴的反向量 3 个单位得点$M'(1,2,-3)$,点M'这就是点M关于xOy坐标面对称的点.

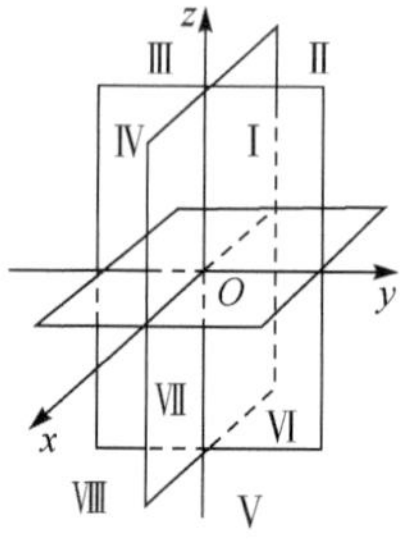

图 9-3

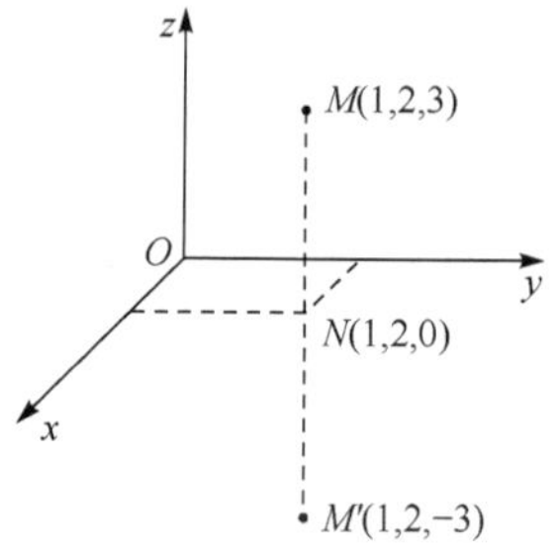

图 9-4

习 题 9.1

1. 在空间直角坐标系中作出下列各点:

$A(2,0,0)$;$B(2,3,0)$;$C(2,3,4)$;$D(2,3,-4)$;$E(-2,-3,4)$;$F(-2,-3,-4)$.

2. 在空间直角坐标系中,指出下列各点在哪个象限:

$A(2,-1,3)$;$B(2,3,-1)$;$C(2,-3,-4)$;$D(-2,-3,1)$.

3. 指出下列各点的位置:

$A(2,0,3)$;$B(0,-1,-2)$;$C(0,-3,0)$;$D(0,0,3)$.

4. 写出点 $M(a,b,c)$ 关于

(1)坐标面；　(2)坐标轴；　(3)坐标原点；

的各个对称点的坐标.

5. 从点 $M(2,-3,4)$ 分别向各坐标面和各坐标轴引垂线，写出各垂足的坐标.

6. 过点 $M(a,b,c)$ 分别作平行于 z 轴的直线和平行于 xOy 坐标面的平面，问它们上面的点的坐标各有什么特点？

9.2　向量及其线性运算

9.2.1　向量的概念

在现实生活中，有许多的量. 其中，有些量只用大小就可以表示，如长度、温度、体积等；有些量不仅用大小，还要用方向才能表示，如力、速度、加速度等. 我们把只有大小，没有方向的量称为**数量**，把既有大小又有方向的量称为**向量**. 向量用有向线段表示，有向线段的起点和终点分别称为向量的**起点**和**终点**，有向线段的方向表示向量的方向，而有向线段的长度表示向量的大小，称为向量的**模**或向量的**长度**. 以 A 为起点，B 为终点的向量记为$\overrightarrow{AB}$. 印刷时常用黑体字母 $\boldsymbol{a},\boldsymbol{b},\boldsymbol{c},\cdots$来表示向量，手写时常用带箭头的小写字母$\vec{a},\vec{b},\vec{c}\cdots$来表示向量，向量 $\boldsymbol{a},\vec{a},\overrightarrow{AB}$的模分别记为$|\boldsymbol{a}|,|\vec{a}|,|\overrightarrow{AB}|$.

模等于 1 的向量称为**单位向量**. 模等于 0 的向量称为**零向量**，记作 $\boldsymbol{0}$ 或$\vec{0}$，零向量的起点与终点重合，它的方向可以看成是任意的.

任何向量都是由它的模和方向确定的，与起点无关，就是说，向量是可以平行移动的. 因此，如果向量 $\boldsymbol{a}$ 和 $\boldsymbol{b}$ 的模相等，方向相同，则说向量 $\boldsymbol{a}$ 和 $\boldsymbol{b}$ 是**相等**的，记为$\boldsymbol{a}=\boldsymbol{b}$. 相等的向量经过平移后可以完全重合. 与向量 $\boldsymbol{a}$ 的模相等，方向相反的向量称为向量 $\boldsymbol{a}$ 的**相反向量**，记为$-\boldsymbol{a}$. 向量$\overrightarrow{AB}$的相反向量是$\overrightarrow{BA}$，$\overrightarrow{AB}=-\overrightarrow{BA}$.

两个非零向量 $\boldsymbol{a}$ 与 $\boldsymbol{b}$，如果它们的方向相同或相反，就说这两个向量**平行**，或说这两个向量**共线**，记作 $\boldsymbol{a}/\!/\boldsymbol{b}$. 零向量与任何向量都平行. 我们把平行于同一平面的一组向量称为**共面向量**. 零向量与任何共面向量共面.

9.2.2　向量的线性运算

向量的加、减运算及数乘向量的运算统称为向量的**线性运算**.

力是向量的物理原型. 力的合成是按**平行四边形法则**或**三角形法则**进行的，因此向量的加法也按此法则来规定.

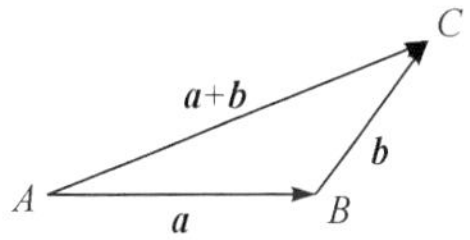

图 9-5

已知向量 $\boldsymbol{a},\boldsymbol{b}$，以空间中的任意点 A 为起点(图 9-5)，

连续作$\overrightarrow{AB}=\boldsymbol{a}$,$\overrightarrow{BC}=\boldsymbol{b}$,那么向量$\overrightarrow{AC}$称为**向量 $\boldsymbol{a}$ 与 $\boldsymbol{b}$ 的和**,记作 $\boldsymbol{a}+\boldsymbol{b}$.

显然,$\boldsymbol{a}+\boldsymbol{0}=\boldsymbol{a}$.

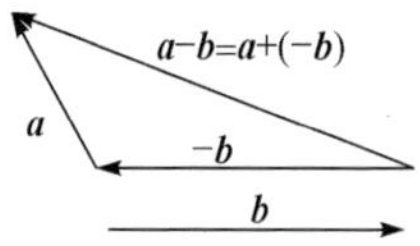

图 9-6

求两个向量的和还可以推广到求空间任意有限个向量的和,从第一个向量开始,依次把下一个向量的起点放在前一个向量的终点上,最后从第一个向量的起点到最末一个向量的终点的向量就是这些向量的和,这种方法称为**多边形法则**.

向量 $\boldsymbol{a}$ 与向量 $\boldsymbol{b}$ 的相反向量之和称为**向量 $\boldsymbol{a}$ 与 $\boldsymbol{b}$ 的差**(图 9-6),记作 $\boldsymbol{a}-\boldsymbol{b}$. 即

$$\boldsymbol{a}-\boldsymbol{b}=\boldsymbol{a}+(-\boldsymbol{b}).$$

特别地,当 $\boldsymbol{b}=\boldsymbol{a}$ 时,有

$$\boldsymbol{a}-\boldsymbol{a}=\boldsymbol{a}+(-\boldsymbol{a})=\boldsymbol{0}.$$

任给向量$\overrightarrow{AB}$及点 O,有

$$\overrightarrow{AB}=\overrightarrow{AO}+\overrightarrow{OB}=\overrightarrow{OB}-\overrightarrow{OA}.$$

向量的加法满足下面的运算规律:

(1) 交换律　$\boldsymbol{a}+\boldsymbol{b}=\boldsymbol{b}+\boldsymbol{a}$;

(2) 结合律　$(\boldsymbol{a}+\boldsymbol{b})+\boldsymbol{c}=\boldsymbol{a}+(\boldsymbol{b}+\boldsymbol{c})$.

下面介绍数量与向量的乘法运算.

实数 λ 与向量 $\boldsymbol{a}$ 的乘积(简称**数乘向量**)是一个向量,记做 $\lambda\boldsymbol{a}$. 它的模 $|\lambda\boldsymbol{a}|=|\lambda||\boldsymbol{a}|$. 它的方向:当 $\lambda>0$ 时,与 $\boldsymbol{a}$ 相同;当 $\lambda<0$ 时,与 $\boldsymbol{a}$ 相反;当 $\lambda=0$ 时,$|\lambda\boldsymbol{a}|=0$,这时 $\lambda\boldsymbol{a}$ 为零向量.

显然,$1\boldsymbol{a}=\boldsymbol{a}$;$(-1)\boldsymbol{a}=-\boldsymbol{a}$.

数乘向量满足下面的运算规律:

(1) 结合律　$\lambda(\mu)\boldsymbol{a}=\mu(\lambda)\boldsymbol{a}=(\lambda\mu)\boldsymbol{a}$;

(2) 分配律　$(\lambda+\mu)\boldsymbol{a}=\lambda\boldsymbol{a}+\mu\boldsymbol{a}$;

$\lambda(\boldsymbol{a}+\boldsymbol{b})=\lambda\boldsymbol{a}+\lambda\boldsymbol{b}$.

这里,λ,μ 为实数.

设 $\boldsymbol{a}$ 为非零向量,我们把与 $\boldsymbol{a}$ 同方向的单位向量称为**$\boldsymbol{a}$ 的单位向量**,记为 $\boldsymbol{a}^0$. 因为向量$\dfrac{\boldsymbol{a}}{|\boldsymbol{a}|}$的模是 1,并且与 $\boldsymbol{a}$ 同方向,所以

$$\boldsymbol{a}^0=\frac{\boldsymbol{a}}{|\boldsymbol{a}|}\quad 或\quad \boldsymbol{a}=|\boldsymbol{a}|\boldsymbol{a}^0.$$

由此我们可以得到:如果在数轴 OX 上取与数轴方向相同的单位向量 $\boldsymbol{i}$ (图 9-7),P 点是数轴上任意一点,坐标为 x,那么

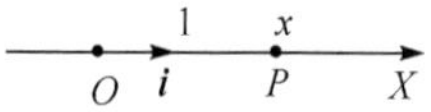

图 9-7

$$\overrightarrow{OP}=x\boldsymbol{i}.$$

由于向量 $\lambda\boldsymbol{a}$ 与 $\boldsymbol{a}$ 平行,因此我们常用数乘向量来说明两个向量平行.

定理 9.1　设向量 $\boldsymbol{a}\neq\boldsymbol{0}$,那么 $\boldsymbol{b}/\!/\boldsymbol{a}\Leftrightarrow$存在实数 λ 使 $\boldsymbol{b}=\lambda\boldsymbol{a}$.

9.2.3　向量的坐标

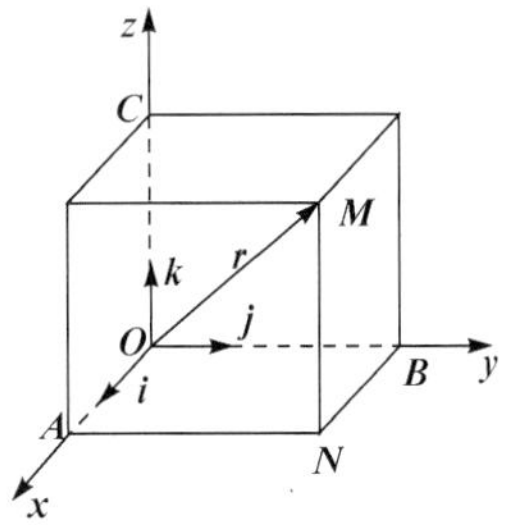

图 9-8

在空间直角坐标系 $O-xyz$ 中,用 $\boldsymbol{i},\boldsymbol{j},\boldsymbol{k}$ 分别表示 x 轴,y 轴,z 轴正向的单位向量,并称它们为这一坐标系的**基本单位向量**. 设 $\boldsymbol{r}$ 为空间一向量,将它平移,使其起点在坐标原点,终点在点 $M(x,y,z)$(图 9-8),过点 M 作三个平面分别垂直于 x 轴,y 轴和 z 轴,交点依次为 A,B,C,那么

$$\overrightarrow{OA}=x\boldsymbol{i},\quad \overrightarrow{OB}=y\boldsymbol{j},\quad \overrightarrow{OC}=z\boldsymbol{k},$$

而

$$\boldsymbol{r}=\overrightarrow{OM}=\overrightarrow{OA}+\overrightarrow{AN}+\overrightarrow{NM}=\overrightarrow{OA}+\overrightarrow{OB}+\overrightarrow{OC}=\overrightarrow{OM}=x\boldsymbol{i}+y\boldsymbol{j}+z\boldsymbol{k},$$

于是,向量 $\boldsymbol{r}$ 与 $M(x,y,z)$之间有一一对应的关系.

我们记 $\boldsymbol{r}=\{x,y,z\}$,称为向量的坐标表示,即

$$\boldsymbol{r}=x\boldsymbol{i}+y\boldsymbol{j}+z\boldsymbol{k}=\{x,y,z\},$$

其中,$x\boldsymbol{i}$,$y\boldsymbol{j}$,$z\boldsymbol{k}$ 称为向量 $\boldsymbol{r}$ 在坐标轴上的**分向量**,有序数 x,y,z 称为向量 $\boldsymbol{r}$ 的**坐标**.

由此我们得到,当向量的起点在坐标原点时,向量的坐标与其终点的坐标相同. 例如,已知点 $M_1(x_1,y_1,z_1)$,则$\overrightarrow{OM_1}=\{x_1,y_1,z_1\}$.

基本单位向量和零向量的坐标表示为

$$\boldsymbol{i}=\{1,0,0\},\quad \boldsymbol{j}=\{0,1,0\},\quad \boldsymbol{k}=\{0,0,1\},\quad \boldsymbol{0}=\{0,0,0\}.$$

下面我们**利用向量的坐标作向量的线性运算**.

设 $\boldsymbol{a}=\{a_x,a_y,a_z\}$,$\boldsymbol{b}=\{b_x,b_y,b_z\}$,那么

$$\begin{aligned}\boldsymbol{a}\pm\boldsymbol{b}&=(a_x\boldsymbol{i}+a_y\boldsymbol{j}+a_z\boldsymbol{k})\pm(b_x\boldsymbol{i}+b_y\boldsymbol{j}+b_z\boldsymbol{k})\\&=(a_x\pm b_x)\boldsymbol{i}+(a_y\pm b_y)\boldsymbol{j}+(a_z\pm b_z)\boldsymbol{k}\\&=\{a_x\pm b_x,a_y\pm b_y,a_z\pm b_z\}.\end{aligned}$$

同理

$$\lambda\boldsymbol{a}=\{\lambda a_x,\lambda a_y,\lambda a_z\}.$$

设向量 $\boldsymbol{a}\neq\boldsymbol{0}$,对于 $\boldsymbol{b}=\lambda\boldsymbol{a}$,用坐标表示为

$$\{b_x,b_y,b_z\}=\{\lambda a_x,\lambda a_y,\lambda a_z\},$$

即

$$\frac{b_x}{a_x}=\frac{b_y}{a_y}=\frac{b_z}{a_z}(=\lambda).$$

上式中如果某分母为零,约定认为相应的分子也为零. 于是根据定理 9.1,可得到一个常用的定理如下 .

定理 9.2 两非零向量平行的充要条件是它们的对应坐标成比例.

例 9.2 已知两点 $M_1(x_1,y_1,z_1)$与 $M_2(x_2,y_2,z_2)$,求向量$\overrightarrow{M_1M_2}$的坐标.

解 由于$\overrightarrow{OM_1}=\{x_1,y_1,z_1\}$,$\overrightarrow{OM_2}=\{x_2,y_2,z_2\}$,于是

$$\overrightarrow{M_1M_2}=\overrightarrow{OM_2}-\overrightarrow{OM_1}=\{x_2-x_1,y_2-y_1,z_2-z_1\}.$$

因此,向量$\overrightarrow{M_1M_2}$的坐标等于其终点的坐标减去起点的坐标.

例 9.3 已知向量 $\boldsymbol{a}=\{1,0,3\}$,$\boldsymbol{b}=\{7,5,-4\}$,$\boldsymbol{c}=\{1,1,-2\}$,判别 $2\boldsymbol{a}-\boldsymbol{b}$ 与 $\boldsymbol{c}$ 是否平行?

解 由于 $2\boldsymbol{a}-\boldsymbol{b}=\{-5,-5,10\}$,而

$$\frac{-5}{1}=\frac{-5}{1}=\frac{10}{-2},$$

所以 $2\boldsymbol{a}-\boldsymbol{b}$ 与 $\boldsymbol{c}$ 平行.

习 题 9.2

1. 已知 AM 是 $\triangle ABC$ 的中线,$\overrightarrow{AB}=\boldsymbol{a}$,$\overrightarrow{AC}=\boldsymbol{b}$,试用 $\boldsymbol{a}$,$\boldsymbol{b}$ 表示$\overrightarrow{AM}$.
2. 用向量证明:如果平面上一个四边形的对角线互相平分,则它是平行四边形.
3. 非零向量 $\boldsymbol{a}$,$\boldsymbol{b}$ 满足什么条件时,有 $|\boldsymbol{b}|\boldsymbol{a}=|\boldsymbol{a}|\boldsymbol{b}$.
4. 已知向量 $\boldsymbol{a}=\{1,3,-5\}$,$\boldsymbol{b}=\{4,-2,3\}$,求 $3\boldsymbol{a}-\boldsymbol{b}$ 和 $2\boldsymbol{a}+3\boldsymbol{b}$.
5. 已知点 $A(1,-1,1)$,向量$\overrightarrow{AB}=\{2,-3,5\}$,求点 B 的坐标.
6. 向量 $\boldsymbol{a}=\lambda\boldsymbol{i}+5\boldsymbol{j}-\boldsymbol{k}$ 与 $\boldsymbol{b}=3\boldsymbol{i}+\boldsymbol{j}+\mu\boldsymbol{k}$ 平行,求 λ 和 μ 的值
7. 证明三点 $A(1,1,0)$,$B(2,-1,3)$,$C(4,-5,9)$共线.

9.3 向量的数量积与向量积

9.3.1 向量的数量积

先规定两向量的夹角,已知两个非零向量 $\boldsymbol{a}$ 与 $\boldsymbol{b}$,作$\overrightarrow{OA}=\boldsymbol{a}$,$\overrightarrow{OB}=\boldsymbol{b}$,则$\angle AOB=\theta(0\leqslant\theta\leqslant\pi)$称为向量 $\boldsymbol{a}$ 与 $\boldsymbol{b}$ 的**夹角**,记为$(\boldsymbol{a},\boldsymbol{b})$或$(\boldsymbol{b},\boldsymbol{a})$. 如果向量 $\boldsymbol{a}$ 与 $\boldsymbol{b}$ 中有一个是零向量,规定它们的夹角可以在 0 与 π 之间任意取值. 如果向量 $\boldsymbol{a}$ 与 $\boldsymbol{b}$ 的夹角 $\theta=\frac{\pi}{2}$,就称向量 $\boldsymbol{a}$ 与 $\boldsymbol{b}$ **垂直**,记为 $\boldsymbol{a}\perp\boldsymbol{b}$,零向量与任何向量垂直.

在物理学中,我们知道一个质点在力 $\boldsymbol{F}$ 的作用下,经过位移 $\boldsymbol{S}$,那么这个力所做的功为

$$W=|\boldsymbol{F}||\boldsymbol{S}|\cos(\boldsymbol{F},\boldsymbol{S}),$$

这里功 W 是由向量 $\boldsymbol{F}$ 和 $\boldsymbol{S}$ 按上式确定的一个数量,将两个向量的这种运算抽象化,就有如下定义.

定义 9.1 两个向量 $\boldsymbol{a}$ 与 $\boldsymbol{b}$ 的**数量积**(也称为**点积**)是一个数量,记为 $\boldsymbol{a}\cdot\boldsymbol{b}$ 或 $\boldsymbol{ab}$,

即

$$\boldsymbol{a}\cdot\boldsymbol{b}=|\boldsymbol{a}||\boldsymbol{b}|\cos(\boldsymbol{a},\boldsymbol{b}).$$

由数量积的定义可推得

$$\boldsymbol{a}\cdot\boldsymbol{a}=|\boldsymbol{a}|^2 \quad 或 \quad |\boldsymbol{a}|=\sqrt{\boldsymbol{a}\cdot\boldsymbol{a}}.$$

定理 9.3　$\boldsymbol{a}\perp\boldsymbol{b}\Leftrightarrow\boldsymbol{a}\cdot\boldsymbol{b}=0$.

数量积满足下面的运算规律：

(1) 交换律　$\boldsymbol{a}\cdot\boldsymbol{b}=\boldsymbol{b}\cdot\boldsymbol{a}$;

(2) 分配律　$(\boldsymbol{a}+\boldsymbol{b})\cdot\boldsymbol{c}=\boldsymbol{a}\cdot\boldsymbol{c}+\boldsymbol{b}\cdot\boldsymbol{c}$;

(3) 结合律　$(\lambda\boldsymbol{a})\cdot\boldsymbol{b}=\lambda(\boldsymbol{a}\cdot\boldsymbol{b})=\boldsymbol{a}\cdot(\lambda\boldsymbol{b})$（$\lambda$ 为实数）.

基本单位向量的数量积有如下性质：

$$\boldsymbol{i}\cdot\boldsymbol{i}=\boldsymbol{j}\cdot\boldsymbol{j}=\boldsymbol{k}\cdot\boldsymbol{k}=1;\quad \boldsymbol{i}\cdot\boldsymbol{j}=\boldsymbol{j}\cdot\boldsymbol{k}=\boldsymbol{k}\cdot\boldsymbol{i}=0.$$

下面来看**数量积的坐标表示**，设

$$\boldsymbol{a}=a_x\boldsymbol{i}+a_y\boldsymbol{j}+a_z\boldsymbol{k},\quad \boldsymbol{b}=b_x\boldsymbol{i}+b_y\boldsymbol{j}+b_z\boldsymbol{k},$$

那么

$$\boldsymbol{a}\cdot\boldsymbol{b}=(a_x\boldsymbol{i}+a_y\boldsymbol{j}+a_z\boldsymbol{k})\cdot(b_x\boldsymbol{i}+b_y\boldsymbol{j}+b_z\boldsymbol{k}).$$

展开化简得数量积的坐标表示如下：

$$\boldsymbol{a}\cdot\boldsymbol{b}=a_xb_x+a_yb_y+a_zb_z.$$

于是向量 $\boldsymbol{a}$ 的模的坐标表示为

$$|\boldsymbol{a}|=\sqrt{\boldsymbol{a}\cdot\boldsymbol{a}}=\sqrt{a_x^2+a_y^2+a_z^2}.$$

设 $M_1(x_1,y_1,z_1)$，$M_2(x_2,y_2,z_2)$为空间任意两点，则点 M_1 与点 M_2 间的距离就是向量$\overrightarrow{M_1M_2}$的模，因为

$$\overrightarrow{M_1M_2}=\{x_2-x_1,y_2-y_1,z_2-z_1\},$$

所以

$$|\overrightarrow{M_1M_2}|=\sqrt{(x_2-x_1)^2+(y_2-y_1)^2+(z_2-z_1)^2}.$$

这就是空间两点间的距离公式.

下面介绍**向量的方向角和方向余弦**.

在空间解析几何中，通常利用向量的方向与点的位置来确定平面或直线的位置，而向量的方向可由向量与三个坐标轴间的夹角来确定. 我们把非零向量 $\boldsymbol{a}$ 与坐标轴 x 轴，y 轴，z 轴间的夹角 α,β,γ 称为向量 $\boldsymbol{a}$ 的**方向角**，即 $\alpha=(\boldsymbol{a},\boldsymbol{i})$，$\beta=(\boldsymbol{a},\boldsymbol{j})$，$\gamma=(\boldsymbol{a},\boldsymbol{k})$，而 $\cos\alpha,\cos\beta,\cos\gamma$ 称为向量 $\boldsymbol{a}$ 的**方向余弦**.

设 $\boldsymbol{a}=a_x\boldsymbol{i}+a_y\boldsymbol{j}+a_z\boldsymbol{k}$，因为

$$\cos(\boldsymbol{a},\boldsymbol{i})=\frac{\boldsymbol{a}\cdot\boldsymbol{i}}{|\boldsymbol{a}||\boldsymbol{i}|}=\frac{a_x}{\sqrt{a_x^2+a_y^2+a_z^2}},$$

所以 $\cos\alpha=\dfrac{a_x}{|\boldsymbol{a}|}$，一般有

$$\begin{cases}\cos\alpha=\dfrac{a_x}{|\boldsymbol{a}|}, \quad \cos\beta=\dfrac{a_y}{|\boldsymbol{a}|}, \quad \cos\gamma=\dfrac{a_z}{|\boldsymbol{a}|},\\ \cos^2\alpha+\cos^2\beta+\cos^2\gamma=1.\end{cases}$$

例 9.4 已知两点 $A(2,2,\sqrt{2})$ 和 $B(1,3,0)$,求向量$\overrightarrow{AB}$的模、方向余弦和方向角.

解 由于$\overrightarrow{AB}=\{-1,1,-\sqrt{2}\}$,所以

$$|\overrightarrow{AB}|=\sqrt{(-1)^2+1^2+(-\sqrt{2})^2}=2;$$

$$\cos\alpha=-\frac{1}{2}, \quad \cos\beta=\frac{1}{2}, \quad \cos\gamma=-\frac{\sqrt{2}}{2};$$

$$\alpha=\frac{2\pi}{3}, \quad \beta=\frac{\pi}{3}, \quad \gamma=\frac{3\pi}{4}.$$

9.3.2 向量的向量积

为了计算方便,我们先介绍二阶、三阶行列式. **行列式**是一种特殊代数式的简要记号,其结果是一个数. 在行列式中,横排称行,竖排称列. **二阶、三阶行列式**分别是指

$$\begin{vmatrix}a_1 & a_2\\ b_1 & b_2\end{vmatrix}=a_1b_2-a_2b_1, \quad \begin{vmatrix}a_1 & a_2 & a_3\\ b_1 & b_2 & b_3\\ c_1 & c_2 & c_3\end{vmatrix}=a_1\begin{vmatrix}b_2 & b_3\\ c_2 & c_3\end{vmatrix}-a_2\begin{vmatrix}b_1 & b_3\\ c_1 & c_3\end{vmatrix}+a_3\begin{vmatrix}b_1 & b_2\\ c_1 & c_2\end{vmatrix}.$$

物理实例如图 9-9 所示,设 O 为一根杠杆 L 的支点. 有一个力 $\boldsymbol{F}$ 作用于这杠杆上的 P 点处,由力学规定,力 $\boldsymbol{F}$ 对支点 O 的力矩是一向量 $\boldsymbol{M}$,它的模

$$|\boldsymbol{M}|=|ON||\boldsymbol{F}|=|\overrightarrow{OP}||\overrightarrow{F}|\sin(\overrightarrow{OP},\overrightarrow{F});$$

它的方向垂直于$\overrightarrow{OP}$与 $\boldsymbol{F}$,且按$\overrightarrow{OP}$,$\boldsymbol{F}$,$\boldsymbol{M}$ 的顺序符合右手法则,即平移三向量$\overrightarrow{OP}$,$\boldsymbol{F}$,$\boldsymbol{M}$ 使其有共同的始点,当右手的四个手指的弯曲方向从$\overrightarrow{OP}$以不超过 π 的角转向 $\boldsymbol{F}$ 时,大拇指所指的方向就是 $\boldsymbol{M}$ 的方向.

我们抽去上述例子的物理意义,给出向量积的定义如下.

定义 9.2 两个向量 $\boldsymbol{a}$ 与 $\boldsymbol{b}$ 的**向量积**(也称**叉积**)是一个向量,记为 $\boldsymbol{a}\times\boldsymbol{b}$. 它的模 $|\boldsymbol{a}\times\boldsymbol{b}|=|\boldsymbol{a}||\boldsymbol{b}|\sin(\boldsymbol{a},\boldsymbol{b})$;它的方向垂直于 $\boldsymbol{a}$ 与 $\boldsymbol{b}$,且按 $\boldsymbol{a}$,$\boldsymbol{b}$,$\boldsymbol{a}\times\boldsymbol{b}$ 的顺序符合右手法则(图 9-10).

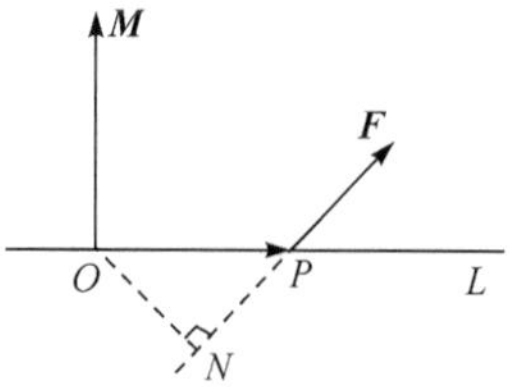

图 9-9

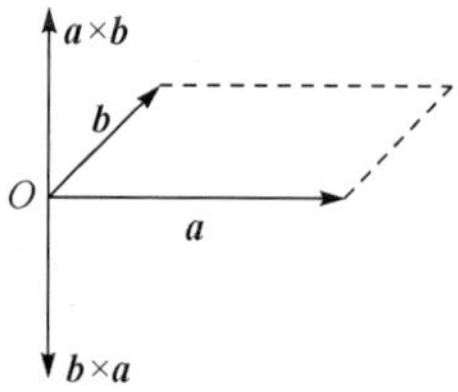

图 9-10

$|\boldsymbol{a}\times\boldsymbol{b}|$ 的几何意义：其值是以 $\boldsymbol{a},\boldsymbol{b}$ 为邻边的平行四边形的面积.

因此上面的力矩 $\boldsymbol{M}$ 等于$\overrightarrow{OP}$与 $\boldsymbol{F}$ 的向量积，即 $\boldsymbol{M}=\overrightarrow{OP}\times\boldsymbol{F}$.

由向量积的定义可推得 $\boldsymbol{a}\times\boldsymbol{a}=\boldsymbol{0}$.

定理 9.4　$\boldsymbol{a}/\!/\boldsymbol{b}\Leftrightarrow\boldsymbol{a}\times\boldsymbol{b}=\boldsymbol{0}$.

向量积满足下面的运算规律：

(1) 反交换律　$\boldsymbol{a}\times\boldsymbol{b}=-\boldsymbol{b}\times\boldsymbol{a}$；

(2) 分配律　$(\boldsymbol{a}+\boldsymbol{b})\times\boldsymbol{c}=\boldsymbol{a}\times\boldsymbol{c}+\boldsymbol{b}\times\boldsymbol{c}$；

(3) 结合律　$(\lambda\boldsymbol{a})\times\boldsymbol{b}=\lambda(\boldsymbol{a}\times\boldsymbol{b})=\boldsymbol{a}\times(\lambda\boldsymbol{b})$（$\lambda$ 为实数）.

基本单位向量的向量积有如下性质：

$$\boldsymbol{i}\times\boldsymbol{i}=\boldsymbol{j}\times\boldsymbol{j}=\boldsymbol{k}\times\boldsymbol{k}=\boldsymbol{0};$$

$$\boldsymbol{i}\times\boldsymbol{j}=\boldsymbol{k},\quad \boldsymbol{j}\times\boldsymbol{k}=\boldsymbol{i},\quad \boldsymbol{k}\times\boldsymbol{i}=\boldsymbol{j};$$

$$\boldsymbol{j}\times\boldsymbol{i}=-\boldsymbol{k},\quad \boldsymbol{k}\times\boldsymbol{j}=-\boldsymbol{i},\quad \boldsymbol{i}\times\boldsymbol{k}=-\boldsymbol{j}.$$

现在来推导**向量积的坐标表示.**

设 $\boldsymbol{a}=a_x\boldsymbol{i}+a_y\boldsymbol{j}+a_z\boldsymbol{k}$，$\boldsymbol{b}=b_x\boldsymbol{i}+b_y\boldsymbol{j}+b_z\boldsymbol{k}$，那么

$$\begin{aligned}\boldsymbol{a}\times\boldsymbol{b}&=(a_x\boldsymbol{i}+a_y\boldsymbol{j}+a_z\boldsymbol{k})\times(b_x\boldsymbol{i}+b_y\boldsymbol{j}+b_z\boldsymbol{k})\\&=a_x\boldsymbol{i}\times(b_x\boldsymbol{i}+b_y\boldsymbol{j}+b_z\boldsymbol{k})+a_y\boldsymbol{j}\times(b_x\boldsymbol{i}+b_y\boldsymbol{j}+b_z\boldsymbol{k})+a_z\boldsymbol{k}\times(b_x\boldsymbol{i}+b_y\boldsymbol{j}+b_z\boldsymbol{k})\\&=(a_yb_z-a_zb_y)\boldsymbol{i}+(a_zb_x-a_xb_z)\boldsymbol{j}+(a_xb_y-a_yb_x)\boldsymbol{k}\\&=\begin{vmatrix}a_y&a_z\\b_y&b_z\end{vmatrix}\boldsymbol{i}-\begin{vmatrix}a_x&a_z\\b_x&b_z\end{vmatrix}\boldsymbol{j}+\begin{vmatrix}a_x&a_y\\b_x&b_y\end{vmatrix}\boldsymbol{k},\end{aligned}$$

利用三阶行列式，向量积的坐标表示可写成

$$\boldsymbol{a}\times\boldsymbol{b}=\begin{vmatrix}\boldsymbol{i}&\boldsymbol{j}&\boldsymbol{k}\\a_x&a_y&a_z\\b_x&b_y&b_z\end{vmatrix}=\begin{vmatrix}a_y&a_z\\b_y&b_z\end{vmatrix}\boldsymbol{i}-\begin{vmatrix}a_x&a_z\\b_x&b_z\end{vmatrix}\boldsymbol{j}+\begin{vmatrix}a_x&a_y\\b_x&b_y\end{vmatrix}\boldsymbol{k}.$$

例 9.5　已知三点 $A(1,2,3)$，$B(3,4,5)$，$C(2,4,7)$，试求：

(1) 与$\overrightarrow{AB}$，$\overrightarrow{AC}$同时垂直的单位向量；

(2) $\triangle ABC$ 的面积.

解　(1) 设所求的单位向量为 $\boldsymbol{e}$，由$\overrightarrow{AB}=\{2,2,2\}$，$\overrightarrow{AC}=\{1,2,4\}$，得

$$\overrightarrow{AB}\times\overrightarrow{AC}=\begin{vmatrix}\boldsymbol{i}&\boldsymbol{j}&\boldsymbol{k}\\2&2&2\\1&2&4\end{vmatrix}=4\boldsymbol{i}-6\boldsymbol{j}+2\boldsymbol{k}=\{4,-6,2\},$$

$$|\overrightarrow{AB}\times\overrightarrow{AC}|=\sqrt{4^2+(-6)^2+2^2}=2\sqrt{14},$$

所以

$$\boldsymbol{e}=\pm\frac{\overrightarrow{AB}\times\overrightarrow{AC}}{|\overrightarrow{AB}\times\overrightarrow{AC}|}=\pm\frac{1}{2\sqrt{14}}\{4,-6,2\}=\pm\frac{1}{\sqrt{14}}\{2,-3,1\}.$$

(2) $\triangle ABC$ 的面积为

$$S_{\triangle ABC}=\frac{1}{2}|\overrightarrow{AB}||\overrightarrow{AC}|\sin(\overrightarrow{AB},\overrightarrow{AC})=\frac{1}{2}|\overrightarrow{AB}\times\overrightarrow{AC}|=\sqrt{14}.$$

例 9.6　判断三向量 $\boldsymbol{a}=-2\boldsymbol{i}+3\boldsymbol{j}+\boldsymbol{k}$, $\boldsymbol{b}=-\boldsymbol{j}+\boldsymbol{k}$, $\boldsymbol{c}=\boldsymbol{i}-\boldsymbol{j}-\boldsymbol{k}$ 是否共面?

解　根据向量积的定义, $\boldsymbol{a}\times\boldsymbol{b}$ 垂直 $\boldsymbol{a}$ 与 $\boldsymbol{b}$. 如果 $\boldsymbol{a}\times\boldsymbol{b}$ 也垂直 $\boldsymbol{c}$, 那么三个向量 $\boldsymbol{a},\boldsymbol{b},\boldsymbol{c}$ 共面, 因此只要判断 $(\boldsymbol{a}\times\boldsymbol{b})\cdot\boldsymbol{c}$ 是否为零. 由于

$$\boldsymbol{a}\times\boldsymbol{b}=\begin{vmatrix}\boldsymbol{i} & \boldsymbol{j} & \boldsymbol{k}\\ -2 & 3 & 1\\ 0 & -1 & 1\end{vmatrix}=4\boldsymbol{i}+2\boldsymbol{j}+2\boldsymbol{k},$$

$$(\boldsymbol{a}\times\boldsymbol{b})\cdot\boldsymbol{c}=4-2-2=0.$$

所以, 向量 $\boldsymbol{a},\boldsymbol{b},\boldsymbol{c}$ 共面.

一般地, 设 $\boldsymbol{a}=a_x\boldsymbol{i}+a_y\boldsymbol{j}+a_z\boldsymbol{k}$, $\boldsymbol{b}=b_x\boldsymbol{i}+b_y\boldsymbol{j}+b_z\boldsymbol{k}$, $\boldsymbol{c}=c_x\boldsymbol{i}+c_y\boldsymbol{j}+c_z\boldsymbol{k}$, 则

$$(\boldsymbol{a}\times\boldsymbol{b})\cdot\boldsymbol{c}=\begin{vmatrix}a_x & a_y & a_z\\ b_x & b_y & b_z\\ c_x & c_y & c_z\end{vmatrix}.$$

称 $(\boldsymbol{a}\times\boldsymbol{b})\cdot\boldsymbol{c}$ 为向量 $\boldsymbol{a},\boldsymbol{b},\boldsymbol{c}$ 的**混合积**, 记为 $[\boldsymbol{a},\boldsymbol{b},\boldsymbol{c}]$, 即

$$[\boldsymbol{a},\boldsymbol{b},\boldsymbol{c}]=(\boldsymbol{a}\times\boldsymbol{b})\cdot\boldsymbol{c}.$$

定理 9.5　三向量 $\boldsymbol{a},\boldsymbol{b},\boldsymbol{c}$ 共面 $\Leftrightarrow$ $[\boldsymbol{a},\boldsymbol{b},\boldsymbol{c}]=0$.

习　题　9.3

1. 已知向量 $|\boldsymbol{a}|=1$, $|\boldsymbol{b}|=2$, $(\boldsymbol{a},\boldsymbol{b})=\frac{\pi}{3}$, 求:

(1) $\boldsymbol{a}\cdot\boldsymbol{b}$;　(2) $\boldsymbol{b}\cdot\boldsymbol{b}$;　(3) $(2\boldsymbol{a}+3\boldsymbol{b})\cdot(3\boldsymbol{a}-\boldsymbol{b})$;

2. 已知向量 $\boldsymbol{a}=3\boldsymbol{i}+2\boldsymbol{j}-4\boldsymbol{k}$, $\boldsymbol{b}=\boldsymbol{i}-5\boldsymbol{j}-\boldsymbol{k}$, 求:

(1) $\boldsymbol{a}\cdot\boldsymbol{b}$;　(2) $5\boldsymbol{a}\cdot 2\boldsymbol{b}$;　(3) $\boldsymbol{a}\cdot\boldsymbol{a}$;

(4) $\boldsymbol{b}\cdot\boldsymbol{j}$;　(5) $\boldsymbol{a}\cdot(\boldsymbol{a}-3\boldsymbol{b})$;　(6) $(\boldsymbol{a}+\boldsymbol{b})\cdot(\boldsymbol{a}-\boldsymbol{b})$.

3. 回答下列问题, 并说明理由.

已知 $\boldsymbol{a}=\boldsymbol{i}-3\boldsymbol{j}-\boldsymbol{k}$, $\boldsymbol{b}=3\boldsymbol{i}+4\boldsymbol{k}$, $\boldsymbol{c}=\boldsymbol{i}+\boldsymbol{j}-\boldsymbol{k}$, 判断:

(1) $\boldsymbol{a}+\boldsymbol{b}$ 和 $\boldsymbol{c}$ 是否平行?　(2) $\boldsymbol{a}$ 与 $\boldsymbol{b}-\boldsymbol{c}$ 是否垂直?　(3) $\boldsymbol{b}$ 是否垂直于 x 轴.

4. 已知向量 $\boldsymbol{a}=\{1,1,-4\}$ 与 $\boldsymbol{b}=\{1,-2,2\}$:

(1) 求 $\boldsymbol{a}$ 与 $\boldsymbol{b}$ 的夹角;　(2) 若 $\boldsymbol{a}+k\boldsymbol{b}$ 与 z 轴垂直, 求 k 的值.

5. 已知 $\overrightarrow{AB}$ 的模是 11, 点 $A(4,-7,1)$, 点 $B(6,2,z)$, 求 z 的值.

6. 求平行于向量 $\boldsymbol{a}=\{6,7,-6\}$ 的单位向量.

7. 求点 $M(1,-2,3)$ 到以下各点的距离:

(1) 各坐标面;　(2) 各坐标轴;　(3) 坐标原点.

8. 在 x 轴上求一点，使它到点 $A(-2,0,1)$，点 $B(2,3,0)$ 的距离相等.

9. 求向量 $\boldsymbol{a}=\{-1,-\sqrt{2},1\}$ 的模、方向余弦、方向角和 $\boldsymbol{a}^0$.

10. 已知向量 $\boldsymbol{a}$ 的两个方向余弦 $\cos\alpha=\dfrac{1}{3}$，$\cos\beta=\dfrac{2}{3}$，又 $|\boldsymbol{a}|=6$，求向量 $\boldsymbol{a}$ 的坐标.

11. 已知 $|\boldsymbol{a}|=6$，$|\boldsymbol{b}|=5$，$(\boldsymbol{a},\boldsymbol{b})=\dfrac{\pi}{6}$，求 $|\boldsymbol{a}\times\boldsymbol{b}|$.

12. 已知 $|\boldsymbol{a}|=1$，$|\boldsymbol{b}|=5$，$\boldsymbol{a}\cdot\boldsymbol{b}=3$，求 $|\boldsymbol{a}\times\boldsymbol{b}|$.

13. 若 $\boldsymbol{a},\boldsymbol{b},\boldsymbol{c}$ 都是非零向量，并且 $\boldsymbol{a}=\boldsymbol{b}\times\boldsymbol{c}$，$\boldsymbol{b}=\boldsymbol{c}\times\boldsymbol{a}$，$\boldsymbol{c}=\boldsymbol{a}\times\boldsymbol{b}$，试说明 $\boldsymbol{a},\boldsymbol{b},\boldsymbol{c}$ 是相互垂直的单位向量.

14. 化简下列各式：

(1) $(\boldsymbol{a}+\boldsymbol{b})\times(\boldsymbol{a}-\boldsymbol{b})$；　(2) $(2\boldsymbol{a}+\boldsymbol{b})\times(3\boldsymbol{a}-\boldsymbol{b})$；

(3) $(\boldsymbol{a}+\boldsymbol{b}+\boldsymbol{c})\times(\boldsymbol{a}+\boldsymbol{b}+\boldsymbol{c})$；　(4) $\boldsymbol{i}\times(\boldsymbol{i}+\boldsymbol{j}+\boldsymbol{k})-\boldsymbol{j}\times(\boldsymbol{i}+\boldsymbol{k})+\boldsymbol{k}\times(\boldsymbol{i}+\boldsymbol{j})$.

15. 已知向量 $\boldsymbol{a}=\boldsymbol{i}+2\boldsymbol{j}+3\boldsymbol{k}$，$\boldsymbol{b}=2\boldsymbol{i}+\boldsymbol{j}-\boldsymbol{k}$，$\boldsymbol{c}=3\boldsymbol{i}-\boldsymbol{j}$，求：

(1) $\boldsymbol{a}\times\boldsymbol{b}$；　(2) $\boldsymbol{b}\times\boldsymbol{j}$；　(3) $(\boldsymbol{a}+2\boldsymbol{b})\times\boldsymbol{b}$；

(4) $(3\boldsymbol{a}-\boldsymbol{b})\times(\boldsymbol{a}+2\boldsymbol{b})$；　(5) $(\boldsymbol{a}\times\boldsymbol{b})\cdot\boldsymbol{c}$；　(6) $(\boldsymbol{a}\times\boldsymbol{b})\times\boldsymbol{c}$.

16. 已知向量 $\boldsymbol{a}=\{1,1,1\}$，$\boldsymbol{b}=\{2,0,1\}$，求以 $\boldsymbol{a},\boldsymbol{b}$ 为邻边的平行四边形的面积.

17. 已知三点 $A(1,2,3)$，$B(2,3,4)$，$C(3,4,6)$，求三角形 ABC 的面积.

18. 已知向量 $\boldsymbol{a}=\boldsymbol{i}+3\boldsymbol{k}$，$\boldsymbol{b}=\boldsymbol{j}-3\boldsymbol{k}$，求与 $\boldsymbol{a},\boldsymbol{b}$ 都垂直的单位向量.

19. 已知向量 $\boldsymbol{a}=\{1,1,2\}$，$\boldsymbol{b}=\{2,0,1\}$，$\boldsymbol{d}=\{3,-1,-2\}$，求非零向量 $\boldsymbol{c}$，使 $\boldsymbol{c}\perp\boldsymbol{a}$，$\boldsymbol{c}\perp\boldsymbol{b}$，$\boldsymbol{c}\cdot\boldsymbol{d}=1$.

20. 判断向量 $\boldsymbol{a},\boldsymbol{b},\boldsymbol{c}$ 是否共面：

(1) $\boldsymbol{a}=\{-1,3,2\}$，$\boldsymbol{b}=\{2,-3,-4\}$，$\boldsymbol{c}=\{-3,12,6\}$；

(2) $\boldsymbol{a}=\{3,2,1\}$，$\boldsymbol{b}=\{2,-4,1\}$，$\boldsymbol{c}=\{1,5,-1\}$.

9.4　平面与空间直线

9.4.1　平面方程

1. 平面的点法式方程

如果已知一点 M_0 和一个非零向量 $\boldsymbol{n}$，那么通过点 M_0 且垂直于向量 $\boldsymbol{n}$ 的平面 π 的位置就完全确定了，向量 $\boldsymbol{n}$ 称为**平面 π 的法向量**. 一个平面的法向量不是唯一的，与法向量 $\boldsymbol{n}$ 平行的任何一个非零向量都可以作为平面 π 的法向量.

已知平面 π 过点 $M_0(x_0,y_0,z_0)$，法向量 $\boldsymbol{n}=\{A,B,C\}$，现在来建立平面 π 的方程.

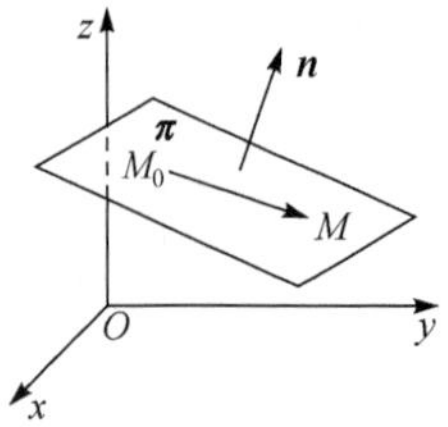

图 9-11

设点 $M(x,y,z)$ 是平面 π 上的任一点(图 9-11),那么 $\boldsymbol{n}\perp\overrightarrow{M_0M}$,即

$$\boldsymbol{n}\cdot\overrightarrow{M_0M}=0,$$

又 $\overrightarrow{M_0M}=\{x-x_0,y-y_0,z-z_0\}$,所以

$$A(x-x_0)+B(y-y_0)+C(z-z_0)=0, \qquad (9.1)$$

这就是平面 π 的方程. 方程(9.1)称为**平面的点法式方程**.

例 9.7 已知两点 $A(1,-1,2)$,$B(2,0,-1)$,求过点 A 且与线段 AB 垂直的平面方程.

解 可取这个平面的法向量 $\boldsymbol{n}=\overrightarrow{AB}=\{1,1,-3\}$,由平面方程的点法式,给出要求平面的方程为

$$1(x-1)+1(y+1)-3(z-2)=0,$$

即

$$x+y-3z+6=0.$$

例 9.8 已知三点 $M_1(a,0,0)$,$M_2(0,b,0)$,$M_3(0,0,c)$(其中 $abc\neq0$),求过这三点的平面方程.

解 可取平面的法向量为

$$\boldsymbol{n}=\overrightarrow{M_1M_2}\times\overrightarrow{M_1M_3}=\begin{vmatrix}\boldsymbol{i} & \boldsymbol{j} & \boldsymbol{k}\\ -a & b & 0\\ -a & 0 & c\end{vmatrix}=bc\boldsymbol{i}+ac\boldsymbol{j}+ab\boldsymbol{k},$$

由平面方程的点法式,给出要求平面的方程为

$$bc(x-a)+ac(y-0)+ab(z-0)=0,$$

即 $bcx+acy+abz=abc$.

因为 $abc\neq0$,上式可写为

$$\frac{x}{a}+\frac{y}{b}+\frac{z}{c}=1. \qquad (9.2)$$

方程(9.2)称为**平面的截距式方程**,a,b,c 依次为平面在 x,y,z 轴上的**截距**.

利用平面的截距式方程作图是方便的,如作平面 $\frac{x}{a}+\frac{y}{b}+\frac{z}{c}=1$ 的图形,只要作出三点 $M_1(a,0,0)$,$M_2(0,b,0)$,$M_3(0,0,c)$,并作连线就可得到,如图 9-12 所示三角形 $M_1M_2M_3$ 所在平面.

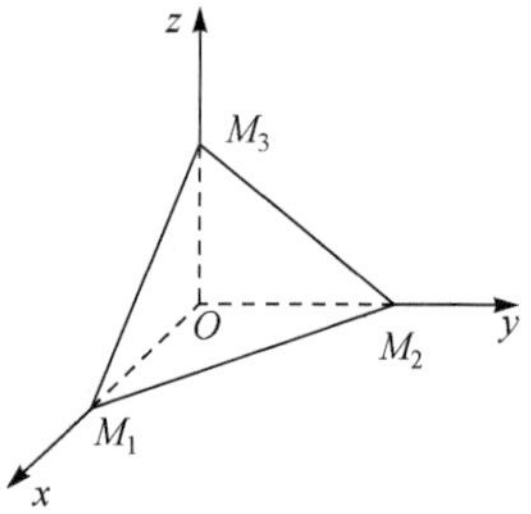

图 9-12

2. 平面的一般方程

将平面的点法式方程(9.1)展开并令 $-Ax_0-By_0-Cz_0=D$,得

$$Ax+By+Cz+D=0 \quad (A,B,C\text{ 不全为零}), \tag{9.3}$$

就是说任一平面都可以用关于 x,y,z 的三元一次方程(9.3)表示.

反之,方程(9.3)表示一个平面,事实上,设(x_0,y_0,z_0)是满足方程(9.3)的任意一个点,即

$$Ax_0+By_0+Cz_0+D=0,$$

将式(9.3)与上式相减可得

$$A(x-x_0)+B(y-y_0)+C(z-z_0)=0,$$

此方程恰是表示过点(x_0,y_0,z_0)且以$\{A,B,C\}$为法向量的平面. 由此可知,任何一个三元一次方程都表示一个平面.

方程(9.3)称为**平面的一般方程**. 其中,x,y,z 的系数就是该平面的一个法向量 $\boldsymbol{n}$ 的坐标,即 $\boldsymbol{n}=\{A,B,C\}$.

平面的一般方程中的数 A,B,C,D 不全为零,但若 A,B,C,D 中有某些为零时,则方程将表示某些特殊的平面.

(1) 常数项 $D=0$,方程为

$$Ax+By+Cz=0,$$

因为原点$(0,0,0)$满足方程,所以这一方程表示过原点的平面.

(2) x,y,z 的系数有一个为零,例如,$C=0$,

当 $D\neq 0$ 时,方程为

$$Ax+By+D=0,$$

因为 z 轴上的任意点$(0,0,z)$都不满足方程. 所以这一方程表示平行于 z 轴的平面;

当 $D=0$ 时,方程为

$$Ax+By=0,$$

因为 z 轴上的任何点$(0,0,z)$都满足方程. 所以其表示过 z 轴的平面.

(3) x,y,z 的系数有两个为零时,例如 $A=0,B=0$,方程

$$Cz+D=0 \quad (D\neq 0),$$

表示平行于 xOy 坐标面的平面.

$z=0$ 方程表示 xOy 坐标平面;$y=0$ 方程表示 xOz 坐标平面;$x=0$ 方程表示 yOz 坐标平面.

例 9.9　求经过 y 轴和点 $P(1,2,-3)$的平面方程.

解　过 y 轴的平面方程可设为 $Ax+Cz=0$,将点 P 的坐标代入得 $A=3C$,进而得

$$3x+z=0,$$

这就是所求平面的方程.

3. 两平面的相关位置

在空间直角坐标系下,由平面方程可以判断两平面的相关位置,为此先来规定

两平面的夹角. 设两平面的方程为

$$\pi_1: A_1x+B_1y+C_1z+D_1=0,$$

$$\pi_2: A_2x+B_2y+C_2z+D_2=0.$$

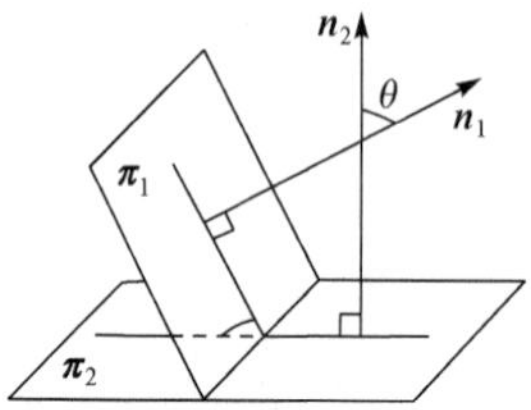

图 9-13

那么平面 π_1 与 π_2 的法向量分别为

$$\boldsymbol{n}_1=\{A_1,B_1,C_1\},\quad \boldsymbol{n}_2=\{A_2,B_2,C_2\}.$$

当这两平面相交时,它们形成了两对相等的二面角,两个相邻且互补的二面角中有一个等于法向量 $\boldsymbol{n}_1,\boldsymbol{n}_2$ 的夹角,另一个是其补角(图 9-13). 平面 π_1 与 π_2 的夹角 θ 规定由下面余弦算式确定.

$$\cos\theta=|\cos(\boldsymbol{n}_1,\boldsymbol{n}_2)|=\frac{|A_1A_2+B_1B_2+C_1C_2|}{\sqrt{A_1^2+B_1^2+B_1^2}\sqrt{A_2^2+B_2^2+B_2^2}},\quad 0\leqslant\theta\leqslant\frac{\pi}{2}.$$

由上式可得

$$\pi_1\perp\pi_2\Leftrightarrow \boldsymbol{n}_1\perp\boldsymbol{n}_2\Leftrightarrow A_1A_2+B_1B_2+C_1C_2=0.$$

我们知道空间两个平面的相关位置有三种情形,即相交、平行和重合. $\boldsymbol{n}_1$ 不平行于 $\boldsymbol{n}_2$ 时,两平面 π_1 与 π_2 相交;$\boldsymbol{n}_1$ 平行于 $\boldsymbol{n}_2$ 时,π_1 与 π_2 平行或重合,且两平面没有公共点时它们平行,一个平面上的所有点是另一个平面上的所有点时它们重合. 因此,我们有如下结论:

π_1 与 π_2 相交 $\Leftrightarrow \dfrac{A_1}{A_2},\dfrac{B_1}{B_2},\dfrac{C_1}{C_2}$不全相等 (或 $A_1:B_1:C_1\neq A_2:B_2:C_2$);

π_1 与 π_2 平行 $\Leftrightarrow \dfrac{A_1}{A_2}=\dfrac{B_1}{B_2}=\dfrac{C_1}{C_2}\neq\dfrac{D_1}{D_2}$;

π_1 与 π_2 重合 $\Leftrightarrow \dfrac{A_1}{A_2}=\dfrac{B_1}{B_2}=\dfrac{C_1}{C_2}=\dfrac{D_1}{D_2}$.

9.4.2 空间直线及其方程

1. 直线的标准方程与参数方程

如果已知一点 M_0 和一个非零向量 $\boldsymbol{s}$,那么通过点 M_0 且平行于向量 $\boldsymbol{s}$ 的直线 l 的位置就完全确定了,向量 $\boldsymbol{s}$ 就称为**直线 l 的方向向量**. 直线上任一向量都可以作为该直线的方向向量. 直线的方向向量的方向余弦称为该**直线的方向余弦**.

已知直线 l 通过点 $M_0(x_0,y_0,z_0)$(图 9-14),直线的方向向量为 $\boldsymbol{s}=\{m,n,p\}$,现在来建立直线 l 的方程.

设点 $M(x,y,z)$ 是直线 l 上的任意一点,那么

$$\overrightarrow{M_0M}/\!/\boldsymbol{s},$$

于是

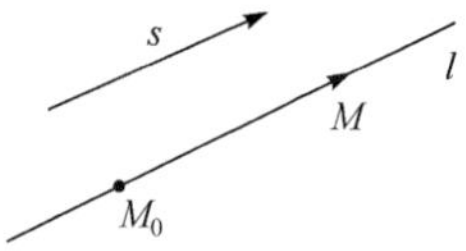

图 9-14

$$\frac{x-x_0}{m}=\frac{y-y_0}{n}=\frac{z-z_0}{p}. \tag{9.4}$$

方程(9.4)称为**直线的标准方程或点向式方程**. 它相当于两个方程联立起来的方程组,例如

$$\begin{cases}\dfrac{x-x_0}{m}=\dfrac{y-y_0}{n},\\[2mm]\dfrac{y-y_0}{n}=\dfrac{z-z_0}{p}.\end{cases}$$

对于方程(9.4),当 m,n,p 中有一个为零,如 $m=0$,而 $n\neq0,p\neq0$ 时,约定理解为

$$\begin{cases}x-x_0=0,\\[2mm]\dfrac{y-y_0}{n}=\dfrac{z-z_0}{p}.\end{cases}$$

当 m,n,p 中有两个为零,如 $m=n=0$ 而 $p\neq0$ 时,约定理解为

$$\begin{cases}x-x_0=0,\\ y-y_0=0.\end{cases}$$

由直线的标准方程容易导出直线的参数方程. 设

$$\frac{x-x_0}{m}=\frac{y-y_0}{n}=\frac{z-z_0}{p}=t,$$

那么有

$$\begin{cases}x=x_0+mt,\\ y=y_0+nt,\\ z=z_0+pt.\end{cases} \tag{9.5}$$

方程(9.5)称为**直线的参数方程**,t 为参数.

例 9.10　求通过空间两点 $M_1(x_1,y_1,z_1)$,$M_2(x_2,y_2,z_2)$的直线方程.

解　可取直线的方向向量 $\boldsymbol{s}=\overrightarrow{M_1M_2}=\{x_2-x_1,y_2-y_1,z_2-z_1\}$,直线方程为

$$\frac{x-x_1}{x_2-x_1}=\frac{y-y_1}{y_2-y_1}=\frac{z-z_1}{z_2-z_1}. \tag{9.6}$$

方程(9.6)称为**直线的两点式方程**.

例 9.11　求过点 $M_0(1,-2,3)$且与平面 $x-3y+5z-1=0$ 垂直的直线方程.

解　因为所求直线垂直于已知平面,所以取平面的法向量$\{1,-3,5\}$为直线的方向向量. 所求直线的方程为

$$\frac{x-1}{1}=\frac{y+2}{-3}=\frac{z-3}{5}.$$

2. 直线的一般方程

我们知道两个相交平面确定一条直线,即它们的交线,所以空间直线可以用代表两个平面的一次方程联立起来表示.设两个平面的方程为

$$\pi_1:\quad A_1x+B_1y+C_1z+D_1=0,$$

$$\pi_2:\quad A_2x+B_2y+C_2z+D_2=0,$$

平面 π_1 与 π_2 的法向量分别为

$$\boldsymbol{n}_1=\{A_1,B_1,C_1\},\quad \boldsymbol{n}_2=\{A_2,B_2,C_2\},$$

如果 $A_1:B_1:C_1\neq A_2:B_2:C_2$,则两平面相交,其交线可用方程组

$$\begin{cases}A_1x+B_1y+C_1z+D_1=0,\\ A_2x+B_2y+C_2z+D_2=0,\end{cases}\tag{9.7}$$

表示,方程(9.7)称为**直线的一般方程**.

因为两平面交线的方向向量 $\boldsymbol{s}$ 与两平面的法向量 $\boldsymbol{n}_1,\boldsymbol{n}_2$ 都垂直,所以

$$\boldsymbol{s}/\!/\boldsymbol{n}_1\times\boldsymbol{n}_2$$

例 9.12　将直线 $\begin{cases}x-2y+3z-4=0\\ x-2y+z-2=0\end{cases}$ 化为标准式和参数式方程.

解　先求直线上一点,令 $y=0$,代入直线方程解得 $x=1,z=1$,即点(1,0,1)为直线上一点.

再求直线的方向向量 $\boldsymbol{s}$,由两平面的法向量分为 $\boldsymbol{n}_1=\{1,-2,3\},\boldsymbol{n}_2=\{1,-2,1\}$,可取

$$\vec{s}=\boldsymbol{n}_1\times\boldsymbol{n}_2=\begin{vmatrix}\boldsymbol{i}&\boldsymbol{j}&\boldsymbol{k}\\1&-2&3\\1&-2&1\end{vmatrix}=\{4,2,0\}=2\{2,1,0\},$$

为所给直线的方向向量,于是直线的标准方程为和参数式方程分别为

$$\frac{x-1}{2}=\frac{y}{1}=\frac{z-1}{0}\quad 和\quad \begin{cases}x=1+2t,\\ y=t,\\ z=1.\end{cases}$$

3. 两直线的相关位置

设两直线 l_1 与 l_2 的方程为

$$l_1:\frac{x-x_1}{m_1}=\frac{y-y_1}{n_1}=\frac{z-z_1}{p_1},\quad l_2:\frac{x-x_2}{m_2}=\frac{y-y_2}{n_2}=\frac{z-z_2}{p_2}.$$

那么两直线 l_1 与 l_2 的方向向量分别为 $\boldsymbol{s}_1=\{m_1,n_1,p_1\},\boldsymbol{s}_2=\{m_2,n_2,p_2\}$,直线 l_1 与 l_2 的夹角 θ,规定由下面余弦算式确定

$$\cos\theta=|\cos(\boldsymbol{s}_1,\boldsymbol{s}_2)|=\frac{|m_1m_2+n_1n_2+p_1p_2|}{\sqrt{m_1^2+n_1^2+p_1^2}\sqrt{m_2^2+n_2^2+p_2^2}},\quad 0\leqslant\theta\leqslant\frac{\pi}{2}.$$

由上式可得

$$l_1\perp l_2\Leftrightarrow\boldsymbol{s}_1\perp\boldsymbol{s}_2;$$

$$l_1/\!/l_2\Leftrightarrow\boldsymbol{s}_1/\!/\boldsymbol{s}_2.$$

在空间中,两条直线 l_1 与 l_2 的位置关系有异面和共面,如何判断两直线是异面还是共面?我们知道直线 l_1 可由点 $M_1(x_1,y_1,z_1)$与它的方向向量 $\boldsymbol{s}_1=\{m_1,n_1,p_1\}$决定,直线 l_2 可由点 $M_2(x_2,y_2,z_2)$与它的方向向量 $\boldsymbol{s}_2=(m_2,n_2,p_2)$决定,从图 9-15 容易看出,直线 l_1 与 l_2 的位置由三向量 $\boldsymbol{s}_1,\boldsymbol{s}_2,\overrightarrow{M_1M_2}$的相互关系决定,而三向量 $\boldsymbol{s}_1,\boldsymbol{s}_2,\overrightarrow{M_1M_2}$共面的充要条件是它们的混合积为零. 于是

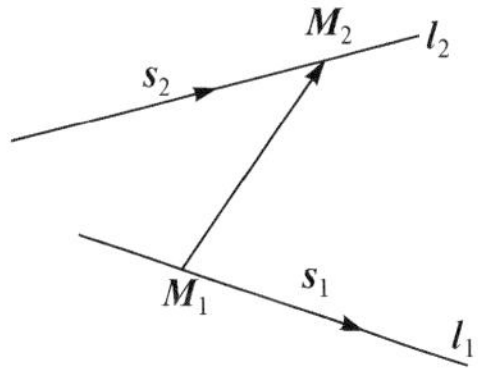

图 9-15

$$l_1\text{ 与 }l_2\text{ 共面}\Leftrightarrow(\boldsymbol{s}_1\times\boldsymbol{s}_2)\cdot\overrightarrow{M_1M_2}=0,$$

$$l_1\text{ 与 }l_2\text{ 异面}\Leftrightarrow(\boldsymbol{s}_1\times\boldsymbol{s}_2)\cdot\overrightarrow{M_1M_2}\neq0.$$

例 9.13　证明直线

$$l_1:\frac{x}{1}=\frac{y}{2}=\frac{z}{3}\text{ 与 }l_2:\frac{x-1}{9}=\frac{y-1}{2}=\frac{z-1}{-5}$$

共面.

解　由于直线 l_1 过点 $O(0,0,0)$,方向向量为 $\boldsymbol{s}_1=\{1,2,3\}$;直线 l_2 过点 $P(1,1,1)$,方向向量为 $\boldsymbol{s}_2=\{9,2,-5\}$,而

$$(\boldsymbol{s}_1\times\boldsymbol{s}_2)\cdot\overrightarrow{OP}=\begin{vmatrix}1&2&3\\9&2&-5\\1-0&1-0&1-0\end{vmatrix}=0,$$

所以直线 l_1 与 l_2 共面.

4. 直线与平面的相关位置

直线与平面相交但不垂直时,直线与它在平面内的射影形成的锐角 φ(图 9-16)称为**直线与平面的夹角**. 直线与平面相垂直时,夹角为$\frac{\pi}{2}$.

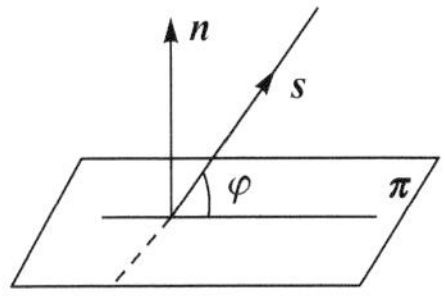

图 9-16

设直线 l 和平面 π 的方程分别为

$$l:\quad\frac{x-x_0}{m}=\frac{y-y_0}{n}=\frac{z-z_0}{p},$$

$$\pi:\quad Ax+By+Cz+D=0.$$

那么,直线 l 的方向向量为 $\boldsymbol{s}=\{m,n,p\}$,平面 π 的法向量为 $\boldsymbol{n}=\{A,B,C\}$,则有

$\varphi=\left|\frac{\pi}{2}-\langle s,n\rangle\right|$,因此

$$\sin\varphi=|\cos(\boldsymbol{s},\boldsymbol{n})|=\frac{|Am+Bn+Cp|}{\sqrt{A^2+B^2+C^2}\sqrt{m^2+n^2+p^2}}.$$

由上式可推得:$l\perp\pi\Leftrightarrow\boldsymbol{s}/\!/\boldsymbol{n}$.

直线 l 与平面 π 的位置关系有相交、平行、直线在平面上三种.

l 与 π 相交 $\Leftrightarrow$ $\boldsymbol{s}$ 不垂直 $\boldsymbol{n}$,即 $Am+Bn+Cp\neq0$;

l 与 π 平行 $\Leftrightarrow$ $\boldsymbol{s}\perp\boldsymbol{n}$ 且 l 上存在点 $M_0(x_0,y_0,z_0)\notin\pi$,即

$$Am+Bn+Cp=0 \quad 且 \quad Ax_0+By_0+Cz_0+D\neq0;$$

l 在 π 上 $\Leftrightarrow$ $\boldsymbol{s}\perp\boldsymbol{n}$ 且直线 l 上的点 $M_0(x_0,y_0,z_0)\in\pi$,即

$$Am+Bn+Cp=0 \quad 且 \quad Ax_0+By_0+Cz_0+D=0.$$

例 9.14 验证直线 $l:\frac{x}{-1}=\frac{y-1}{1}=\frac{z-1}{2}$ 与平面 $\pi:2x+y-z-3=0$ 相交,并求它们的交点及夹角.

解 直线 l 的方向向量与平面 π 的法向量分别为 $\boldsymbol{s}=\{-1,1,2\}$,$\boldsymbol{n}=\{2,1,-1\}$,而

$$\boldsymbol{s}\cdot\boldsymbol{n}=-3\neq0$$

所以直线 l 与平面 π 相交.

将直线 l 的方程化为参数式

$$\begin{cases}x=-t,\\y=1+t,\\z=1+2t.\end{cases}$$

设直线 l 与平面 π 的交点为 $(-t_0,1+t_0,1+2t_0)$,则

$$2(-t_0)+(1+t_0)-(1+2t_0)-3=0,$$

即 $t_0=-1$,从而交点为 $(1,0,-1)$.

又设直线 l 与平面 π 的夹角为 φ,则

$$\sin\varphi=\frac{|2\times(-1)+1\times1-1\times2|}{\sqrt{2^2+1^2+(-1)^2}\sqrt{(-1)^2+1^2+2^2}}=\frac{1}{2},$$

所以 $\varphi=\frac{\pi}{6}$.

例 9.15 已知点 $M_0(x_0,y_0,z_0)$ 是平面 $\pi:Ax+By+Cz+D=0$ 外一点,求点 M_0 到这平面的距离 d.

***解** 过点 M_0 与已知平面垂直的直线 l 的参数方程为

$$\begin{cases}x=x_0+At,\\y=y_0+Bt,\\z=z_0+Ct.\end{cases}$$

设直线 l 与已知平面的交点是 $M_1(x_0+At_1, y_0+Bt_1, z_0+Ct_1)$，由点 $M_1\in\pi$ 得

$$A(x_0+At_1)+B(y_0+Bt_1)+C(z_0+Ct_1)+D=0,$$

解得

$$t_1=-\frac{Ax_0+By_0+Cz_0+D}{A^2+B^2+C^2},$$

而

$$d=|M_0M_1|=\sqrt{A^2+B^2+C^2}\,|t_1|,$$

所以

$$d=\frac{|Ax_0+By_0+Cz_0+D|}{\sqrt{A^2+B^2+C^2}}.$$

这就是点 $M_0(x_0, y_0, z_0)$ 到平面 $Ax+By+Cz+D=0$ 距离公式.

5. 通过直线的平面束方程

设空间中一条直线 l

$$\begin{cases}A_1x+B_1y+C_1z+D_1=0,\\A_2x+B_2y+C_2z+D_2=0.\end{cases}$$

对于任意不同的常数 λ，方程

$$A_1x+B_1y+C_1z+D_1+\lambda(A_2x+B_2y+C_2z+D_2)=0 \tag{9.8}$$

是三元一次方程，表示一个平面. 因为满足直线 l 的方程的 x, y, z 一定满足方程(9.8). 所以直线 l 在平面(9.8)上. 对于不同 λ，方程(9.8)表示通过直线 l 的不同平面(不包括平面 $A_2x+B_2y+C_2z+D_2=0$)，因此，方程确定了过直线 l 的一个平面束，我们把方程(9.8)称为通过直线 l 的**平面束方程**.

例 9.16　求通过直线 $l_1:\begin{cases}2x+y-z+1=0\\x+2y+z-5=0\end{cases}$ 且与直线 $l_2:\dfrac{x}{1}=\dfrac{y-3}{1}=\dfrac{z-1}{-2}$ 平行的平面方程.

解　设通过直线 l_1 的平面束为

$$(2x+y-z+1)+\lambda(x+2y+z-5)=0,$$

即

$$(2+\lambda)x+(1+2\lambda)y+(-1+\lambda)z+1-5\lambda=0,$$

因为平面与直线 l_2 平行，有

$$(2+\lambda)\times 1+(1+2\lambda)\times 1+(-1+\lambda)\times(-2)=0,$$

解得 $\lambda=-5$，所求的平面方程为

$$3x+9y+6z-26=0.$$

习　题　9.4

1. 求下列各平面的方程：

(1) 过点(1,1,−1)且与向量 $\boldsymbol{n}=\{3,-2,5\}$ 垂直;

(2) 过点(1,2,1)且与 y 轴垂直;

(3) 过三点 $A(1,-2,0)$,$B(-1,2,1)$,$C(5,0,3)$;

(4) 过原点和点 $P(2,1,-1)$ 且平行于向量 $\boldsymbol{a}=\{2,-1,3\}$;

(5) 过点(1,2,3)且在 y,z 轴上的截距分别为 2,−3.

2. 化平面方程 $6x-3y+2z-12=0$ 为截距式,并作图.

3. 指出下列各平面的位置特点,并作图:

(1) $y=0$;　(2) $2x+z-1=0$;　(3) $2x+y-3z=0$;

(4) $3z-2=0$;　(5) $y-2z=0$;　(6) $y+z-5=0$.

4. 求通过 x 轴和点(1,2,−3)的平面方程.

5. 求过点 $A(1,2,0)$,$B(3,5,1)$ 且分别平行于三坐标轴的三个平面方程.

6. 求过点(1,0,−4)且与平面 $x-3y-z+5=0$ 平行的平面方程.

7. 求两平面 $x-y+2z+2=0$ 与 $2x+y+z-7=0$ 的夹角.

8. 判断下列各对平面的相关位置:

(1) $x+2y-z+1=0$ 与 $5x-y-6=0$;

(2) $2x+4y-6z+5=0$ 与 $x+2y-3z+1=0$;

(3) $x-3y+5z-7=0$ 与 $2x-y-z+11=0$.

9. 确定 m,n,p 的值,使 $mx-3y+z-1=0$ 和 $4x+ny+pz-2=0$ 表示同一平面.

10. 平面 $3x+ky-z-14=0$ 与平面 $2x+7y+z-1=0$ 相互垂直,求 k 的值.

11. 求通过 y 轴且与平面 $7x-5y+4z+3=0$ 垂直的平面方程.

12. 求下列各直线的方程:

(1) 过两点 $A(1,-1,0)$ 和 $B(2,3,5)$;

(2) 过点(1,2,−3)且平行于直线 $\dfrac{x-2}{3}=y=\dfrac{z+1}{-5}$;

(3) 过点(2,4,−1)且垂直于坐标面 xOz;

(4) 过点(2,−7,5)且与 x 轴,y 轴,z 轴的夹角分别为 $\dfrac{\pi}{3},\dfrac{\pi}{4},\dfrac{2\pi}{3}$;

(5) 过原点且平行于直线 $\begin{cases}x-2y-4=0,\\5y-z-6=0.\end{cases}$

13. 把直线的标准方程 $\dfrac{x}{2}=\dfrac{y-3}{5}=\dfrac{z+4}{7}$ 化为参数方程和一般方程.

14. 把下列直线的一般方程化为标准方程:

(1) $\begin{cases}x-2y+3z-4=0,\\3x+y-5z-5=0;\end{cases}$　(2) $\begin{cases}x=2y+4,\\z=-3y-5;\end{cases}$　(3) $\begin{cases}x-1=0,\\y-1=0.\end{cases}$

15. 求直线$\frac{x+2}{2}=\frac{y}{-2}=\frac{z-1}{-1}$与直线$\frac{x}{1}=\frac{y-4}{-4}=\frac{z+4}{1}$间的夹角.

16. 判断下列各对直线是平行还是垂直:

(1) $\frac{x}{1}=\frac{y-3}{-2}=\frac{z+1}{-3}$与$\frac{x+3}{5}=\frac{y}{4}=\frac{z-1}{-1}$;

(2) $\begin{cases}x=1-3t\\y=-2+2t\\z=3-t\end{cases}$ 与 $\begin{cases}x=3t,\\y=3-2t,\\z=-1+t.\end{cases}$

17. 判断下列两直线是否共面:

(1) l_1:$\frac{x-2}{1}=\frac{y+1}{-2}=\frac{z-3}{-1}$和 l_2:$\frac{x}{2}=\frac{y-1}{-1}=\frac{z+1}{-2}$;

(2) l_1:$\frac{x}{1}=\frac{y}{2}=\frac{z}{3}$和 l_2:$\frac{x-1}{2}=\frac{y-2}{-1}=\frac{z-3}{4}$.

18. 判断下列直线与平面的相关位置:

(1) $\frac{x}{-1}=\frac{y-1}{1}=\frac{z-1}{2}$与 $2x+y-z+5=0$;

(2) $\begin{cases}2x+3y=0\\7x-3z=0\end{cases}$与 $3x-2y+7z-8=0$;

(3) $\begin{cases}x=1+4t\\y=-2+3t\\z=t\end{cases}$与 $x-3y+5z-1=0$;

(4) $\frac{x-2}{3}=\frac{y+2}{1}=\frac{z-3}{-4}$与 $x+y+z-3=0$.

19. 求直线$\frac{x-2}{1}=\frac{y-1}{-1}=\frac{z}{1}$与平面 $2x+2y+z-7=0$ 的交点及夹角的正弦值.

20. 求点(3,−1,2)到平面 $3x+2y-6z-9=0$ 的距离.

21. 求两平行平面 π_1:$x+3y-5z-1=0$ 与 π_2:$x+3y-5z+34=0$ 间的距离.

22. 在 z 轴上求一点使它到平面 $2x+2y-z+2=0$ 的距离等于 1 个单位.

23. 求过点(1,−5,3)且垂直于直线$\begin{cases}x+y+z+1=0\\x-y+z=0\end{cases}$的平面方程.

24. 求过点 $P(1,1,1)$又过直线$\frac{x}{3}=\frac{y}{-1}=\frac{z}{2}$的平面方程.

25. 求过点(1,2,−6)且与两平面 $x+2z-8=0$ 与 $2x-y-z+5=0$ 的交线平行的直线方程.

26. 求过点 $P(-3,-5,1)$且与直线$\frac{x}{-1}=\frac{y}{2}=\frac{z}{1}$垂直相交的直线的方程.

27. 求过点$(-3,0,1)$且平行于平面$3x-4y-z+1=0$,又垂直于直线$\frac{x}{1}=\frac{y-3}{-2}=\frac{z+1}{-3}$的直线方程.

28. 求通过平面$x-y+3z-1=0$和$3x+y-z-2=0$的交线且满足下列条件之一的平面:

(1) 通过原点;　　(2) 与平面$2x+3y-z-5=0$垂直.

29. 求通过直线$\begin{cases}x+5y+z=0\\x-z+4=0\end{cases}$且与平面$x-4y-8z+12=0$成$\frac{\pi}{4}$角的平面.

9.5 曲面与空间曲线

9.5.1 曲面方程的概念

在空间解析几何中,任何曲面都可看做空间点的几何轨迹,曲面上的所有点都具有共同的特征性质.把曲面上的点的特征性质用点的坐标x,y与z之间的关系式来表达,一般用方程

$$F(x,y,z)=0 \tag{9.9}$$

来表达.

如果一个曲面S与一个方程(9.9)有着这样的关系:

(1) 曲面S上任何一点的坐标(x,y,z)都满足方程(9.9);

(2) 不在曲面S上的点的坐标(x,y,z)都不满足方程(9.9);

那么方程(9.9)就称为**曲面S的方程**,曲面S就称为**方程(9.9)的图形**.

在空间解析几何中,对曲面的研究,有两个基本问题:一个是已知一曲面,建立其方程;另一个是已知方程,研究这方程所表示的曲面形状.对此我们不作一般的讨论,本节只是介绍几类常见的曲面.

例 9.17 求球心在点$C(a,b,c)$,半径为R的球面方程.

解 设$M(x,y,z)$是球面上任意一点,那么$|MC|=R$,即有

$$(x-a)^2+(y-b)^2+(z-c)^2=R^2. \tag{9.10}$$

这就是球面上的点的坐标所满足的方程,而不在球面上的点的坐标都不满足这方程,所以方程(9.10)就是以$C(a,b,c)$为球心、R为半径的球面方程.特别地,如果球心在原点,半径为R的球面方程为$x^2+y^2+z^2=R^2$.

方程(9.10)可以改写成

$$x^2+y^2+z^2+Dx+Ey+Fz+G=0$$

例 9.18 方程$x^2+y^2+z^2+2x-4y-4=0$表示怎样的曲面?

解 通过配方,原方程可化为

$$(x+1)^2+(y-2)^2+z^2=9.$$

与方程(9.10)比较,知道所给方程表示球心在点(−1,2,0),半径为 3 的球面.

一般地,三元二次方程

$$Ax^2+Ay^2+Az^2+Dx+Ey+Fz+G=0 \quad (A\neq 0),$$

通过配方可将方程可化为方程(9.10)的形式,它表示的图形是一个球面.

注 9.1 方程(9.9)无实解时不表示任何图形,称它为虚曲面.

9.5.2 空间曲线的方程

1. 空间曲线的一般方程

如同直线可以看作两个平面的交线一样,曲线也可以看做是两个曲面的交线,所以空间曲线的方程可以用两个曲面方程来表示. 设 $F(x,y,z)=0$,$G(x,y,z)=0$ 是两个相交曲面的方程,则方程组

$$\begin{cases}F(x,y,z)=0\\G(x,y,z)=0\end{cases} \tag{9.11}$$

是表示其交线的方程,方程组(9.11)称为**空间曲线的一般方程**.

由代数知识知道,任何方程组的解,一定是与它等价的方程组的解,所以空间曲线可以用不同形式的方程组表示. 例如方程组

$$\begin{cases}x^2+y^2+z^2=9\\z=1\end{cases} \quad 与 \quad \begin{cases}x^2+y^2=8,\\z=1\end{cases}$$

等价,都表示在 $z=1$ 平面上的一个圆.

2. 空间曲线的参数方程

空间曲线的一般方程是将曲线看成两曲面的交线,而空间曲线的参数方程则是将曲线看成是动点的轨迹.

一般地,对于空间曲线 C,如果 C 上的动点的坐标 x,y,z 是参数 t 的函数

$$\begin{cases}x=x(t),\\y=y(t),\\z=z(t).\end{cases} \tag{9.12}$$

随着 t 的变动,由方程组(9.12)可得到曲线 C 上的全部点,方程组(9.12)称为**空间曲线的参数方程**.

例如,在圆$\begin{cases}x^2+y^2=8\\z=1\end{cases}$中,可令 $x=\sqrt{8}\cos t$,得 $y=\sqrt{8}\sin t$,于是圆的参数方程为

$$\begin{cases}x=\sqrt{8}\cos t\\y=\sqrt{8}\sin t \quad (0\leqslant t<2\pi).\\z=1\end{cases}$$

9.5.3 柱面

1. 柱面

设空间中有一条定曲线 C 和通过它上面某一点的一条直线 l，当直线 l 沿曲线 C 平行移动时所形成的曲面称为**柱面**，曲线 C 称为**柱面的准线**，直线 l 称为**柱面的母线**.

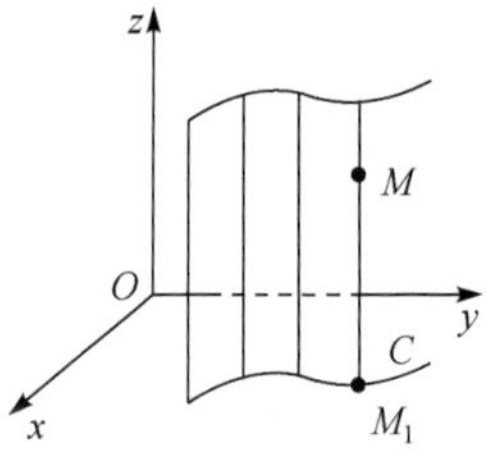

图 9-17

为了简单起见，我们只讨论母线平行于坐标轴，准线在坐标面上的柱面方程. 如图 9-17 所示，柱面的母线平行于 z 轴，柱面在 xOy 坐标面上的准线 C 的方程为

$$\begin{cases} F(x,y)=0, \\ z=0. \end{cases}$$

现在来导出此柱面方程就是 $F(x,y)=0$.

事实上，设 $M(x,y,z)$ 为柱面上任一点，过 M 作平行于 z 轴的直线交 xOy 坐标平面于点 $M_1(x,y,0)$，由柱面定义知 M_1 必在准线 C 上，因此点 M_1 的坐标满足准线 C 的方程，从而柱面上的点 M 的坐标满足方程 $F(x,y)=0$.

设满足方程 $F(x,y)=0$ 的点为 $M(x,y,z)$，因方程不含坐标 z，则点 $M_1(x,y,0)$ 满足方程 $F(x,y)=0$，从而也满足准线方程. 而直线 M_1M 平行于 z 轴，所以点 M 在过准线 C 上的点 M_1 且平行于 z 轴的直线上，即 $M(x,y,z)$ 是柱面上的点.

由此得到，在空间不含 z，只含 x,y 的方程 $F(x,y)=0$ 表示母线平行于 z 轴的柱面.

类似地，方程 $G(y,z)=0,H(z,x)=0$ 分别表示母线平行于 x 轴，y 轴的柱面.

方程 $\frac{x^2}{a^2}+\frac{y^2}{b^2}=1$ 表示母线平行于 z 轴的柱面，称为**椭圆柱面**(图 9-18). 特别地，$a=b$ 时称为**圆柱面**. 方程 $-\frac{x^2}{a^2}+\frac{y^2}{b^2}=1$ 和 $y^2=2px(p>0)$ 都表示母线平行于 z 轴的柱面，依次称为**双曲柱面**(图 9-19)和**抛物柱面**(图 9-20). 圆柱面、椭圆柱面、双曲柱面与抛物柱面，统称为**二次柱面**.

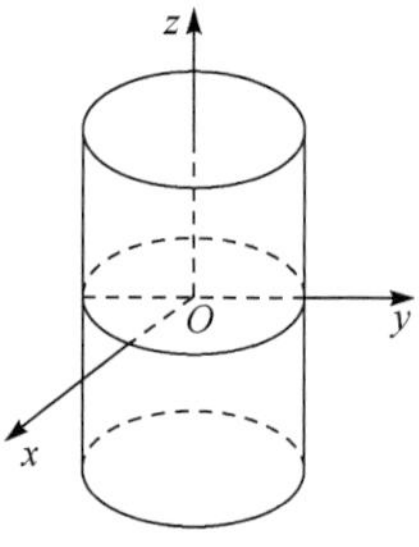

图 9-18

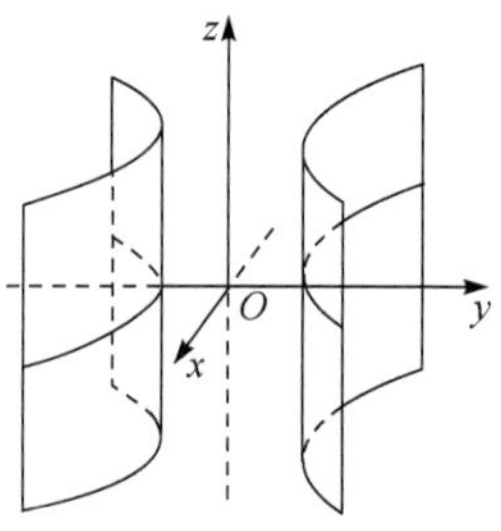

图 9-19

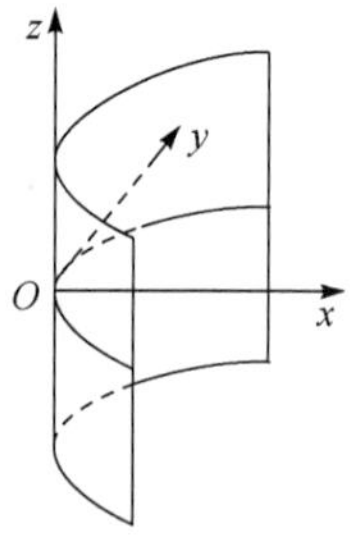

图 9-20

2. 空间曲线的投影柱面

我们知道空间曲线 C 的一般方程为

$$\begin{cases} F(x,y,z)=0, \\ G(x,y,z)=0. \end{cases} \tag{9.13}$$

从方程组(9.13)中依次消去一个变量得

$$F_1(x,y)=0,\quad F_2(x,z)=0,\quad F_3(y,z)=0.$$

下面我们来研究由方程组(9.13)消去变量 z 之后所得到的方程

$$F_1(x,y)=0. \tag{9.14}$$

因方程(9.14)是由方程组(9.13)消去 z 后所得,它表示一个母线平行于 z 轴的柱面. 当坐标 x,y,z 适合方程组(9.13)时,坐标 x,y 必定适合方程(9.14),即曲线 C 上的所有点都在由方程(9.14)表示的柱面上,就是说这柱面包含曲线 C. 此柱面称为曲线 C 关于 xOy 坐标面的**投影柱面**,投影柱面与 xOy 坐标面的交线称为空间曲线 C 在 xOy 坐标面上的**投影曲线**,此投影曲线方程可写成

$$\begin{cases} F_1(x,y)=0, \\ z=0. \end{cases}$$

同理 $F_2(x,z)=0,F_3(y,z)=0$ 分别称为曲线 C 关于 xOz 坐标面和 yOz 坐标面的投影柱面的方程. 曲线 C 在 xOz 坐标面和 yOz 坐标面上的投影曲线的方程分别是

$$\begin{cases} F_2(x,z)=0, \\ y=0; \end{cases}\qquad \begin{cases} F_3(y,z)=0, \\ x=0. \end{cases}$$

例 9.19　求曲线 $C:\begin{cases} x^2+y^2+z^2=1, \\ x^2+(y-1)^2+(z-1)^2=1 \end{cases}$在 xOy 面上的投影曲线方程.

解　从方程组中消去 z,得到曲线 C 关于 xOy 坐标面的投影柱面方程

$$x^2+2y^2-2y=0,$$

于是,曲线 C 在 xOy 面上的投影曲线为

$$\begin{cases} x^2+2y^2-2y=0, \\ z=0. \end{cases}$$

9.5.4　锥面

设空间中有一定点 A 和一条定曲线 C,通过定点 A 与给定曲线 C 相交的所有直线形成的曲面称为**锥面**,定点称为**锥面的顶点**,定曲线 C 称为**锥面的准线**,锥面上过顶点的直线称为**锥面的一条母线**.

例 9.20　求顶点在原点,准线为$\begin{cases} \dfrac{x^2}{a^2}+\dfrac{y^2}{b^2}=1 \\ z=c \end{cases}$的锥面方程(图 9-21).

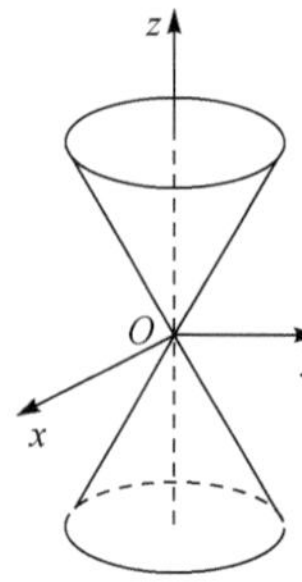

图 9-21

解 设 $M(x,y,z)$ 为锥面上任意点,$M_1(x_1,y_1,z_1)$是准线上与 M 在同一母线上的点,则$\overrightarrow{OM}$与$\overrightarrow{OM_1}$共线,所以

$$\frac{x}{x_1}=\frac{y}{y_1}=\frac{z}{z_1},$$

且有

$$\begin{cases}\dfrac{x_1^2}{a^2}+\dfrac{y_1^2}{b^2}=1,\\ z_1=c.\end{cases}$$

由上两个式子消去 x_1,y_1,z_1 得

$$\frac{x^2}{a^2}+\frac{y^2}{b^2}-\frac{z^2}{c^2}=0,$$

这就是所求的锥面方程,$a=b$ 时为圆锥面.

一般地,二次齐次方程 $Ax^2+By^2+Cz^2=0$,如果系数 A,B,C 中有两个同号,另外一个与这两个异号时,则表示顶点在原点的锥面,该锥面称为**二次锥面**.

9.5.5 旋转曲面

一条平面曲线 C 绕其平面上的一条定直线 l 旋转一周所形成的曲面称为**旋转曲面**,曲线 C 称为**旋转曲面的母线**,定直线 l 称为旋转曲面的**旋转轴**,简称**轴**.

把一条直线绕与之平行的直线旋转一周则形成圆柱面,绕与之相交的直线旋转一周形成圆锥面;把一个圆绕它的一条直径旋转一周形成一个球面.

以坐标平面内的曲线为母线,该坐标平面内的坐标轴为轴的旋转曲面具有特殊的形式,下面我们讨论这种情况下的旋转曲面的方程.

设在 yOz 坐标面上有一已知曲线

$$C:\begin{cases}F(y,z)=0,\\ x=0.\end{cases}$$

将这条曲线绕 z 轴旋转一周,得到一个以 z 轴为轴的旋转曲面(图 9-22). 现在我们来建立这个旋转曲面的方程.

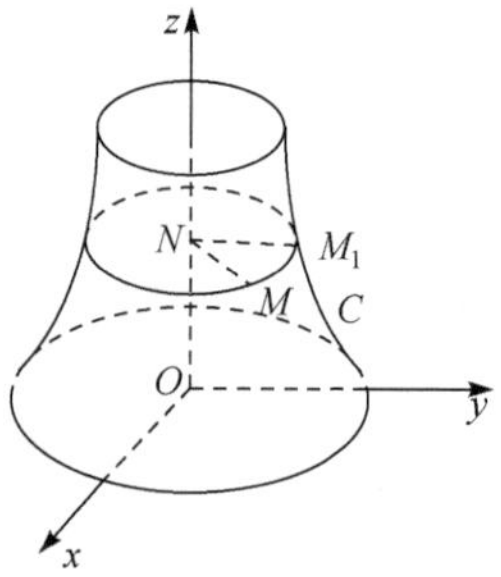

图 9-22

设 $M(x,y,z)$是旋转曲面上一点,它是由曲线 C 上的一点 $M_1(0,y_1,z_1)$绕 z 旋转而得,这时有

$$F(y_1,z_1)=0,$$

$$z_1=z.$$

而且点 M_1 和点 M 在同一个圆周上,此圆的圆心为

$N(0,0,z)$，于是

$$|M_1N|=|MN|,$$

$$y_1=\pm\sqrt{x^2+y^2},$$

将 $z_1=z, y_1=\pm\sqrt{x^2+y^2}$ 代入方程 $F(y_1,z_1)=0$ 中，就有

$$F(\pm\sqrt{x^2+y^2},z)=0.$$

这就是所求的旋转曲面的方程.

由以上的推导过程可知，坐标面 yOz 上的曲线 $\begin{cases}F(y,z)=0\\x=0\end{cases}$ 绕 z 轴旋转一周时，只需在方程 $F(y,z)=0$ 中保留与旋转轴同名的坐标 z，把另一个坐标 y 替换成 $\pm\sqrt{x^2+y^2}$，就得到的旋转曲面的方程 $F(\pm\sqrt{x^2+y^2},z)=0$.

同理，曲线 C 绕 y 轴旋转一周所成的旋转曲面为 $F(y,\pm\sqrt{x^2+z^2})=0$.

例 9.21　将 yOz 坐标面上的双曲线 $\begin{cases}\dfrac{y^2}{b^2}-\dfrac{z^2}{c^2}=1\\x=0\end{cases}$ 分别绕 z 轴和 y 轴旋转一周，求所形成的旋转曲面的方程.

解　绕 z 轴旋转的旋转曲面方程为

$$\frac{x^2}{b^2}+\frac{y^2}{b^2}-\frac{z^2}{c^2}=1,$$

绕 y 轴旋转的旋转曲面方程为

$$-\frac{x^2}{c^2}+\frac{y^2}{b^2}-\frac{z^2}{c^2}=1.$$

这两种曲面都称为**旋转双曲面**，分别称为**旋转单叶双曲面**和**旋转双叶双曲面**.

同样将椭圆 $\begin{cases}\dfrac{x^2}{a^2}+\dfrac{y^2}{b^2}=1\\z=0\end{cases}$ 绕 x 轴旋转一周，得旋转曲面 $\dfrac{x^2}{a^2}+\dfrac{y^2}{b^2}+\dfrac{z^2}{b^2}=1$，称为**旋转椭球面**. 将抛物线 $\begin{cases}y^2=2pz\\x=0\end{cases}(p>0)$ 绕 z 旋转一周，得旋转曲面 $x^2+y^2=2pz$，称为**旋转抛物面**.

9.5.6　二次曲面

我们把三元二次方程所表示的曲面称为**二次曲面**，如前面学过的二次柱面，二次锥面，旋转曲面等. 本节再研究几个由简单三元二次方程所表示的二次曲面.

1. 椭球面

在空间直角坐标系下,由方程

$$\frac{x^2}{a^2}+\frac{y^2}{b^2}+\frac{z^2}{c^2}=1 \quad (a,b,c\text{ 为正常数})$$

所表示的曲面称为**椭球面**. 特别地,当 a,b,c 有两个相等时,方程表示旋转椭球面,当 $a=b=c$ 时,方程表示球面.

下面我们从椭球面的方程出发来讨论它的一些简单的性质.

(1) 范围. 由椭球面的方程可知,$|x|\leqslant a$,$|y|\leqslant b$,$|z|\leqslant c$. 故曲面包含在由六个平面 $x=\pm a$,$y=\pm b$,$z=\pm c$ 所围成的立方体中.

(2) 对称性. x 用 $-x$,y 用 $-y$,z 用 $-z$ 来代替,椭球面的方程不变,这表明椭球面关于三个坐标面,三个坐标轴及原点都是对称的.

(3) 截线. 如果用坐标面 $z=0$,$y=0$,$x=0$ 分别来截割椭球面,那么得到的截线都是椭圆(图 9-23),它们的方程分别是

$$\begin{cases}\dfrac{x^2}{a^2}+\dfrac{y^2}{b^2}=1,\\ z=0;\end{cases}\quad \begin{cases}\dfrac{x^2}{a^2}+\dfrac{z^2}{c^2}=1,\\ y=0;\end{cases}\quad \begin{cases}\dfrac{y^2}{b^2}+\dfrac{z^2}{c^2}=1,\\ x=0.\end{cases}$$

如果用平行于坐标平面的平面来截割,情况类似,如用平面 $z=h(|h|\leqslant c)$ 来截椭球面,截线方程为

$$\begin{cases}\dfrac{x^2}{a^2}+\dfrac{y^2}{b^2}=1-\dfrac{z^2}{c^2},\\ z=h.\end{cases}$$

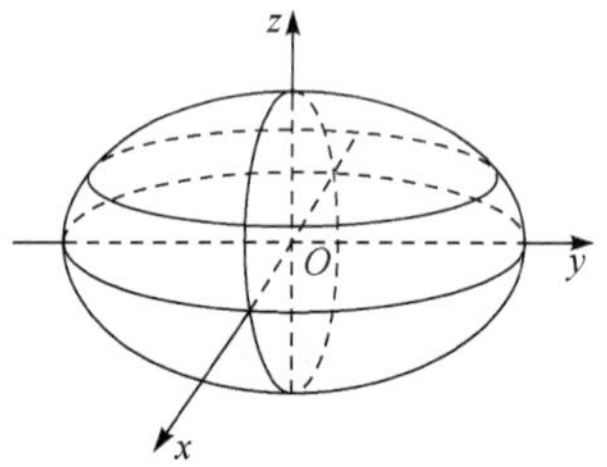

图 9-23

当 $|h|<c$ 时,表示平面 $z=h$ 上的一个椭圆;$|h|=c$ 时,表示点 $(0,0,c)$ 或点 $(0,0,-c)$. 也就是当 $|h|$ 由 0 变到 c 时,椭圆由大变小,最后成为 z 轴上的一点 $(0,0,c)$ 或 $(0,0,-c)$.

同样用平面 $y=h$,$x=h$ 分别截割椭球面,所得截线也是椭圆,讨论方法同上.

由上面的讨论可知,椭球面的形状如图 9-23 所示.

我们可用以上的方法来讨论其他二次曲面,下面只将方程与图形介绍如下.

2. 双曲面与抛物面

单叶双曲面(图 9-24)

$$\frac{x^2}{a^2}+\frac{y^2}{b^2}-\frac{z^2}{c^2}=1.$$

双叶双曲面(图 9-25)

$$-\frac{x^2}{a^2}-\frac{y^2}{b^2}+\frac{z^2}{c^2}=1.$$

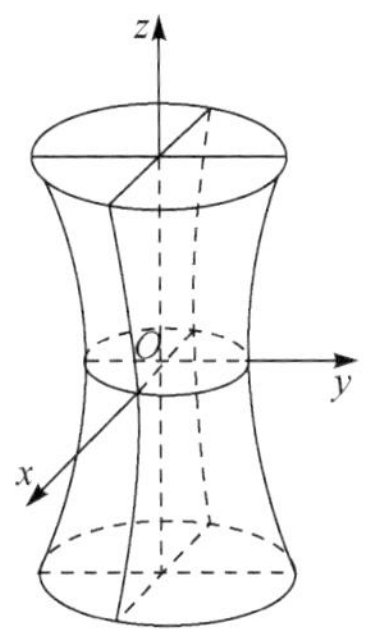

图 9-24

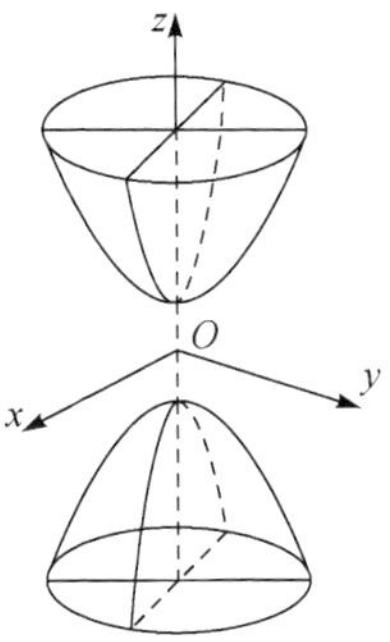

图 9-25

椭圆抛物面(图 9-26)

$$\frac{x^2}{a^2}+\frac{y^2}{b^2}=z.$$

双曲抛物面(图 9-27)

$$\frac{x^2}{a^2}-\frac{y^2}{b^2}=z.$$

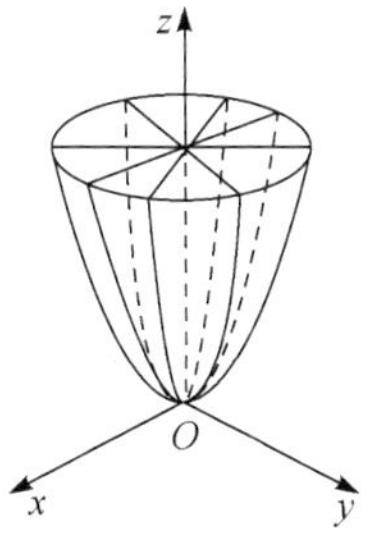

图 9-26

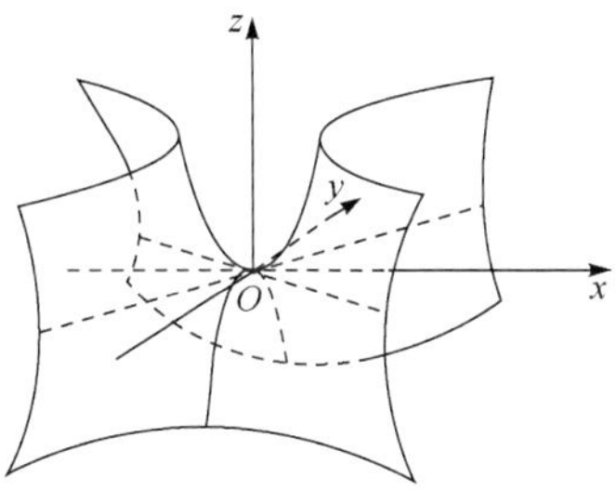

图 9-27

一般地，方程 $Ax^2+By^2+Cz^2=1$(A,B,C 都不为零)，A,B,C 中，如果两个是正数，一个是负数，此方程的图形就是单叶双曲面；如果一个是正数，两个是负数，此方程的图形就是双叶双曲面；如果三个都是正数，此方程的图形就是椭球面；如果三个都是负数，无图形. 单叶双曲面与双叶双曲面统称为**双曲面**.

一个仅有三项的三元二次方程 $F(x,y,z)=0$，如果其中一项是一个变量的一次项，另外两项是另外两个变量的二次项，二次项系数同号，此方程的图形是椭圆抛物面；二次项系数异号，此方程的图形是双曲抛物面. 椭圆抛物面和双曲抛物面统称为**抛物面**.

习　题　9.5

1. 求联结两点 $A(1,2,4)$ 和 $B(3,-1,5)$ 的线段的垂直平分面的方程.
2. 一动点移动时与点 $A(2,0,0)$ 及 xOy 坐标面等距离，求该动点的轨迹方程.
3. 求下列各球面的方程：

(1) 球心在原点,且经过点(1,−2,3);

(2) 一条直径的两个端点是(6,−3,5)与(0,−1,−3);

(3) 球心在(1,−1,2)且与平面 $2x-y-2z+10=0$ 相切.

4. 求下列球面的球心和半径:

(1) $x^2+y^2+z^2-6z-7=0$;

(2) $2x^2+2y^2+2z^2-4x-20y+8z+51=0$.

5. 指出下列方程组在空间直角坐标系中分别表示什么图形:

(1) $\begin{cases}x=0,\\z=0;\end{cases}$　(2) $\begin{cases}x=3,\\y=0;\end{cases}$

(3) $\begin{cases}x^2+y^2+z^2=25,\\y=3;\end{cases}$　(4) $\begin{cases}x^2+y^2+z^2=25,\\4x-3y=0.\end{cases}$

6. 把曲线 $\begin{cases}x=3\sin t\\y=5\sin t\\z=4\cos t\end{cases}$ $(0\leqslant t<2\pi)$化为一般方程.

7. 求曲线 $\begin{cases}x=\cos\pi t\\y=\sin\pi t\\z=t\end{cases}$ 与球面 $x^2+y^2+z^2=10$ 的交点坐标.

8. 在空间直角坐标系下,指出下列方程表示什么曲面,并作草图:

(1) $9y^2+4z^2-36=0$;　(2) $x^2+z^2-2x=0$;　(3) $9x^2-4y^2+36=0$;

(4) $y-x^2=0$;　(5) $x^2+4y^2=0$;　(6) $x^2-4y^2=0$.

9. 求曲线 $\begin{cases}x^2+y^2-z=0\\x-z+1=0\end{cases}$ 关于三个坐标面的投影柱面方程.

10. 求下列曲线在 xOy 坐标面上的投影曲线:

(1) $\begin{cases}x^2+y^2+z^2=4,\\x^2+y^2=z^2;\end{cases}$　(2) $\begin{cases}z=x^2+y^2,\\3x+5y-z=0.\end{cases}$

11. 求曲线 $\begin{cases}x^2+y^2-4x=0\\x^2+y^2+z^2=16\end{cases}$ 在各坐标面上的投影曲线.

12. 锥面的顶点在原点,且准线为 $\begin{cases}\dfrac{x^2}{16}-\dfrac{y^2}{4}=1,\\z=9,\end{cases}$ 求锥面的方程.

13. 锥面的顶点在原点,且准线为 $\begin{cases}x^2+y^2+z^2=1,\\x+y+z=1,\end{cases}$ 求锥面的方程.

14. 按下列条件写出旋转曲面的方程,并指出曲面的名称:

(1) 曲线 $\begin{cases}x^2+z^2=9\\y=0\end{cases}$ 绕 z 轴旋转一周;

(2) 曲线$\begin{cases} y^2+3z^2=9 \\ x=0 \end{cases}$绕 y 轴旋转一周；

(3) 曲线$\begin{cases} x^2-3y^2=9 \\ z=0 \end{cases}$分别绕 x 轴，y 轴旋转一周；

(4) 曲线$\begin{cases} y^2=3x \\ z=0 \end{cases}$绕 x 轴旋转一周.

15. 直线 L 绕另一条与 L 相交的直线旋转一周，所得旋转曲面称为圆锥面. 两直线的交点称为圆锥面的顶点，两直线的夹角 $\alpha\left(0<\alpha<\frac{\pi}{2}\right)$称为圆锥面的半顶角. 试建立顶点在坐标原点，旋转轴为 z 轴，半顶角为 α 的圆锥面的方程.

16. 分别考察曲面$\frac{x^2}{9}+\frac{y^2}{25}+\frac{z^2}{4}=1$在平面 $x=0$，$x=2$ 上的截线，求截线的方程.

17. 指出曲面 $x^2+4y^2-2z^2-16=0$ 与三个坐标面及平面 $z=1$ 的交线分别表示什么曲线.

18. 分别考察曲面$-\frac{x^2}{9}-\frac{y^2}{25}+\frac{z^2}{4}=1$在平面 $z=\pm 2$，$z=\pm 4$，$x=0$，$y=0$ 上的截线，求截线的方程.

19. 指出方程组$\begin{cases} 4x^2+y^2=2z \\ z=2 \end{cases}$与$\begin{cases} 4x^2+y^2=2z \\ x=0 \end{cases}$各表示什么图形.

20. 指出下列二次方程表示什么曲面，并画草图：

(1) $16x^2+4y^2+9z^2-144=0$；　(2) $16x^2+z^2=64y$；

(3) $4x^2-y^2+z^2=1$；　(4) $4x^2-y^2+z^2=-4$；

(5) $9x^2-4y^2-z^2=0$；　(6) $x^2-y^2=2z$；

(7) $y^2+z^2-x=0$；　(8) $9x^2-y^2-z^2=9$.

21. 画出下列各组曲面所围成的立体的图形：

(1) $x=0$，$y=0$，$z=0$，$3x+2y+z=6$；　(2) $x^2+y^2=z$，$z=4$；

(3) $x=0$，$z=0$，$x=1$，$y=2$，$z=y$；

(4) $x=0$，$y=0$，$z=0$，$x+y=1$，$x^2+y^2=z$；

(5) $z=0$，$z=2$，$x-y=0$，$x-\sqrt{3}y=0$，$x^2+y^2=1$（在第一象限内）.

第 10 章　多元函数微分学及其应用

前面我们所讨论的函数都只有一个自变量，这种函数称为一元函数. 在许多实际问题中往往需要考虑多方面的因素，反映到数学上就是一个变量依赖于多个变量的情形，相应地就提出了多元函数以及多元函数微分和积分的问题. 本章中，我们将在一元函数微分学的基础上，讨论多元函数的微分及其应用，主要以二元函数为主. 但需要注意的是，从一元函数到二元函数会产生新的问题，而且这些问题是一元函数所不具备的，而从二元函数到二元以上的多元函数则可以类推.

10.1　多元函数的基本概念

10.1.1　平面点集

我们已经知道引入直角坐标系后，平面上的点 P 与有序二元实数组 (x,y) 之间就建立了一一对应的关系. 于是，把有序实数组 (x,y) 与平面上的点 P 视作是等同的. 所以经常说，二元有序实数组 (x,y) 的全体 $R^2=R\times R=\{(x,y)\mid -\infty<x<+\infty,-\infty<y<+\infty\}$ 表示**坐标平面**.

坐标平面上具有某种性质 A 的点的集合，称为**平面点集**，记为

$$E=\{(x,y)\mid (x,y)\text{具有性质 }A\}.$$

例如，平面上以原点为中心，r 为半径的圆内所有点的集合是

$$C=\{(x,y)\mid x^2+y^2<r^2\}.$$

平面上以 (x_0,y_0) 为中心，边长为 a 的正方形上的所有点的集合是

$$E=\{(x,y)\mid |x-x_0|\leqslant a,|y-y_0|\leqslant a\}.$$

为进一步刻画平面点集的性质，我们引入平面上点的邻域的概念.

定义 10.1　设 $P_0(x_0,y_0)$ 是坐标平面上的一个点，δ 是某一正数. 点集

$$U(P_0,\delta)=\{(x,y)\mid \sqrt{(x-x_0)^2+(y-y_0)^2}<\delta\} \tag{10.1}$$

称为**点 P_0 的 δ 邻域**.

点集

$$\mathring{U}(P_0)=\{(x,y)\mid 0<\sqrt{(x-x_0)^2+(y-y_0)^2}<\delta\} \tag{10.2}$$

称为**点 P_0 的去心 δ 邻域**.

根据定义，点 P_0 的 δ 邻域实际上就是以 P_0 为圆心，δ 为半径的圆的内部.

注 10.1　如果不需要强调邻域的半径 δ，则用 $U(P_0)$ 表示点 P_0 的某个邻域，

点 P_0 的去心邻域记作 $\mathring{U}(P_0)$

对于坐标平面上给定的点 P 和平面点集 E，它们之间必定存在以下三种关系之一：

(1) 如果存在点 P 的某一邻域 $U(P)$，使得 $U(P)\subset E$，则称 P 为 E 的**内点**；

(2) 如果存在点 P 的某个邻域 $U(P)$，使得 $U(P)\cap E=\varnothing$，则称 P 为 E 的**外点**；

(3) 如果点 P 的任一邻域内既有属于 E 的点，也有不属于 E 的点，则称 P 点为 E 的**边界点**.

E 的边界点的全体，称为 E 的**边界**，记作 ∂E.

由上面的定义知，E 的内点必属于 E，E 的外点必不属于 E，而 E 的边界点可能属于 E，也可能不属于 E.

若点集 E 的所有点都是 E 的内点，则称 E 为**开集**.

若点集 E 的余集 $E^c=\{(x,y)\mid(x,y)\notin E\}$ 为开集，则称 E 为**闭集**.

例如，$E_1=\{(x,y)\mid x+y>0\}$ 是开集，$E_2=\{(x,y)\mid 1\leqslant x^2+y^2\leqslant 2\}$ 是闭集. $E_3=\{(x,y)\mid 1<x^2+y^2\leqslant 2\}$ 既非开集，也非闭集.

对于点集 E 内任意两点，都可用折线将它们联结起来，且这些折线包含 E 内，则称 E 为**连通集**. 连通的开集称为**区域**或**开区域**. 区域与区域的边界所构成的点集称为**闭区域**.

例如，上面例子中的 E_1 为一区域，E_2 则为一闭区域.

设 O 是坐标原点，E 是平面点集，如果存在某一正数 r，使得 $E\subset U(O,r)$，则称 E 为**有界点集**，否则称为**无界点集**.

例如，上面例子中的 E_1 为无界点集，E_2 和 E_3 为有界点集.

10.1.2　二元函数的概念

定义 10.2　设 D 是坐标平面 R^2 上的一个非空平面点集，对于任意一点 $P(x,y)\in D$，按照对应法则 f，都有唯一确定的实数 z 与之对应，则称 f 是 D 上的**二元函数**，记

$$z=f(x,y)\quad\text{或}\quad z=f(P).$$

其中，x 和 y 称为**自变量**，z 称为**因变量**. 平面点集 D 称为函数的**定义域**，数集

$$E=\{z\mid z=f(x,y),(x,y)\in D\}$$

称为函数的**值域**. 常使用说法是(二元)函数 $z=f(x,y),(x,y)\in D$.

类似地，可定义三元及三元以上函数，$n(\geqslant 2)$元函数

$$u=f(x_1,x_2,\cdots,x_n),(x_1,x_2,\cdots,x_n)\in D.$$

一般地，二元以上函数 n 元函数统称为**多元函数**.

关于多元函数定义域，与一元函数类似，并且有约定，对使用运算式表达的多

元函数 $u=f(P)$时,就以使这个算式有意义的变元 P 的取值所组成的点集为这个多元函数的定义域.

例 10.1 求下面二元函数的定义域.

$$f(x,y)=\frac{\arcsin(3-x^2-y^2)}{\sqrt{x-y^2}}.$$

解 要使 $f(x,y)$有意义,须不等式组

$$\begin{cases}-1\leqslant 3-x^2-y^2\leqslant 1\\ x-y^2>0\end{cases}$$

成立,即

$$\begin{cases}2\leqslant x^2+y^2\leqslant 4,\\ x>y^2.\end{cases}$$

故 $f(x,y)$的定义域(图 10-1 阴影部分)为

$$D=\{(x,y)\,|\,2\leqslant x^2+y^2\leqslant 4,x>y^2\}.$$

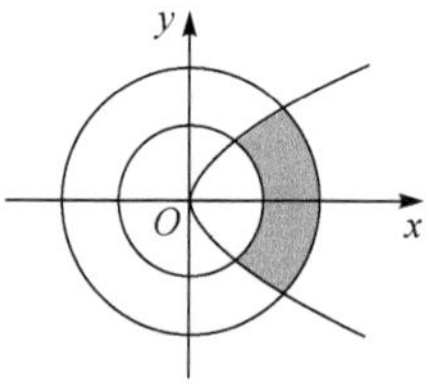

图 10-1

设函数 $z=f(x,y)$的定义域为 D,对于三维空间 R^3 中的点集

$$\{(x,y,z)\,|\,z=f(x,y),(x,y)\in D\}$$

称为二元函数 $z=f(x,y)$的图形,其为空间中的一张曲面(图 10-2). 通常说,二元函数的图形就是指这一曲面.

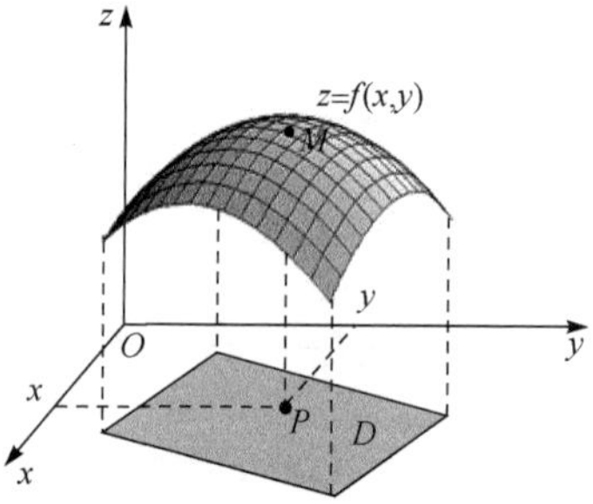

图 10-2

例如,二元函数 $z=\sqrt{1-x^2-y^2}$的图形是以坐标原点为中心的单位上半球面,其定义域 D 为坐标平面上以原点为中心的单位圆. 又如,二元函数 $z=\sqrt{x^2+y^2}$的图形是顶点在坐标原点的圆锥面,其定义域 D 为整个坐标平面.

10.1.3 二元函数的极限

与一元函数的极限类似,二元函数的极限也是反映函数值随自变量变化而变化的趋势.

定义 10.3 设二元函数 $z=f(x,y)$在点 $P_0(x_0,y_0)$的某一去心邻域 $\mathring{U}(P_0)$内有定义,点 $P(x,y)\in\mathring{U}(P_0)$,如果当点 P 无限趋向于点 P_0 时,$f(P)$无限趋向于一个常数 A,则称当$(x,y)\to(x_0,y_0)$时,二元函数 $z=f(x,y)$收敛于 A,记作

$$\lim_{(x,y)\to(x_0,y_0)} f(x,y)=A \quad 或 \quad f(x,y)\to A,(x,y)\to(x_0,y_0),$$

也记作

$$\lim_{P\to P_0} f(P)=A \quad 或 \quad f(P)\to A(P\to P_0).$$

二元函数的极限与一元函数极限具有相同的性质和运算法则，在此不再一一详述. 特别地有

$$\lim_{(x,y)\to(x_0,y_0)} f(x)=\lim_{x\to x_0} f(x),\quad \lim_{(x,y)\to(x_0,y_0)} f(y)=\lim_{y\to y_0} f(y).$$

区别于一元函数的极限，我们称二元函数的极限为**二重极限**.

例 10.2　求 $\lim\limits_{(x,y)\to(0,0)} \dfrac{1}{x^2+y^2}\sin(x^2+y^2)$.

解　令 $r=x^2+y^2$，则 $(x,y)\to(0,0)$ 时，$r\to 0$. 于是

$$\lim_{(x,y)\to(0,0)} \frac{1}{x^2+y^2}\sin(x^2+y^2)=\lim_{r\to 0}\frac{\sin r}{r}=1.$$

例 10.3　求 $\lim\limits_{(x,y)\to(0,2)} \dfrac{\sin(xy)}{x}$.

解　由极限运算法则得

$$\lim_{(x,y)\to(0,2)} \frac{\sin(xy)}{x}=\lim_{xy\to 0}\frac{\sin(xy)}{xy}\cdot\lim_{y\to 2} y=1\cdot 2=2.$$

需要注意，点 P 在去心邻域 $\mathring{U}(P_0)$ 内无限趋向于点 P_0 可以沿着 $\mathring{U}(P_0)$ 内的**任意路径**，$P\to P_0$ 时 $f(P)$ 无限趋向于 A 是指：P 在 $\mathring{U}(P_0)$ 内沿任意不同路径趋向于 P_0 时，$f(P)$ 都要以 A 为极限. 因此，若 P 在 $\mathring{U}(P_0)$ 内沿**不同路径**趋向于 P_0 时，$f(P)$ 的极限不同，则称 $f(P)$ 在点 P_0 不收敛（发散），或 $f(P)$ 的极限不存在. 这种方法常被用来证明一个二元函数在某个点处的二重极限不存在.

例 10.4　证明 $\lim\limits_{(x,y)\to(0,0)} \dfrac{xy}{x^2+y^2}$ 不存在.

证　当点 $P(x,y)$ 沿直线 $y=kx$（k 为常数）趋于点 $(0,0)$ 时

$$\lim_{(x,y)\to(0,0)} \frac{xy}{x^2+y^2}=\lim_{\substack{x\to 0\\ y=kx}}\frac{x\cdot kx}{x^2+k^2x}=\frac{k}{1+k^2}.$$

由此可见，该极限值随直线的斜率 k 的变化而变化，故所求极限不存在.

10.1.4　二元函数的连续性

定义 10.4　设二元函数 $z=f(x,y)$ 在点 $P_0(x_0,y_0)$ 的某一邻域内有定义，如果

$$\lim_{(x,y)\to(x_0,y_0)} f(x,y)=f(x_0,y_0), \tag{10.3}$$

则称函数 $z=f(x,y)$ 在点 P_0 处**连续**，否则称 $z=f(x,y)$ 在点 P_0 处**间断**.

例 10.5　讨论二元函数 $f(x,y)=\begin{cases}\dfrac{x^3+y^3}{x^2+y^2}, & x^2+y^2\neq 0\\ 0, & x^2+y^2\neq 0\end{cases}$ 在点 $(0,0)$ 的连

续性.

解　当 $x^2+y^2\neq 0$ 时,引入极坐标变换,令

$$x=\rho\cos\theta,\quad y=\rho\sin\theta,$$

其中,$\rho>0,\theta\in\mathbf{R}$,则 $(x,y)\to(0,0)$ 等价于对任意 θ 的取值都有 $\rho\to 0$. 于是

$$\lim_{(x,y)\to(0,0)} f(x,y)=\lim_{(x,y)\to(0,0)}\frac{x^3+y^3}{x^2+y^2}=\lim_{\rho\to 0}\rho(\sin^3\theta+\cos^3\theta)=0=f(0,0),$$

所以,该函数在点 $(0,0)$ 连续.

注 10.2　对例 10.4 使用极坐标变换 $x=\rho\cos\theta,y=\rho\sin\theta$ 有

$$\lim_{(x,y)\to(0,0)}\frac{xy}{x^2+y^2}=\lim_{\rho\to 0}\cos\theta\sin\theta=\cos\theta\sin\theta,$$

对于任意 θ,不是一个确定的值,也说明 $\lim\limits_{(x,y)\to(0,0)}\dfrac{xy}{x^2+y^2}$ 不存在.

一般地,使用极坐标变换得到

$$\lim_{(x,y)\to(x_0,y_0)} f(x,y)=\lim_{\rho\to 0} f(x_0+\rho\cos\theta,y_0+\rho\sin\rho)=A$$

之后,说 A 是此处 $f(x,y)$ 的极限,**须有要求,A 与 θ 无关.**

如果二元函数 $z=f(x,y)$ 在区域 D 内每一点处都连续,则称 $z=f(x,y)$ 在 D 内连续. 在区域 D 上连续的二元函数是区域 D 上方的一张连续曲面.

与一元函数类似,我们可定义**二元初等函数**. 例如,$\ln(x+y)$,$\dfrac{xy}{x^2+y^2}$,$\sin\sqrt{xy}$,都是二元初等函数.

一切二元初等函数在其定义域的区域内是连续的,这里"定义域的区域"是指包含在定义域内的区域或闭区域. 利用这个结论,求某个二元初等函数在其定义域的区域上一点的极限时,只要计算出函数在该点处的函数值即可.

例 10.6　求 $\lim\limits_{(x,y)\to(1,0)}\dfrac{\ln(x+e^y)}{\sqrt{x^2+y^2}}$.

解　由于 $f(x,y)=\dfrac{\ln(x+e^y)}{\sqrt{x^2+y^2}}$ 是一个二元初等函数,且 $(1,0)$ 在其定义域内,所以

$$\lim_{(x,y)\to(1,0)}\frac{\ln(x+e^y)}{\sqrt{x^2+y^2}}=\frac{\ln(1+e^0)}{\sqrt{1^2+0^2}}=\ln 2.$$

例 10.7　求 $\lim\limits_{(x,y)\to(0,0)}\dfrac{\sqrt{xy+1}-1}{xy}$.

解　$$\lim_{(x,y)\to(0,0)}\frac{\sqrt{xy+1}-1}{xy}=\lim_{(x,y)\to(0,0)}\frac{xy+1-1}{xy(\sqrt{xy+1}+1)}=\lim_{(x,y)\to(0,0)}\frac{1}{\sqrt{xy+1}+1}=\frac{1}{2}.$$

类似于连续的一元函数在闭区间上的性质，下面我们不加证明地介绍两个关于有界闭区域上二元连续函数的性质.

定理 10.1(最大和最小值定理)　设 $z=f(x,y)$ 在有界闭区域 D 上连续，则 $f(x,y)$ 在 D 上必有最大值和最小值.

定理 10.2(介值定理)　设 $z=f(x,y)$ 在有界闭区域 D 上连续，M 和 m 分别是 $f(x,y)$ 在 D 上的最大值和最小值，则对任意 $\mu\in[m,M]$，至少存在一点 $(x_0,y_0)\in D$，使得 $f(x_0,y_0)=\mu$.

习　题　10.1

1. 求下列函数的定义域：

(1) $z=\ln(y^2-2x+1)$；　(2) $z=\arcsin\dfrac{y}{x}$；

(3) $z=\dfrac{\sqrt{4x-y^2}}{\ln(1-x^2-y^2)}$；　(4) $z=\ln(y-x)+\dfrac{\sqrt{x}}{\sqrt{1-x^2-y^2}}$.

2. 已知函数 $f(x+y,x-y)=\dfrac{x^2-y^2}{x^2+y^2}$，求 $f(x,y)$.

3. 求下列极限：

(1) $\lim\limits_{(x,y)\to(0,1)}\left[\ln(y-x)+\dfrac{y}{\sqrt{1-x^2}}\right]$；　(2) $\lim\limits_{(x,y)\to(0,0)}\dfrac{\sin\left[(y+1)\sqrt{x^2+y^2}\right]}{\sqrt{x^2+y^2}}$；

(3) $\lim\limits_{(x,y)\to(0,0)}\dfrac{xy}{\sqrt{x^2+y^2}}$；　(4) $\lim\limits_{(x,y)\to(0,0)}\dfrac{\sqrt{x^2+y^2}-\sin\sqrt{x^2+y^2}}{(x^2+y^2)^{\frac{3}{2}}}$.

4. 证明下列极限不存在：

(1) $\lim\limits_{(x,y)\to(0,0)}\dfrac{y^2}{x^2+y^2}$；　(2) $\lim\limits_{(x,y)\to(0,0)}\dfrac{\sqrt{xy+1}-1}{x+y}$.

5. 证明函数 $f(x,y)=\begin{cases}\dfrac{\sin xy}{\sqrt{x^2+y^2}}, & x^2+y^2\neq 0\\ 0, & x^2+y^2=0\end{cases}$ 在(0,0)处连续.

10.2　多元函数的偏导数与全微分

10.2.1　偏导数的定义和计算

在讨论一元函数时，我们从研究函数的变化率引入了导数的概念. 在实际问题中，我们需要研究一个受到多个因素的制约的变量，考虑在其他因素固定不变的情况下，该变量随一个因素变化的变化率的问题. 从数学的角度来说就是多元函数在其他自变量固定不变时，函数随一个自变量变化的变化率的问题，这也就是多元函数的偏导数.

以二元函数 $z=f(x,y)$ 为例，固定自变量 $y=y_0$，那么函数 $z=f(x,y_0)$ 就是关于自变量 x 的一元函数. 记 $\varphi(x)=f(x,y_0)$，则 $\varphi(x)$ 在 x_0 的导数 $\varphi'(x_0)$ 即为二元函数 $z=f(x,y)$ 在点 (x_0,y_0) 处关于自变量 x 的偏导数，一般地，我们有如下定义.

定义 10.5 设函数 $z=f(x,y)$ 在点 (x_0,y_0) 的某一领域内有定义，当极限

$$\lim_{\Delta x\to 0}\frac{f(x_0+\Delta x,y_0)-f(x_0,y_0)}{\Delta x}$$

存在时，称这个极限为函数 $z=f(x,y)$ 在点 (x_0,y_0) 处关于 x 的**偏导数**，记作

$$f_x(x_0,y_0) \quad 或 \quad \left.\frac{\partial z}{\partial x}\right|_{(x_0,y_0)},$$

即

$$f_x(x_0,y_0)=\lim_{\Delta x\to 0}\frac{f(x_0+\Delta x,y_0)-f(x_0,y_0)}{\Delta x}. \tag{10.4}$$

类似地，定义函数 $z=f(x,y)$ 在点 (x_0,y_0) 处关于 y 的偏导数为

$$\lim_{\Delta y\to 0}\frac{f(x_0,y_0+\Delta y)-f(x_0,y_0)}{\Delta y},$$

记为 $f_y(x_0,y_0)$ 或 $\left.\frac{\partial z}{\partial y}\right|_{(x_0,y_0)}$，即

$$f_y(x_0,y_0)=\lim_{\Delta y\to 0}\frac{f(x_0,y_0+\Delta y)-f(x_0,y_0)}{\Delta y}. \tag{10.5}$$

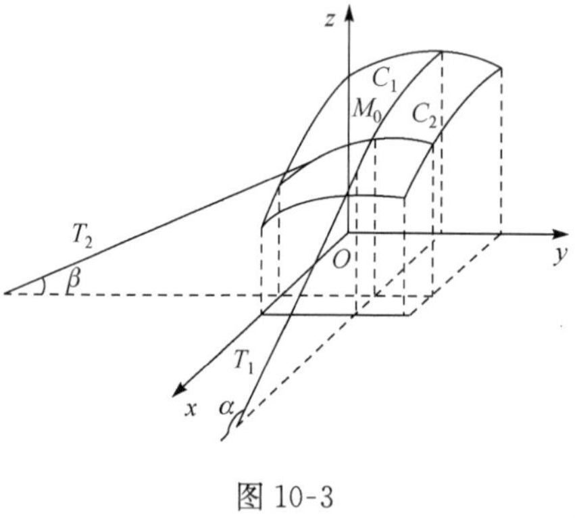

图 10-3

二元函数 $z=f(x,y)$ 在点 (x_0,y_0) 处关于 x 的偏导数 $f_x(x_0,y_0)$ 的几何意义是曲面 $z=f(x,y)$ 与平面 $y=y_0$ 的交线 C_1 在点 $M_0(x_0,y_0,f(x_0,y_0))$ 处的切线 M_0T_1 与 x 轴正向所成的倾斜角 α 的正切 $\tan\alpha$(图 10-3). 同理，偏导数 $f_x(x_0,y_0)$ 的几何意义是 $z=f(x,y)$ 与平面 $x=x_0$ 的交线 C_2 在点 $M_0(x_0,y_0,f(x_0,y_0))$ 处的切线 M_0T_2 与 y 轴正向所成的倾斜角 β 的正切 $\tan\beta$.

若函数 $z=f(x,y)$ 在区域 D 上每一点 (x,y) 都存在对 x(或对 y)的偏导数，则可得到函数 $z=f(x,y)$ 在区域 D 上对 x(或对 y)的**偏导函数**(也简称**偏导数**)，并使用如下的记号：

$$z_x,f_x,f_x(x,y) \quad 或 \quad \frac{\partial z}{\partial x}\left(z_y,f_y,f_y(x,y)或\frac{\partial z}{\partial y}\right),$$

$$f_x(x,y)=\lim_{\Delta x\to 0}\frac{f(x+\Delta x,y)-f(x,y)}{\Delta x},\tag{10.6}$$

$$f_y(x,y)=\lim_{\Delta y\to 0}\frac{f(x,y+\Delta y)-f(x,y)}{\Delta y}.\tag{10.7}$$

注 10.3　偏导数算符$\frac{\partial}{\partial x}$和$\frac{\partial}{\partial x}$与一元函数的导数符号$\frac{\mathrm{d}}{\mathrm{d}x}$相仿，但又有差别.

注 10.4　偏导数的概念可以推广到一般多元函数. 以三元函数 $u=f(x,y,z)$ 为例

$$f_x(x,y,z)=\lim_{\Delta x\to 0}\frac{f(x+\Delta x,y,z)-f(x,y,z)}{\Delta x},\tag{10.8}$$

$$f_y(x,y,z)=\lim_{\Delta x\to 0}\frac{f(x,y+\Delta y,z)-f(x,y,z)}{\Delta y},\tag{10.9}$$

$$f_z(x,y,z)=\lim_{\Delta x\to 0}\frac{f(x,y,z+\Delta z)-f(x,y,z)}{\Delta z}.\tag{10.10}$$

以上定义表明，求多元函数对某个自变量的偏导数时，将函数的其他变量视为常数，然后利用一元函数的求导法则来计算即可.

例 10.8　求 $z=x^2+3xy+y^2$ 在点(1,2)处的偏导数.

解　因为$\frac{\partial z}{\partial x}=2x+3y$，$\frac{\partial z}{\partial y}=3x+2y$，所以

$$\left.\frac{\partial z}{\partial x}\right|_{(1,2)}=8,\quad \left.\frac{\partial z}{\partial y}\right|_{(1,2)}=7.$$

例 10.9　求 $z=x^y+\ln(xy)$的偏导数.

解　$\frac{\partial z}{\partial x}=yx^{y-1}+\frac{y}{xy}=yx^{y-1}+\frac{1}{x}$，　$\frac{\partial z}{\partial y}=x^y\ln x+\frac{x}{xy}=x^y\ln x+\frac{1}{y}$.

例 10.10　求三元函数 $u=\cos(x^2-y^2-\mathrm{e}^z)$的偏导数.

解

$$\frac{\partial u}{\partial x}=-\sin(x^2-y^2-\mathrm{e}^z)\cdot 2x=-2x\sin(x^2-y^2-\mathrm{e}^z),$$

$$\frac{\partial u}{\partial y}=-\sin(x^2-y^2-\mathrm{e}^z)\cdot(-2y)=2y\sin(x^2-y^2-\mathrm{e}^z),$$

$$\frac{\partial u}{\partial z}=-\sin(x^2-y^2-\mathrm{e}^z)\cdot(-\mathrm{e}^z)=\mathrm{e}^z\sin(x^2-y^2-\mathrm{e}^z).$$

在一元函数微分学中，我们已经知道，函数如果在某个点存在导数，那么它在该点必定是连续的. **但对于多元函数而言，即使函数在某个点的各个偏导数都存在，也不能确保函数在该点连续.** 例如，二元函数

$$f(x,y)=\begin{cases}\dfrac{xy}{x^2+y^2}, & x^2+y^2\neq 0\\ 0, & x^2+y^2=0\end{cases}$$

在点(0,0)处的偏导数

$$f_x(0,0)=\lim_{\Delta x\to 0}\frac{f(0+\Delta x,0)-f(0,0)}{\Delta x}=\lim_{\Delta x\to 0}\frac{0}{\Delta x}=0,$$

$$f_y(0,0)=\lim_{\Delta x\to 0}\frac{f(0,0+\Delta y)-f(0,0)}{\Delta y}=\lim_{\Delta x\to 0}\frac{0}{\Delta y}=0.$$

但由例 10.4 知,此函数在(0,0)点的极限不存在,从而在点(0,0)处不连续.

10.2.2 高阶偏导数

由于 $z=f(x,y)$ 的偏导数 $f_x(x,y)$ 和 $f_y(x,y)$ 仍是关于自变量 x 和 y 的二元函数,如果它们关于 x 和 y 的偏导数也存在,则称二元函数 $z=f(x,y)$ 具有二阶偏导数. 二元函数的二阶偏导数有如下四种情形

$$\frac{\partial}{\partial x}\left(\frac{\partial z}{\partial x}\right)=\frac{\partial^2 z}{\partial x^2}=f_{xx}(x,y),\quad \frac{\partial}{\partial y}\left(\frac{\partial z}{\partial x}\right)=\frac{\partial^2 z}{\partial x\partial y}=f_{xy}(x,y),$$

$$\frac{\partial}{\partial x}\left(\frac{\partial z}{\partial y}\right)=\frac{\partial^2 z}{\partial y\partial x}=f_{yx}(x,y),\quad \frac{\partial}{\partial y}\left(\frac{\partial z}{\partial y}\right)=\frac{\partial^2 z}{\partial y^2}=f_{yy}(x,y).$$

类似地可定义更高阶的偏导数,如 $z=f(x,y)$ 的三阶偏导数共有八种情形

$$\frac{\partial}{\partial x}\left(\frac{\partial^2 z}{\partial x^2}\right)=\frac{\partial^3 z}{\partial x^3}=f_{x^3}(x,y),\quad \frac{\partial}{\partial y}\left(\frac{\partial^2 z}{\partial x^2}\right)=\frac{\partial^3 z}{\partial x^2\partial y}=f_{x^2y}(x,y),\cdots\cdots$$

例 10.11 求 $z=x^3y^2-2xy^3-xy-3$ 的二阶偏导数.

解 因为 $\frac{\partial z}{\partial x}=3x^2y^2-2y^3-y$,$\frac{\partial z}{\partial y}=2x^3y-6xy-x$,所以

$$\frac{\partial^2 z}{\partial x^2}=6xy^2,\quad \frac{\partial^2 z}{\partial x\partial y}=6x^2y-6y^2-1,$$

$$\frac{\partial^2 z}{\partial y\partial x}=6x^2y-6y^2-1,\quad \frac{\partial^2 z}{\partial y^2}=2x^3-12xy.$$

例 10.12 求 $z=\arctan\frac{y}{x}$ 的二阶偏导数.

解 因为 $\frac{\partial z}{\partial x}=\frac{-y}{x^2+y^2}$,$\frac{\partial z}{\partial y}=\frac{x}{x^2+y^2}$,所以

$$\frac{\partial^2 z}{\partial x^2}=\frac{\partial}{\partial x}\left(\frac{-y}{x^2+y^2}\right)=\frac{2xy}{(x^2+y^2)^2},\quad \frac{\partial^2 z}{\partial x\partial y}=\frac{\partial}{\partial y}\left(\frac{-y}{x^2+y^2}\right)=-\frac{x^2-y^2}{(x^2+y^2)^2},$$

$$\frac{\partial^2 z}{\partial y\partial x}=\frac{\partial}{\partial x}\left(\frac{x}{x^2+y^2}\right)=-\frac{x^2-y^2}{(x^2+y^2)^2},\quad \frac{\partial^2 z}{\partial y^2}=\frac{\partial}{\partial y}\left(\frac{x}{x^2+y^2}\right)=\frac{-2xy}{(x^2+y^2)^2}.$$

需要注意,上面的两个例子中都有 $\frac{\partial^2 z}{\partial x\partial y}=\frac{\partial^2 z}{\partial y\partial x}$,这种不同顺序的两个混合偏导数一般是不相等的,要相等需要满足一定的条件.

定理 10.3　如果函数 $z=f(x,y)$ 的两个二阶混合偏导数 $\frac{\partial^2 z}{\partial x\partial y}$ 和 $\frac{\partial^2 z}{\partial y\partial x}$ 在区域 D 内连续，则在该区域内有

$$\frac{\partial^2 z}{\partial x\partial y}=\frac{\partial^2 z}{\partial y\partial x}. \tag{10.11}$$

证明略.

定理 10.3 的结论对一般多元函数的混合偏导数也成立. 函数 $u=f(x,y,z)$ 的六个三阶混合偏导数 $f_{xyz}(x,y,z)$，$f_{yzx}(x,y,z)$，……，若在区域 D 内连续，则它们相等.

既有关于 x 又有关于 y 的高阶偏导数称为**混合偏导数**. 今后除特别指出外，都假设函数的混合偏导数连续，从而混合偏导数与求导次序无关.

10.2.3　全微分

与一元函数微分相对应，二元函数有全微分概念.

首先我们引入二元函数全增量的概念.

定义 10.6　设函数 $z=f(x,y)$ 在点 (x_0,y_0) 的某邻域内有定义，若 $(x_0+\Delta x,y_0+\Delta y)$ 在该邻域内，则称

$$\Delta z=f(x_0+\Delta x,y_0+\Delta y)-f(x_0,y_0) \tag{10.12}$$

为函数 $z=f(x,y)$ 在点 (x_0,y_0) 处关于自变量增量 Δx 和 Δy 的**全增量**.

定义 10.7　设二元函数 $z=f(x,y)$，若

$$\Delta z=f(x_0+\Delta x,y_0+\Delta y)-f(x_0,y_0)=A\Delta x+B\Delta y+o(\rho), \tag{10.13}$$

其中，A,B 是不依赖于 $\Delta x,\Delta y$ 的常数，$\rho=\sqrt{(\Delta x)^2+(\Delta y)^2}$，则称函数 $z=f(x,y)$ 在点 (x_0,y_0) 处**可微**

$$\mathrm{d}z=A\Delta x+B\Delta y, \tag{10.14}$$

称为函数 $z=f(x,y)$ 在点 (x_0,y_0) 处的**全微分**，有时也把式(10.13)写成如下等价形式

$$\Delta z=A\Delta x+B\Delta y+\alpha\Delta x+\beta\Delta y, \tag{10.15}$$

这里，$\lim\limits_{(\Delta x,\Delta y)\to(0,0)}\alpha=\lim\limits_{(\Delta x,\Delta y)\to(0,0)}\beta=0$.

例 10.13　考察函数 $z=f(x,y)=xy$ 在点 (x_0,y_0) 处的可微性.

解　在点 (x_0,y_0) 处函数 f 的全增量为

$$\Delta z=(x_0+\Delta x)(y_0+\Delta y)-x_0y_0=y_0\Delta x+x_0\Delta y+\Delta x\Delta y.$$

下面验证 $\Delta x\Delta y=o(\rho)$. 事实上，当 $\rho\to 0$，即 $(\Delta x,\Delta y)\to(0,0)$ 时，

$$\left|\frac{\Delta x\Delta y}{\rho}\right|=\frac{|\Delta x||\Delta y|}{(\Delta x)^2+(\Delta y)^2}\rho\leqslant\frac{\rho}{2}\to 0,$$

因此，$\Delta x\Delta y=o(\rho)$. 故由全微分的定义，f 在点 (x_0,y_0) 可微，且

$$dz=y_0\Delta x+x_0\Delta y.$$

下面,我们根据全微分和偏导数的定义来讨论函数可微性的条件.

定理 10.4(可微的必要条件) 若二元函数 $z=f(x,y)$ 在点 (x_0,y_0) 处可微,则该函数在点 (x_0,y_0) 处关于每个自变量的偏导数都存在,且式(10.14)中的

$$A=f_x(x_0,y_0),\quad B=f_y(x_0,y_0).$$

证 由条件 $z=f(x,y)$ 在点 (x_0,y_0) 处可微,则对于 (x_0,y_0) 某个邻域中的任意一点 $(x_0+\Delta x,y_0+\Delta y)$,恒有

$$\Delta z=f(x_0+\Delta x,y_0+\Delta y)-f(x_0,y_0)=A\Delta x+B\Delta y+o(\rho)$$

成立. 特别地,当 $\Delta y=0$ 时,上式也成立(此时,$\rho=\sqrt{(\Delta x)^2}=|\Delta x|$),从而有

$$f(x_0+\Delta x,y_0)-f(x_0,y_0)=A\Delta x+o(|\Delta x|).$$

当 $\Delta x\neq 0$ 时,上面的等式两边同除以 Δx,并令 $\Delta x\to 0$ 则有

$$f_x(x_0,y_0)=\lim_{\Delta x\to 0}\frac{f(x_0+\Delta x,y_0)-f(x_0,y_0)}{\Delta x}=\lim_{\Delta x\to 0}\left(A+\frac{o(|\Delta x|)}{\Delta x}\right)=A,$$

同理可证,$B=f_y(x_0,y_0)$.

定理 10.4 表明,若二元函数 $z=f(x,y)$ 在点 (x_0,y_0) 处可微,则该函数在点 (x_0,y_0) 处的全微分可唯一地表示为

$$dz=f_x(x_0,y_0)\Delta x+f_y(x_0,y_0)\Delta y.$$

若函数 $f(x,y)$ 在区域 D 上每一点 (x,y) 都可微,则称函数 $f(x,y)$ 在区域 D 上可微,且在区域 D 上的全微分为

$$dz=f_x(x,y)\Delta x+f_y(x,y)\Delta y.$$

需要注意的是,对于多元函数而言,偏导数即使存在,函数也不一定可微(但对于一元函数来说,函数可微与导数存在是等价的). 例如,二元函数

$$f(x,y)=\begin{cases}\dfrac{xy}{\sqrt{x^2+y^2}}, & x^2+y^2\neq 0\\ 0, & x^2+y^2=0\end{cases}$$

在点(0,0)处,$f_x(0,0)=f_y(0,0)=0$.

假设该函数在点(0,0)处可微,由二元函数可微的定义,则

$\Delta z-dz=f(0+\Delta x,0)-f(0,0)-f_x(0,0)\Delta x-f_y(0,0)\Delta x=\dfrac{\Delta x\Delta y}{\sqrt{(\Delta x)^2+(\Delta y)^2}}$ 是 $\rho=\sqrt{(\Delta x)^2+(\Delta y)^2}$ 的高阶无穷小量.

但是,由例 10.4 知

$$\lim_{(\Delta x,\Delta y)\to(0,0)}\frac{\Delta z-dz}{\rho}=\lim_{(\Delta x,\Delta y)\to(0,0)}\frac{\Delta x\Delta y}{(\Delta x)^2+(\Delta y)^2}$$

不存在,从而该函数在点(0,0)不可微.

但如果对函数偏导数附加一些条件,就可以保证函数的可微性.

定理 10.5(可微的充分条件)　若二元函数 $z=f(x,y)$ 的偏导数在点 (x_0,y_0) 的某个邻域内存在,且 f_x 和 f_y 在点 (x_0,y_0) 处连续,则函数 $z=f(x,y)$ 在点 (x_0,y_0) 可微.

证明略.

特别地,考察函数 $f(x,y)=x$ 和 $f(x,y)=y$ 的全微分,则有

$$\Delta x=\mathrm{d}x,\quad \Delta y=\mathrm{d}y,$$

因此,也经常使用记法

$$\mathrm{d}z=z_x\mathrm{d}x+z_y\mathrm{d}y=f_x(x,y)\mathrm{d}x+f_y(x,y)\mathrm{d}y. \tag{10.16}$$

例 10.14　求函数 $z=4xy^3+5x^2y^6$ 的全微分.

解　由于 $\frac{\partial z}{\partial x}=4y^3+10xy^6$, $\frac{\partial z}{\partial y}=12xy^2+30x^2y^5$ 连续,所以

$$\mathrm{d}z=\frac{\partial z}{\partial x}\mathrm{d}x+\frac{\partial z}{\partial y}\mathrm{d}y=(4y^3+10xy^6)\mathrm{d}x+(12xy^2+30x^2y^5)\mathrm{d}y.$$

注意到初等函数的连续性,初等函数的偏导数仍是初等函数,所以在求全微分或混合偏导时就不强调连续性了.

例 10.15　求函数 $z=x^y$ 在点(2,1)处的全微分.

解　由于 $\frac{\partial z}{\partial x}=yx^{y-1}$, $\frac{\partial z}{\partial y}=x^y\ln x$,且 $\left.\frac{\partial z}{\partial x}\right|_{(2,1)}=1$, $\left.\frac{\partial z}{\partial y}\right|_{(2,1)}=2\ln 2$,

所以,要求的全微分为

$$\mathrm{d}z=\mathrm{d}x+2\ln 2\mathrm{d}y.$$

上述定理 10.4 和定理 10.5 关于二元函数全微分的充分和必要条件可以类似地推广到一般多元函数上. 例如,函数 $u=f(x,y,z)$ 的全微分可表示为

$$\mathrm{d}u=\frac{\partial u}{\partial x}\mathrm{d}x+\frac{\partial u}{\partial y}\mathrm{d}y+\frac{\partial u}{\partial z}\mathrm{d}z.$$

例 10.16　求函数 $u=x+\sin\frac{y}{2}+\mathrm{e}^{yz}$ 的全微分.

解　$\mathrm{d}z=u_x\mathrm{d}x+u_y\mathrm{d}y+u_z\mathrm{d}z=\mathrm{d}x+\left(\frac{1}{2}\cos\frac{y}{2}+z\mathrm{e}^{yz}\right)\mathrm{d}y+y\mathrm{e}^{yz}\mathrm{d}z.$

10.2.4　全微分的应用

函数 $z=f(x,y)$ 在点 (x_0,y_0) 处可微,则

$$\Delta z=f(x_0+\Delta x,y_0+\Delta y)-f(x_0,y_0)=f_x(x_0,y_0)\Delta x+f_y(x_0,y_0)\Delta y+o(\rho).$$

其中,$\rho=\sqrt{(\Delta x)^2+(\Delta y)^2}$. 当 $|\Delta x|$ 和 $|\Delta y|$ 充分小时有 $\Delta z\approx\mathrm{d}z$,并且还有

$$f(x,y)\approx f(x_0,y_0)+f_x(x_0,y_0)(x-x_0)+f_y(x_0,y_0)(y-y_0). \tag{10.17}$$

式(10.17)称为二元函数的**线性逼近公式**.

例 10.17 求 $1.08^{3.96}$ 的近似值.

解 设 $f(x,y)=x^y$,由式(10.17)有

$$\begin{aligned}1.08^{3.96}&=f(1+0.08,4-0.04)\\&\approx f(1,4)+f_x(1,4)\cdot 0.08+f_y(1,4)\cdot(-0.04)=\cdots=1.32.\end{aligned}$$

例 10.18 现测得某三角形的两边和一夹角,$a=12.50$,$b=8.30$,$C=30°$.若测量 a,b 的误差为 ± 0.01,C 的误差为 $\pm 0.1°$,求应用公式 $S=\frac{1}{2}ab\sin C$ 计算三角形面积时的绝对误差限和相对误差限.

解 由题设,测量中 a,b,C 的绝对误差限分别为

$$|\Delta a|=0.01,\quad |\Delta b|=0.01,\quad |\Delta C|=0.1°=\frac{\pi}{1800}.$$

由于

$$\begin{aligned}|\Delta S|\approx|\mathrm{d}S|&=\left|\frac{\partial S}{\partial a}\Delta a+\frac{\partial S}{\partial b}\Delta b+\frac{\partial S}{\partial C}\Delta C\right|\leqslant\left|\frac{\partial S}{\partial a}\right||\Delta a|+\left|\frac{\partial S}{\partial b}\right||\Delta b|+\left|\frac{\partial S}{\partial C}\right||\Delta C|\\&=\frac{1}{2}|b\sin C||\Delta a|+\frac{1}{2}|a\sin C||\Delta b|+\frac{1}{2}|ab\cos C||\Delta C|.\end{aligned}$$

将已知数据代入上式,可得到 S 的**绝对误差限**为

$$|\Delta S|\approx 0.13.$$

因为 $S=\frac{1}{2}ab\sin C=\frac{1}{2}\cdot 12.50\cdot 8.30\cdot\frac{1}{2}\approx 25.94$,所以 S 的**相对误差**为

$$\left|\frac{\Delta S}{S}\right|\approx\frac{0.13}{25.94}\approx 0.5\%.$$

习 题 10.2

1. 求下列函数的偏导数:

(1) $z=x^2y$; (2) $z=y\cos x$; (3) $z=\frac{1}{\sqrt{x^2+y^2}}$;

(4) $z=\ln(x+y^2)$; (5) $z=e^{xy}$; (6) $z=xye^{\sin(xy)}$;

(7) $u=\frac{y}{x}+\frac{z}{y}-\frac{x}{z}$; (8) $u=(xy)^z$; (9) $u=x^{y^z}$.

2. 设 $f(x,y)=x+(y-1)\arcsin\sqrt{\frac{x}{y}}$,求 $f_x(x,1)$.

3. 设 $f(x,y)=\begin{cases}y\sin\frac{1}{x^2+y^2}, & x^2+y^2\neq 0,\\ 0, & x^2+y^2=0,\end{cases}$ 考察函数 f 在(0,0)的偏导数.

4. 求下列函数的所有二阶偏导数：

(1) $z=e^{x+2y}$；　(2) $z=x^2ye^y$；　(3) $z=\dfrac{\cos x^2}{y}$.

5. 求下列函数的全微分：

(1) $z=3x^2y+\dfrac{x}{y}$；　(2) $z=\sin(x\cos y)$；　(3) $u=x^{yz}$.

6. 设 $u=\left(\dfrac{x}{y}\right)^{\frac{1}{z}}$，求 $du|_{(1,1,1)}$.

7. 计算 $(1.04)^{2.02}$ 的近似值.

8. 计算 $\sqrt{1.02^3+1.97^3}$ 的近似值.

*10.3　方向导数与梯度

10.3.1　方向导数

偏导数反映了函数沿坐标轴的变化率，但在实际中，只考虑函数沿坐标轴的变化率是不够的. 例如，热空气总是向冷的地方流动，在气象学中就要确定大气温度、气压沿着某些特定方向的变化率，从数学的角度就是要考虑函数沿任一指定方向的变化率的问题. 下面我们主要以三元函数为例讨论这一问题.

定义 10.8　设三元函数 $f(x,y,z)$ 在点 $P_0(x_0,y_0,z_0)$ 的某邻域 $U(P_0)$ 内有定义，$\vec{l}$ 为从点 M 出发的射线，$P(x,y,z)$ 为 $\vec{l}$ 上且包含在 $U(P_0)$ 内的任一点. 记 ρ 为 P 与 P_0 之间的距离. 若极限

$$\lim_{\rho\to 0}\frac{f(P)-f(P_0)}{\rho}=\lim_{\rho\to 0}\frac{f(x,y,z)-f(x_0,y_0,z_0)}{\rho}\tag{10.18}$$

存在，则称此极限为函数 f 在点 P_0 沿方向 $\vec{l}$ 的**方向导数**，记作

$$\left.\frac{\partial f}{\partial \vec{l}}\right|_{P_0},\ \left.\frac{\partial f}{\partial \vec{l}}\right|_{(x_0,y_0,z_0)},\ f_{\vec{l}}(P_0),\quad 或\quad f_{\vec{l}}(x_0,y_0,z_0).$$

由此定义，若 f 在点 P_0 存在关于 x 的偏导数，则 f 在点 P_0 沿 x 轴**正向**的方向导数为

$$\left.\frac{\partial f}{\partial \vec{l}}\right|_{(x_0,y_0,z_0)}=\left.\frac{\partial f}{\partial x}\right|_{(x_0,y_0,z_0)}.$$

当 f 在点 P_0 沿 x 轴**负向**时，则有

$$\left.\frac{\partial f}{\partial \vec{l}}\right|_{(x_0,y_0,z_0)}=-\left.\frac{\partial f}{\partial x}\right|_{(x_0,y_0,z_0)}.$$

函数沿任一方向的方向导数与偏导数之间的关系则由下面的定理给出.

定理 10.6　若函数 f 在点 $P_0(x_0,y_0,z_0)$ 可微，则 f 在点 P_0 处沿任一方向 $\vec{l}$

的方向导数都存在,且

$$f_{\vec{l}}(P_0)=f_x(P_0)\cos\alpha+f_y(P_0)\cos\beta+f_z(P_0)\cos\gamma \tag{10.19}$$

其中,$\cos\alpha,\cos\beta,\cos\gamma$ 为方向 $\vec{l}$ 的方向余弦.

证明略.

注 10.5 对于二元函数 $f(x,y)$ 而言,相应于定理 10.6 的结果则是

$$f_{\vec{l}}(x_0,y_0)=f_x(x_0,y_0)\cos\alpha+f_y(x_0,y_0)\cos\beta,$$

其中,α,β 为平面向量 $\vec{l}$ 与坐标轴正向的夹角(即方向角).

例 10.19 设 $f(x,y,z)=x+y^2+z^3$,求 f 在点(1,1,1)沿方向 $\vec{l}=(2,-2,1)$ 的方向导数.

解 由所给函数 f 得,$f_x=1,f_y=2y,f_z=3z^2$. 因此,f 在点(1,1,1)处可微,且 $f_x(1,1,1)=1,f_y(1,1,1)=2,f_z(1,1,1)=3$. 方向 $\vec{l}$ 的方向余弦为

$$\cos\alpha=\frac{2}{\sqrt{2^2+(-2)^2+1^2}}=\frac{2}{3},$$

$$\cos\beta=\frac{-2}{\sqrt{2^2+(-2)^2+1^2}}=-\frac{2}{3},$$

$$\cos\gamma=\frac{1}{\sqrt{2^2+(-2)^2+1^2}}=\frac{1}{3}.$$

所求的方向导数为

$$f_{\vec{l}}(1,1,1)=1\cdot\frac{2}{3}+2\left(-\frac{2}{3}\right)+3\cdot\frac{1}{3}=\frac{1}{3}.$$

10.3.2 梯度

定义 10.9 若函数 $f(x,y,z)$ 在点 $P_0(x_0,y_0,z_0)$ 对所有自变量的偏导数都存在,则称向量 $(f_x(P_0),f_y(P_0),f_z(P_0))$ 为函数 f 在点 P_0 的梯度,记作①

$$\mathrm{grad}f(P_0)=(f_x(P_0),f_y(P_0),f_z(P_0)). \tag{10.20}$$

向量 $\mathrm{grad}f(P_0)$ 的长度(或模)为

$$|\mathrm{grad}f(P_0)|=\sqrt{f_x(P_0)^2+f_y(P_0)^2+f_z(P_0)^2}. \tag{10.21}$$

在定理 10.6 的条件下,若记方向 $\vec{l}$ 上的单位向量为

$$\vec{l}_0=(\cos\alpha,\cos\beta,\cos\gamma),$$

则方向导数公式(10.19)又可改写为

$$f_{\vec{l}}(P_0)=\mathrm{grad}f(P_0)\cdot\vec{l}_0=|\mathrm{grad}f(P_0)|\cos\theta,$$

其中,θ 是梯度向量 $\mathrm{grad}f(P_0)$ 与 $\vec{l}_0$ 的夹角.

---

① grad 是英文 gradient(梯度)的缩写.

由此可见，当 $\theta=0$ 时，方向导数 $f_{\vec{l}}(P_0)$ 取得最大值 $|\mathrm{grad}f(P_0)|$. 也就是说，当 f 在点 P_0 可微时，f 在点 P_0 的梯度方向是 f 的值增长最快的方向，且沿这一方向的变化率就是梯度的模；而与梯度向量反方向（即 $\theta=\pi$）时，方向导数取得最小值 $-|\mathrm{grad}f(P_0)|$.

例 10.20 设 $f(x,y,z)=xy^2+yz^3$，求 f 在点 $P_0(2,-1,1)$ 处的梯度及它的模.

解 由于 $f_x=y^2$，$f_y=2xy+z^3$，$f_z=3yz^2$，故在点 P_0 处

$$f_x(P_0)=1,\quad f_y(P_0)=-3,\quad f_z(P_0)=-3.$$

因此

$$\mathrm{grad}f(P_0)=(1,-3,-3),$$

$$|\mathrm{grad}f(P_0)|=\sqrt{1^2+(-3)^2+(-3)^2}=\sqrt{19}.$$

习 题 10.3

1. 求函数 $u=xy^2+z^3-xyz$ 在点 $(1,1,2)$ 处沿方向 $\vec{l}$（其方向角分别为 $\frac{\pi}{3},\frac{\pi}{4},\frac{\pi}{3}$）的方向导数.

2. 求函数 $u=xyz$ 在点 $A(5,1,2)$ 处沿到点 $B(9,4,14)$ 的方向 $\overrightarrow{AB}$ 上的方向导数.

3. 设函数 $u=\frac{z^2}{c^2}-\frac{x^2}{a^2}-\frac{y^2}{b^2}$，求它在点 (a,b,c) 的梯度.

10.4 复合函数和隐函数的微分法

10.4.1 复合函数的微分法

在一元复合函数求导法则中，有所谓的“链式法则”，这一法则可以推广到多元复合函数的情形. 下面分几种情况来讨论.

(1) $z=f(u,v)$，$u=u(t)$，$v=v(t)$ **的情形.**

设函数 $z=f(u,v)$，$u=u(t)$，$v=v(t)$ 构成复合函数

$$z=f(u(t),v(t)),$$

如图 10-4 所示是多元复合函数涉及变量层次关系的一种图示.

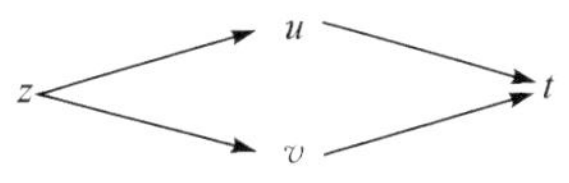

图 10-4

定理 10.7 设函数 $u=u(t)$ 及 $v=v(t)$ 在点 t 处可导，函数 $z=f(u,v)$ 在相应的点 $(u,v)=(u(t),v(t))$ 具有连续的偏导数，则 $z=f(u(t),v(t))$ 在点 t 处可导，且

$$\frac{\mathrm{d}z}{\mathrm{d}t}=\frac{\partial z}{\partial u}\frac{\mathrm{d}u}{\mathrm{d}t}+\frac{\partial z}{\partial v}\frac{\mathrm{d}v}{\mathrm{d}t}. \tag{10.22}$$

证 因为 $z=f(u,v)$ 在点 (u,v) 处具有连续的偏导数，于是 $z=f(u,v)$ 在点 (u,v) 可微，且

$$\Delta z=\frac{\partial z}{\partial u}\Delta u+\frac{\partial z}{\partial v}\Delta v+\alpha\Delta u+\beta\Delta v,$$

其中，$\lim\limits_{(\Delta u,\Delta v)\to(0,0)}\alpha=\lim\limits_{(\Delta u,\Delta v)\to(0,0)}\beta=0$. 所以，在上式两端同除以 Δt，并令 $\Delta t\to 0$ 有

$$\frac{\mathrm{d}z}{\mathrm{d}t}=\lim_{\Delta t\to 0}\frac{\Delta z}{\Delta t}=\frac{\partial z}{\partial u}\left(\lim_{\Delta t\to 0}\frac{\Delta u}{\Delta t}\right)+\frac{\partial z}{\partial v}\left(\lim_{\Delta t\to 0}\frac{\Delta v}{\Delta t}\right)=\frac{\partial z}{\partial u}\frac{\mathrm{d}u}{\mathrm{d}t}+\frac{\partial z}{\partial v}\frac{\mathrm{d}v}{\mathrm{d}t}.$$

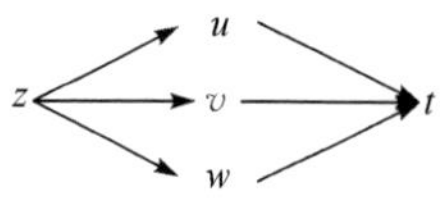

图 10-5

定理 10.7 的结论可推广到多个中间变量的情形.

如图 10-5 所示，函数 $z=f(u,v,w)=f(u(t),v(t),w(t))$ 在满足相类似的条件下有

$$\frac{\mathrm{d}z}{\mathrm{d}t}=\frac{\partial z}{\partial u}\frac{\mathrm{d}u}{\mathrm{d}t}+\frac{\partial z}{\partial v}\frac{\mathrm{d}v}{\mathrm{d}t}+\frac{\partial z}{\partial w}\frac{\mathrm{d}w}{\mathrm{d}t}. \tag{10.23}$$

式(10.22)和式(10.23)中的导数称为**全导数**.

(2) $z=f(u,v)$，$u=u(x,y)$，$v=v(x,y)$ **的情形.**

定理 10.8 设函数 $u=u(x,y)$ 及 $v=v(x,y)$ 在点 (x,y) 处具有对 x,y 的偏导数，函数 $z=f(u,v)$ 在相应地点 $(u,v)=(u(x,y),v(x,y))$ 具有连续的偏导数，则复合函数 $z=f(u(x,y),v(x,y))$ 在点 (x,y) 处两个偏导数存在，且

$$\frac{\partial z}{\partial x}=\frac{\partial z}{\partial u}\frac{\partial u}{\partial x}+\frac{\partial z}{\partial v}\frac{\partial v}{\partial x},\quad \frac{\partial z}{\partial y}=\frac{\partial z}{\partial u}\frac{\partial u}{\partial y}+\frac{\partial z}{\partial v}\frac{\partial v}{\partial y}. \tag{10.24}$$

证明略.

定理 10.8 的结论可推广到多个中间变量的情形.

如图 10-6 所示，函数 $z=f(u,v,w)=f(u(x,y),v(x,y),w(x,y))$ 在满足类似条件下有

$$\begin{cases}\dfrac{\partial z}{\partial x}=\dfrac{\partial z}{\partial u}\dfrac{\partial u}{\partial x}+\dfrac{\partial z}{\partial v}\dfrac{\partial v}{\partial x}+\dfrac{\partial z}{\partial w}\dfrac{\partial w}{\partial x},\\[2ex] \dfrac{\partial z}{\partial y}=\dfrac{\partial z}{\partial u}\dfrac{\partial u}{\partial y}+\dfrac{\partial z}{\partial v}\dfrac{\partial v}{\partial y}+\dfrac{\partial z}{\partial w}\dfrac{\partial w}{\partial y}.\end{cases} \tag{10.25}$$

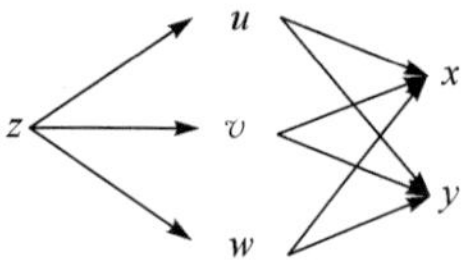

图 10-6

定理 10.8 特例，$z=f(u,v)=f(u(x,y),v(y))$ 时有

$$\frac{\partial z}{\partial x}=\frac{\partial z}{\partial u}\frac{\partial u}{\partial x},\quad \frac{\partial z}{\partial y}=\frac{\partial z}{\partial u}\frac{\partial u}{\partial y}+\frac{\partial z}{\partial v}\frac{\mathrm{d}v}{\mathrm{d}y}. \tag{10.26}$$

(3) $z=f(u,x,y)$，$u=u(x,y)$ **的情形.**

如图 10-7 所示，$z=f(u(x,y),x,y)$，此类情形有

$$\begin{cases}\dfrac{\partial z}{\partial x}=\dfrac{\partial z}{\partial u}\dfrac{\partial u}{\partial x}+\dfrac{\partial f}{\partial x},\\ \dfrac{\partial z}{\partial y}=\dfrac{\partial z}{\partial u}\dfrac{\partial u}{\partial y}+\dfrac{\partial f}{\partial y}.\end{cases}\qquad(10.27)$$

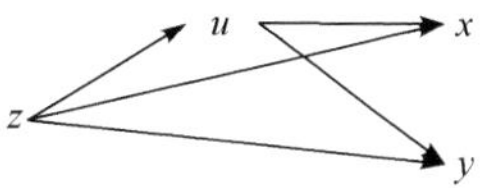

图 10-7

注 10.6　这里$\dfrac{\partial z}{\partial x}$与$\dfrac{\partial f}{\partial x}$是不同的，$\dfrac{\partial z}{\partial x}$是把复合函数 $z=f(u(x,y),x,y)$ 中的 y 视为常数对 x 求偏导数，$\dfrac{\partial f}{\partial x}$是把函数 $z=f(u(x,y),x,y)$（作为 u,x,y 的三元函数）中的 u 和 y 视为常数求 x 的偏导数. $\dfrac{\partial z}{\partial y}$与$\dfrac{\partial f}{\partial y}$也有类似的区别.

例 10.21　设 $z=x^{xy}$，求偏导数$\dfrac{\partial z}{\partial x}$，$\dfrac{\partial z}{\partial y}$.

解　设 $u=x,v=xy$ 则 $z=u^v$，

$$\begin{aligned}\frac{\partial z}{\partial x}&=z_u u_x+z_v v_x=vu^{v-1}+yu^v\ln u=xyx^{xy-1}+yx^{xy}\ln x\\&=yx^{xy}(1+\ln x)=yz(1+\ln x),\end{aligned}$$

$$\frac{\partial z}{\partial y}=z_u u_y+z_v v_y=xu^v\ln u=xz\ln x.$$

例 10.22　设 $z=\mathrm{e}^u\sin v,u=xy,v=x+y$，求$\dfrac{\partial z}{\partial x}$和$\dfrac{\partial z}{\partial y}$.

解　$$\frac{\partial z}{\partial x}=\frac{\partial z}{\partial u}\cdot\frac{\partial u}{\partial x}+\frac{\partial z}{\partial v}\cdot\frac{\partial v}{\partial x}=\mathrm{e}^u\sin v\cdot y+\mathrm{e}^u\cos v=\mathrm{e}^{xy}[y\sin(x+y)+\cos(x+y)],$$

$$\frac{\partial z}{\partial y}=\frac{\partial z}{\partial u}\cdot\frac{\partial u}{\partial y}+\frac{\partial z}{\partial v}\cdot\frac{\partial v}{\partial y}=\mathrm{e}^u\sin v\cdot x+\mathrm{e}^u\cos v=\mathrm{e}^{xy}[x\sin(x+y)+\cos(x+y)].$$

例 10.23　设 $z=uv+\sin t$，而 $u=\mathrm{e}^t,v=\cos t$，求全导数$\dfrac{\mathrm{d}z}{\mathrm{d}t}$.

解　$$\begin{aligned}\frac{\mathrm{d}z}{\mathrm{d}t}&=\frac{\partial z}{\partial u}\cdot\frac{\mathrm{d}u}{\mathrm{d}t}+\frac{\partial z}{\partial v}\cdot\frac{\mathrm{d}v}{\mathrm{d}t}+\frac{\partial z}{\partial t}=v\mathrm{e}^t-u\sin t+\cos t\\&=\mathrm{e}^t\cos t-\mathrm{e}^t\sin t+\cos t=\mathrm{e}^t(\cos t-\sin t)+\cos t\end{aligned}$$

以后，在多元复合函数的求导中，为简便起见，常采用如下的记号：

$$f'_1=f_u(u,v),\quad f'_2=f_v(u,v),\quad f''_{12}=f_{uv}(u,v),\quad f''_{11}=f_{uu}(u,v)\frac{\partial^2}{\partial u^2},\cdots\cdots$$

这里，下标 1 表示对第一个变量 u 求偏导数，下标 2 表示对第二个变量 v 求偏导数.

***例 10.24**　设 $w=f(x+y+z,xyz)$，f 具有二阶连续偏导数，求$\dfrac{\partial w}{\partial x}$及$\dfrac{\partial^2 w}{\partial x\partial z}$.

解　令 $u=x+y+z,v=xyz$，则

$$\frac{\partial w}{\partial x}=f'_1\cdot\frac{\partial u}{\partial x}+f'_2\cdot\frac{\partial v}{\partial x}=f'_1+yzf'_2,$$

$$\begin{aligned}\frac{\partial^2 w}{\partial x\partial z}&=\frac{\partial}{\partial z}(f'_1+yzf'_2)=\left(f''_{11}\frac{\partial u}{\partial z}+f''_{12}\frac{\partial v}{\partial z}\right)+\left[yf'_2+yz\left(f''_{21}\frac{\partial u}{\partial z}+f''_{22}\frac{\partial v}{\partial z}\right)\right]\\&=(f''_{11}+xyf''_{12})+[yf'_2+yz(f''_{21}+xyf''_{22})]\\&=f''_{11}+y(x+z)f''_{12}+xy^2zf''_{22}+yf'_2.\end{aligned}$$

注 10.7　这里 $f'_1, f'_2 f''_{11}, f''_{12}$ 都是中间变量 u, v 的函数.

10.4.2　全微分形式不变性

设 $z=f(u,v)$ 是可微函数，由全微分的定义，有

$$dz=\frac{\partial z}{\partial u}du+\frac{\partial z}{\partial v}dv.$$

如果 $z=f(u,v)$，$u=\varphi(x,y)$，$v=\psi(x,y)$ 都是可微函数，由全微分的定义和多元复合函数的求导法，有

$$\begin{aligned}dz&=\frac{\partial z}{\partial x}dx+\frac{\partial z}{\partial y}dy=\left(\frac{\partial z}{\partial u}\frac{\partial u}{\partial x}+\frac{\partial z}{\partial v}\frac{\partial v}{\partial x}\right)dx+\left(\frac{\partial z}{\partial u}\frac{\partial u}{\partial y}+\frac{\partial z}{\partial v}\frac{\partial v}{\partial y}\right)dy\\&=\frac{\partial z}{\partial u}\left(\frac{\partial u}{\partial x}dx+\frac{\partial u}{\partial y}dy\right)+\frac{\partial z}{\partial v}\left(\frac{\partial v}{\partial x}dx+\frac{\partial v}{\partial y}dy\right)\\&=\frac{\partial z}{\partial u}du+\frac{\partial z}{\partial v}dv.\end{aligned}$$

由此可见，无论 z 是**自变量** u, v 的函数或者是**中间变量** u, v 的函数，它的全微分形式都可写成一样的形式 $\frac{\partial z}{\partial u}du+\frac{\partial z}{\partial v}dv$. 这个性质称为**全微分形式不变性**.

例 10.25　设 $z=e^u\sin v$，$u=xy$，$v=x+y$，利用全微分形式不变性求全微分.

解　由全微分形式不变性有

$$dz=\frac{\partial z}{\partial u}du+\frac{\partial z}{\partial v}dv=e^u\sin v\,du+e^u\cos v\,dv,$$

而 $du=d(xy)=y\,dx+x\,dy$，$dv=d(x+y)=dx+dy$. 于是

$$dz=(e^u\sin v\cdot y+e^u\cos v)dx+(e^u\sin v\cdot x+e^u\cos v)dy,$$

所以

$$dz=e^{xy}[y\sin(x+y)+\cos(x+y)]dx+e^{xy}[x\sin(x+y)+\cos(x+y)]dy.$$

10.4.3　隐函数微分法

在 3.3 节中，我们已提出了隐函数的概念，并且指出了不经过显化直接由方程

$$F(x,y)=0$$

求它所确定的隐函数的方法. 现在进一步从理论上说明隐函数的存在性，并根据多

元复合函数的求导法来导出隐函数的求导公式.

定理 10.9(隐函数可微性定理)　设函数 $F(x,y)$在点 $P(x_0,y_0)$的某个邻域内连续且具有一阶连续的偏导数,且 $F(x_0,y_0)=0,F_y(x_0,y_0)\neq 0$,则方程 $F(x,y)=0$ 在点 x_0 的某邻域内必能唯一确定一个连续且具有连续导数的隐函数 $y=f(x)$,满足条件 $y_0=f(x_0)$,并有

$$\frac{\mathrm{d}y}{\mathrm{d}x}=-\frac{F_x}{F_y}. \tag{10.28}$$

这里,式(10.28)就是**隐函数的求导公式.**

这个定理我们不做严格的证明,下面仅对式(10.28)进行推导.

将方程 $F(x,y)=0$ 所确定的函数 $y=f(x)$代入该方程,得

$$F(x,f(x))=0,$$

上面等式的左端可以看做是关于 x 的复合函数,利用复合函数的求导法则在上述方程两端对 x 求导,得

$$F_x+F_y\frac{\mathrm{d}y}{\mathrm{d}x}=0. \tag{10.29}$$

由于 F_y 连续,且 $F_y(x_0,y_0)\neq 0$,所以存在(x_0,y_0)的一个邻域,在这个邻域内 $F_y\neq 0$,所以

$$\frac{\mathrm{d}y}{\mathrm{d}x}=-\frac{F_x}{F_y}.$$

如果 $F(x,y)$的二阶偏导数都连续,我们可以对式(10.29)继续使用复合函数求导法,即得

$$F_{xx}+F_{xy}\frac{\mathrm{d}y}{\mathrm{d}x}+\left(F_{yx}+F_{yy}\frac{\mathrm{d}y}{\mathrm{d}x}\right)\frac{\mathrm{d}y}{\mathrm{d}x}+F_y\frac{\mathrm{d}^2y}{\mathrm{d}x^2}=0,$$

并将式(10.28)代入上式,整理后可得

$$\frac{\mathrm{d}^2y}{\mathrm{d}x^2}=-\frac{1}{F_y}\left[F_{xx}+2F_{xy}\frac{\mathrm{d}y}{\mathrm{d}x}+F_{yy}\left(\frac{\mathrm{d}y}{\mathrm{d}x}\right)^2\right]=\frac{2F_xF_yF_{xy}-F_y^2F_{xx}-F_x^2F_{yy}}{F_y^3},$$

当然,我们还可以将式(10.28)两端对 x 求导,之后将其所得与式(10.28)联合,由解方程组得到.

例 10.26　验证方程 $x^2+y^2-1=0$ 在点(0,1)的某邻域内能唯一确定一个有连续导数的隐函数 $y=f(x)$,且 $f(0)=1$,并求 $f'(0)$和 $f''(0)$.

解　记 $F(x,y)=x^2+y^2-1$,显然 $F(x,y)$在整个坐标平面上连续. 又

$$F_x(x,y)=2x,\quad F_y(x,y)=2y,$$

由此可见,$F(x,y)$在整个坐标平面上具有一阶连续偏导数,且 $F(0,1)=0$,$F_y(0,1)=2$.

因此由定理 10.9 可知,方程 $x^2+y^2-1=0$ 在点(0,1)的某邻域内能唯一确定

一个具有连续导数的隐函数 $y=f(x)$,且 $f(0)=1$. 下面求 $f'(0)$和 $f''(0)$.

由式(10.28)得

$$\frac{\mathrm{d}y}{\mathrm{d}x}=-\frac{F_x}{F_y}=-\frac{x}{y},\quad f'(0)=\left.\frac{\mathrm{d}y}{\mathrm{d}x}\right|_{x=0}=0.$$

$$\frac{\mathrm{d}^2y}{\mathrm{d}x^2}=\frac{\mathrm{d}}{\mathrm{d}x}\left(\frac{\mathrm{d}y}{\mathrm{d}x}\right)=\frac{\mathrm{d}}{\mathrm{d}x}\left(-\frac{x}{y}\right)=-\frac{y-xy'}{y^2}=-\frac{1}{y^3},\quad f''(0)=\left.\frac{\mathrm{d}^2y}{\mathrm{d}x^2}\right|_{x=0}=-1.$$

另解(不验证定理,只关心出结果)　由于 $y=f(x)$,所以 $x^2+y^2-1=0$ 两端对 x 求导有

$$2x+2yy'=0,$$

再将上式两端对 x 求导,得

$$2+2(y')^2+2yy''=0,$$

并将$(x,y)=(0,1)$代入上两式可得

$$\begin{cases}y'=0,\\2+2(y')^2+2y''=0.\end{cases}$$

进而得到

$$\begin{cases}y'=0,\\y''=-1.\end{cases}$$

隐函数可微定理可以推广到多元函数的情形. 一个二元方程 $F(x,y)=0$ 可以确定一个一元隐函数,那么一个三元方程 $F(x,y,z)=0$ 则可能确定一个二元隐函数. 此时,我们有如下定理.

定理 10.10　设三元函数 $F(x,y,z)$在点 $P(x_0,y_0,z_0)$的某个邻域内连续且具有一阶连续的偏导数,且 $F(x_0,y_0,z_0)=0$,$F_z(x_0,y_0,z_0)\neq 0$,则方程 $F(x,y,z)=0$ 在点(x_0,y_0)的某邻域内必能唯一确定一个连续可微的隐函数 $z=f(x,y)$,满足条件 $z_0=f(x_0,y_0)$,并有

$$\frac{\partial z}{\partial x}=-\frac{F_x}{F_z},\quad \frac{\partial z}{\partial y}=-\frac{F_y}{F_z}. \tag{10.30}$$

证明略.

例 10.27　讨论方程

$$F(x,y,z)=xyz^3+x^2+y^3-z=0$$

在原点(0,0,0)附近所确定的二元隐函数及其偏导数.

解　由 $F(x,y,z)=xyz^3+x^2+y^3-z$ 可知

$$F_x=yz^3+2x,\quad F_y=xz^3+3y^2,\quad F_z=3xyz^2-1.$$

因此,F,F_x,F_y,F_z 处处连续.

又

$$F(0,0,0)=0,\quad F_x(0,0,0)=0,\quad F_y(0,0,0)=0,\quad F_z(0,0,0)=-1\neq 0.$$

因此，根据定理10.10可知，在原点(0,0,0)附近能唯一确定连续可微的隐函数 $z=f(x,y)$，且可得到它的偏导数如下

$$\frac{\partial z}{\partial x}=-\frac{F_x}{F_z}=\frac{yz^3+2x}{1-3xyz^2},\quad \frac{\partial z}{\partial y}=-\frac{F_y}{F_z}=\frac{xz^3+3y^2}{1-3xyz^2}.$$

习　题　10.4

1. 求下列复合函数的偏导数或导数：

(1) 设 $z=\arctan(xy)$，$y=\mathrm{e}^x$，求$\frac{\mathrm{d}z}{\mathrm{d}x}$；

(2) 设 $z=u\mathrm{e}^u$，$u=\frac{x^2+y^2}{xy}$，求$\frac{\partial z}{\partial x}$，$\frac{\partial z}{\partial y}$；

(3) 设 $z=x^2+xy+y^2$，$x=t^2$，$y=t$，求$\frac{\mathrm{d}z}{\mathrm{d}t}$；

(4) 设 $z=x^2\ln y$，$x=\frac{u}{v}$，$y=3u-2v$，求$\frac{\partial z}{\partial u}$，$\frac{\partial z}{\partial v}$；

(5) 设 $u=f(x+y,xy)$，求$\frac{\partial u}{\partial x}$，$\frac{\partial u}{\partial y}$；

(6) 设 $u=f\left(\frac{x}{y},\frac{y}{z}\right)$，求$\frac{\partial u}{\partial x}$，$\frac{\partial u}{\partial y}$，$\frac{\partial u}{\partial z}$.

2. 设 $z=\frac{y}{f(x^2-y^2)}$，其中 f 为可微函数，验证 $\frac{1}{x}\frac{\partial z}{\partial x}+\frac{1}{y}\frac{\partial z}{\partial y}=\frac{z}{y^2}$.

3. 设 $f(u)$是可微函数，$F(x,t)=f(x+2t)+f(3x-2t)$，试求 $F_x(0,0)$与 $F_t(0,0)$.

4. 求下列复合函数的二阶偏导数(其中 f 具有二阶连续偏导数)：

(1) $z=f(xy,y)$；　(2) $z=f\left(\frac{y}{x},x^2y\right)$；　(3) $u=f(x^2+y^2+z^2)$.

5. 设 $u=x\varphi(x+y)+y\phi(x+y)$，其中函数 φ 和 ϕ 具有二阶连续导数，验证

$$\frac{\partial^2 u}{\partial x^2}-2\frac{\partial^2 u}{\partial x\partial y}+\frac{\partial^2 u}{\partial y^2}=0.$$

6. 方程 $\cos x+\sin y=\mathrm{e}^{xy}$能否在原点(0,0)的某邻域内确定隐函数 $y=f(x)$或 $x=g(y)$?

7. 求下列方程所确定的隐函数的导数：

(1) $x^2y+3x^4y^3-4=0$，求$\frac{\mathrm{d}y}{\mathrm{d}x}$；

(2) $\ln\sqrt{x^2+y^2}=\arctan\frac{y}{x}$，求$\frac{\mathrm{d}y}{\mathrm{d}x}$；

(3) $e^{-xy}+2z-e^z=0$,求$\frac{\partial z}{\partial x},\frac{\partial z}{\partial y}$;

(4) $z=f(x+y+z,xyz)$,求$\frac{\partial z}{\partial x},\frac{\partial x}{\partial y},\frac{\partial y}{\partial z}$.

8. 设$z=x^2+y^2$,其中$y=f(x)$是由方程$x^2-xy+y^2=1$所确定的隐函数,求$\frac{dz}{dx}$及$\frac{d^2z}{dx^2}$.

10.5 多元函数微分学的几何应用

在实际应用中,所要讨论的曲线和曲面的方程通常以隐函数(组)的形式给出,因此在求它们的切线(或切平面)时需要用到隐函数(组)的微分法.

10.5.1 平面曲线的切线和法线

设平面曲线由方程

$$F(x,y)=0 \tag{10.31}$$

给出,它在点$P_0(x_0,y_0)$的某邻域内满足隐函数可微性定理(定理10.9)条件,于是在点P_0附近所确定的连续可微隐函数$y=f(x)$和方程(10.31)在P_0附近表示同一曲线,它在P_0处存在切线和法线,其方程分别为$y-y_0=f'(x_0)(x-x_0)$与$y-y_0=-\frac{1}{f'(x_0)}(x-x_0)$. 又由于$f'(x)=-\frac{F_x}{F_y}$,所以曲线(10.31)在点$P_0$处的切线方程为

$$F_x(x_0,y_0)(x-x_0)+F_y(x_0,y_0)(y-y_0)=0, \tag{10.32}$$

法线方程为

$$F_y(x_0,y_0)(x-x_0)-F_x(x_0,y_0)(y-y_0)=0. \tag{10.33}$$

例 10.28 求由方程$2(x^3+y^3)-9xy=0$在点(2,1)处的切线方程和法线方程.

解 设$F(x,y)=2(x^3+y^3)-9xy$,则

$$F_x=6x^2-9y,\quad F_y=6y^2-9x,\quad F_x(2,1)=15\neq0,\quad F_y(2,1)=-12\neq0.$$

因此,由式(10.32)和式(10.33)得曲线在点(2,1)的切线和法线方程分别为

$$15(x-2)-12(y-1)=0 \quad 与 \quad -12(x-2)-15(y-1)=0,$$

也即$5x-4y-6=0$与$4x+5y-13=0$.

10.5.2 空间曲线的切线与法平面

下面,我们讨论由参数方程

$$x=x(t),\quad y=y(t),\quad z=z(t),\quad \alpha\leqslant t\leqslant\beta \tag{10.34}$$

所表示的空间曲线 L 上某一点 $P_0(x_0,y_0,z_0)$ 处的切线和法平面方程，这里

$$x_0=x(t_0),\quad y_0=y(t_0),\quad z_0=z(t_0),\quad \alpha\leqslant t_0\leqslant\beta.$$

进一步假定式(10.34)中三个函数在 t_0 处可导，且

$$(x'(t_0))^2+(y'(t_0))^2+(z'(t_0))^2\neq 0.$$

在曲线 L 上点 P_0 附近任意选取一点 $P(x,y,z)=P(x_0+\Delta x,y_0+\Delta y,z_0+\Delta z)$，于是连接 L 上的点 P_0 和点 P 的割线方程为

$$\frac{x-x_0}{\Delta x}=\frac{y-y_0}{\Delta y}=\frac{z-z_0}{\Delta z},$$

其中，$\Delta x=x(t_0+\Delta t)-x(t_0)$，$\Delta y=y(t_0+\Delta t)-y(t_0)$，$\Delta z=z(t_0+\Delta t)-z(t_0)$.

当 $\Delta t\neq 0$ 时，以 Δt 除上式各分母，得

$$\frac{x-x_0}{\frac{\Delta x}{\Delta t}}=\frac{y-y_0}{\frac{\Delta y}{\Delta t}}=\frac{z-z_0}{\frac{\Delta z}{\Delta t}}.$$

因为 $\Delta t\to 0$ 时，$P\to P_0$，且 $\frac{\Delta x}{\Delta t}\to x'(t_0)$，$\frac{\Delta y}{\Delta t}\to y'(t_0)$，$\frac{\Delta z}{\Delta t}\to z'(t_0)$，所以对上面等式考虑 $\Delta t\to 0$ 便可得曲线 L 在 P_0 处的**切线方程**为

$$\frac{x-x_0}{x'(t_0)}=\frac{y-y_0}{y'(t_0)}=\frac{z-z_0}{z'(t_0)}.\tag{10.35}$$

由此可见，曲线 L 上点 $P_0(x_0,y_0,z_0)$ 处切线的方向向量可取为 $\{x'(t_0),y'(t_0),z'(t_0)\}\neq 0$，方向数为 $x'(t_0),y'(t_0),z'(t_0)$.

在空间中，过点 $P_0(x_0,y_0,z_0)$ 可以作无数条直线与切线垂直，所有这些直线都在同一平面上，称这个平面为曲线 L 在点 P_0 处的**法平面**. 它通过点 P_0，且以 L 在 P_0 的切线为它的法线，所以法平面方程为

$$x'(t_0)(x-x_0)+y'(t_0)(y-y_0)+z'(t_0)(z-z_0)=0.\tag{10.36}$$

例 10.29　求螺旋线 $x=2\cos t,y=2\sin t,z=3t$ 在 $t=\frac{\pi}{3}$ 时对应点处的切线方程与法平面方程.

解　在 $t=\frac{\pi}{3}$ 时对应点为 $P(1,\sqrt{3},\pi)$.

由于 $x'(t)=-2\sin t,y'(t)=2\cos t,z'(t)=3$，所以在点 P 处切线的方向向量为

$$\left\{x'\left(\frac{\pi}{3}\right),y'\left(\frac{\pi}{3}\right),z'\left(\frac{\pi}{3}\right)\right\}=\{-\sqrt{3},1,3\}.$$

因此，在点 P 处的切线方程为

$$\frac{x-1}{-\sqrt{3}}=\frac{y-\sqrt{3}}{1}=\frac{z-\pi}{3}.$$

法平面方程为 $-\sqrt{3}(x-1)+(y-\sqrt{3})+3(z-\pi)=0$,也即

$$\sqrt{3}x-y-3z+3\pi=0.$$

例 10.30　求曲线$\begin{cases}x^2+2y^2-z=5\\x+y+z=0\end{cases}$上点$(1,1,-2)$处的切线方程.

解　设所给曲线的参数方程(视 x 为参数)为

$$x=x,y=\varphi(x),z=\psi(x),$$

则曲线上的方向向量为$\left\{1,\frac{\mathrm{d}y}{\mathrm{d}x},\frac{\mathrm{d}z}{\mathrm{d}x}\right\}$.

由表示的两个方程式,两边分别对 x 求导得

$$\begin{cases}2x+4y\dfrac{\mathrm{d}y}{\mathrm{d}x}-\dfrac{\mathrm{d}z}{\mathrm{d}x}=0,\\1+\dfrac{\mathrm{d}y}{\mathrm{d}x}+\dfrac{\mathrm{d}z}{\mathrm{d}x}=0.\end{cases}$$

将点$(x,y,z)=(1,1,-2)$代入上面方程组得

$$\begin{cases}2+4\dfrac{\mathrm{d}y}{\mathrm{d}x}-\dfrac{\mathrm{d}z}{\mathrm{d}x}=0,\\1+\dfrac{\mathrm{d}y}{\mathrm{d}x}+\dfrac{\mathrm{d}z}{\mathrm{d}x}=0.\end{cases}$$

进而可解得在点$(1,1,-2)$处,$\left.\frac{\mathrm{d}y}{\mathrm{d}x}\right|_{x=1}=-\frac{3}{5},\left.\frac{\mathrm{d}z}{\mathrm{d}x}\right|_{x=1}=-\frac{2}{5}$. 所以,要求曲线在点$(1,1,-2)$的切线方程为

$$\frac{x-1}{1}=\frac{y-1}{-\dfrac{3}{5}}=\frac{z-1}{-\dfrac{2}{5}},$$

也即

$$\frac{x-1}{-5}=\frac{y-1}{3}=\frac{z+2}{2}.$$

10.5.3　曲面的切平面与法线

设曲面 Σ 由方程

$$F(x,y,z)=0 \tag{10.37}$$

给出(图 10-8),$M(x_0,y_0,z_0)$为曲面上一点. 通过点 M 任意引一条曲面上的曲线 L,设其参数方程为

$$x=x(t),\quad y=y(t),\quad z=z(t),$$

其中,$x_0=x(t_0),y_0=y(t_0),z_0=z(t_0)$.

设 L 在点 M 处具有切线，则切线方程为

$$\frac{x-x_0}{x'(t_0)}=\frac{y-y_0}{y'(t_0)}=\frac{z-z_0}{z'(t_0)},$$

方向向量 $\vec{T}=\{x'(t_0),y'(t_0),z'(t_0)\}$.

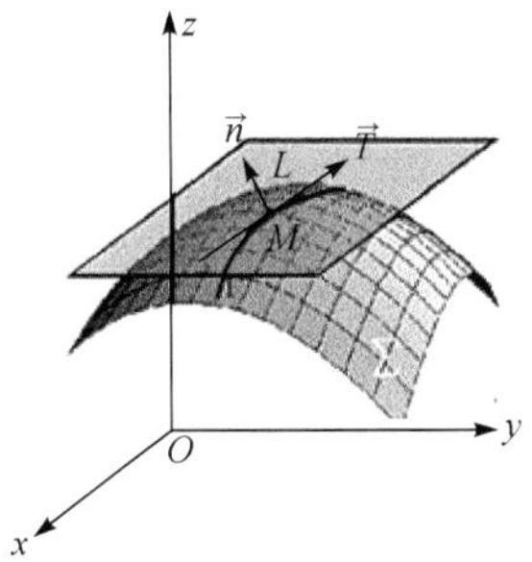

图 10-8

又设 $F(x,y,z)$ 在 M 的某邻域内具有连续的偏导数，则对恒等式

$$F(x(t),y(t),z(t))\equiv 0$$

两边关于 t 求导数，由复合函数的链式法则，得

$$F_x\frac{\mathrm{d}x}{\mathrm{d}t}+F_y\frac{\mathrm{d}y}{\mathrm{d}t}+F_z\frac{\mathrm{d}z}{\mathrm{d}t}=0.$$

因此，在点 $M(x_0,y_0,z_0)$ 处有

$$F_x(x_0,y_0,z_0)x'(t_0)+F_y(x_0,y_0,z_0)y'(t_0)+F_z(x_0,y_0,z_0)z'(t_0)=0.\quad(10.38)$$

式(10.38)表明，向量 $\vec{n}=\{F_x(x_0,y_0,z_0),F_y(x_0,y_0,z_0),F_z(x_0,y_0,z_0)\}$ 与曲线 L 在点 M 处切线的方向向量 $\{x'(t_0),y'(t_0),z'(t_0)\}$ 相互垂直(图 10-8). 注意到曲线 L 是曲面上过点 M 的任意一条曲线，因而在曲面上过点 M 的一切曲线的切线都在同一平面上，称这个平面为曲面在点 M 处的**切平面**. 该切平面的方程为

$$F_x(x_0,y_0,z_0)(x-x_0)+F_y(x_0,y_0,z_0)(y-y_0)+F_z(x_0,y_0,z_0)(z-z_0)=0.\quad(10.39)$$

通过点 M 垂直于切平面的直线称为曲面在 M 处的**法线**，该**法线方程**为

$$\frac{x-x_0}{F_x(x_0,y_0,z_0)}=\frac{y-y_0}{F_y(x_0,y_0,z_0)}=\frac{z-z_0}{F_z(x_0,y_0,z_0)}.\quad(10.40)$$

特别地，若曲面方程由二元函数

$$z=f(x,y)\quad(10.41)$$

给出，则引入方程

$$F(x,y,z)=f(x,y)-z=0.$$

由于 $F_x=f_x,F_y=f_y,F_z=-1$，所以当函数 $f(x,y)$ 在点 (x_0,y_0) 具有一阶连续偏导数时，曲面方程式(10.41)在点 $M(x_0,y_0,z_0)$ 处的切平面方程为

$$z-z_0=f_x(x_0,y_0)(x-x_0)+f_y(x_0,y_0)(y-y_0),\quad(10.42)$$

而法线方程为

$$\frac{x-x_0}{f_x(x_0,y_0)}=\frac{y-y_0}{f_y(x_0,y_0)}=\frac{z-z_0}{-1},\quad(10.43)$$

其中，$z_0=f(x_0,y_0)$.

例 10.31　求椭球面 $x^2+2y^2+3z^2=6$ 在点 $(1,1,1)$ 处的切平面方程与法线方程.

解　设 $F(x,y,z)=x^2+2y^2+3z^2-6$，则

$$F_x=2x,\quad F_y=4y,\quad F_z=6z.$$

在点(1,1,1)处,$F_x=2,F_y=4,F_z=6$.因此,所求切平面方程为

$$2(x-1)+4(y-1)+6(z-1)=0,$$

也即

$$x+2y+3z=6,$$

法线方程为

$$\frac{x-1}{1}=\frac{y-1}{2}=\frac{z-1}{3}.$$

习　题　10.5

1. 求平面曲线 $x^{2/3}+y^{2/3}=a^{2/3}(a>0)$上任一点处的切线方程,并证明这些切线被坐标轴所截取的线段等长.

2. 求下列曲线在所示点处的切线方程与法平面方程:

(1) $x=t-\sin t, y=1-\cos t, z=4\sin\frac{t}{2}$,在点 $t=\frac{\pi}{2}$处;

(2) $2x^2+3y^2+z^2=9, z^2=3x^2+y^2$ 在点(1,-1,2)处.

3. 求曲线 $x=t, y=t^2, z=t^3$ 上一点,使曲线在该点的切线平行于平面 $x+2y+z=4$.

4. 求下列曲面在所示点处的切平面方程和法线方程:

(1) $y-e^{2x-z}=0$ 在点(1,1,2)处;

(2) $\frac{x^2}{a^2}+\frac{y^2}{b^2}+\frac{z^2}{c^2}=1$,在点$\left(\frac{a}{\sqrt{3}},\frac{b}{\sqrt{3}},\frac{c}{\sqrt{3}}\right)$处.

5. 求曲面 $x^2+2y^2+3z^2=21$ 的切平面,使它平行于平面 $x+4y+6z=0$.

10.6　多元函数的极值

在实际中,我们往往会遇到寻求问题的最优方案,从数学的角度来讲就是寻求多元函数最大值和最小值的问题.与一元函数的情形相似,多元函数的最大值,最小值与极大值,极小值有密切的关系.下面我们以二元函数为对象讨论多元函数的极值问题.

10.6.1　二元函数极值的概念

定义 10.10　设二元函数 $z=f(x,y)$在点 $P_0(x_0,y_0)$的某邻域内有定义,对于该邻域内任意一点 $P(x,y)$,如果不等式

$$f(x,y)\leqslant f(x_0,y_0)\quad(\text{或 } f(x,y)\geqslant f(x_0,y_0))$$

成立,则称函数 f 在点 P_0 处取得**极大(或极小)**值,点 P_0 称为 f 的**极大(或极小)**

值点. 极大值,极小值统称为**极值**,极大值点,极小值点统称为**极值点**.

注 10.8　这里所讨论的极值点只限于定义域内的点. 类似地,可定义 $n(n\geqslant 3)$ 元函数的极值点.

例 10.32　考虑函数 $f(x,y)=2x^2+y^2$, $g(x,y)=\sqrt{1-x^2-y^2}$, $h(x,y)=xy$. 由它们的定义可知,$(0,0)$ 是 $f(x,y)$ 的极小值点,是 $g(x,y)$ 的极大值点,但不是 $h(x,y)$ 的极值点.

事实上,对任意点 $(x,y)\in R^2$,恒有 $f(x,y)=2x^2+y^2\geqslant 0=f(0,0)$. 对任意 $(x,y)\in\{(x,y)\mid x^2+y^2\leqslant 1\}$,恒有 $g(x,y)\leqslant 1=g(0,0)$. 而对于函数 $h(x,y)$,在坐标原点的任意邻域内,第一、三象限内的点使得 $h(x,y)>0$,而在第二、四象限内的点使得 $h(x,y)<0$,所以,$h(0,0)=0$ 既不是极大值点也不是极小值点.

由极值的定义,若函数 $f(x,y)$ 在点 (x_0,y_0) 取极值,那么固定 $y=y_0$ 时,一元函数 $f(x,y_0)$ 必在 $x=x_0$ 处取相同类型的极值. 同理,当固定 $x=x_0$ 时,一元函数 $f(x_0,y)$ 也必在 $y=y_0$ 处取相同类型的极值. 于是,我们可得到二元函数取极值的必要条件如下.

定理 10.11(极值必要条件)　若函数 $f(x,y)$ 在点 (x_0,y_0) 处存在偏导数且取极值,则有 $f_x(x_0,y_0)=0$, $f_y(x_0,y_0)=0$.

相类似地,如果三元函数 $u=f(x,y,z)$ 在点 (x_0,y_0,z_0) 处存在偏导数且取极值,则有

$$f_x(x_0,y_0,z_0)=0,\quad f_y(x_0,y_0,z_0)=0,\quad f_z(x_0,y_0,z_0)=0.$$

与一元函数相似,对于多元函数而言,使得函数所有一阶偏导数同时为零的点称为该函数的**驻点**,也称为**稳定点**. 定理 10.11 指出,若 f 存在偏导数,则其极值点必是驻点,但驻点不一定是极值点. 如例 10.32 中的函数 $h(x,y)$,原点 $(0,0)$ 虽为其驻点,但该函数并不在原点取极值.

如何判定一个驻点是否为极值点,我们给出下面的定理.

定理 10.12(极值充分条件)　设二元函数 $f(x,y)$ 在点 (x_0,y_0) 某邻域内具有二阶连续偏导数,且 (x_0,y_0) 是函数的稳定点,记 $A=f_{xx}(x_0,y_0)$, $B=f_{xy}(x_0,y_0)$, $C=f_{yy}(x_0,y_0)$,则

(1) $AC-B^2>0$, $A>0$ 时,f 在点 (x_0,y_0) 处取极小值;

(2) $AC-B^2>0$, $A<0$ 时,f 在点 (x_0,y_0) 处取极大值;

(3) $AC-B^2<0$ 时,f 在点 (x_0,y_0) 处不取极值;

(4) $AC-B^2=0$ 时,不能肯定 f 在点 (x_0,y_0) 处是否取极值.

证明略.

例 10.33　求 $f(x,y)=x^3-y^3+3x^2+3y^2-9x$ 的极值.

解　由方程组

$$\begin{cases} f_x = 3x^2 + 6x - 9 \\ f_y = -3y^2 + 6y = 0 \end{cases}$$

得 f 的驻点(1,0),(1,2),(−3,0),(−3,2). 又

$$f_{xx} = 6x + 6, \quad f_{xy} = 0, \quad f_{yy} = -6y + 6.$$

在点(1,0)处,$AC - B^2 = 72 > 0$,$A = 12 > 0$,所以函数在该点取极小值.

在点(1,2)和点(−3,0)处,$AC - B^2 < 0$,所以函数在这两点不取极值.

在点(−3,2)处,$AC - B^2 > 0$,$A < 0$,故函数在该点取极大值.

与一元函数的极值类似,函数在偏导数不存在的点上也有可能取极值. 例如,$f(x,y) = \sqrt{x^2 + y^2}$ 在原点没有偏导数,但 $f(0,0) = 0$ 是函数的极小值点.

10.6.2 二元函数的最大值与最小值

由极值的定义可知,极值只是函数 f 在某一点的局部概念. 若要获得函数 f 在区域 D 上的最大值和最小值(在定理 10.1 中,我们知道在有界闭区域上的连续函数一定能取到最大值和最小值),与一元函数相类似,必须考察函数 f 在所有驻点,偏导数不存在的点以及属于区域的边界上的点的函数值. 比较这些值,其中最大者(或最小者)即为函数 f 在 D 上的最大(小)值. 因此,求函数 f 在 D 上最大值,最小值的一般步骤是:

步骤 1　求出函数 f 在 D 内的所有驻点,偏导数不存在的点以及它们的函数值;

步骤 2　求出函数 f 在 D 的边界上的最大值和最小值.

步骤 3　将前两步所得到的函数值进行比较,最大者即为最大值,最小者即为最小值.

在实际问题中,考虑实际,可以判断出函数的最大值(或最小值)是在 D 的内部取得,而函数在 D 内只有一个驻点,那么该点必是函数在 D 上的最大值点(或最小值点).

例 10.34　某农场要用铁板修建一个容积为 2m^3 的有盖的长方体储水箱,问如何设计水箱的长、宽、高才能使用料最省.

解　设长方体水箱的长,宽分别为 x,y. 由该问题的实际意义可知,$x>0$,$y>0$,水箱的高为 $\frac{2}{xy}$. 水箱所用材料的面积为

$$S(x,y) = 2\left(xy + y\frac{2}{xy} + x\frac{2}{xy}\right) = 2\left(xy + \frac{2}{x} + \frac{2}{y}\right).$$

因此,所求问题转化为求函数 $S(x,y)$ 在区域 $D = \{(x,y) \mid x>0, y>0\}$ 内的最小值. 由方程组

$$\frac{\partial S}{\partial x}=2\left(y-\frac{2}{x^2}\right)=0,\quad \frac{\partial S}{\partial y}=2\left(x-\frac{2}{y^2}\right)=0$$

得函数 $S(x,y)$的唯一驻点$(\sqrt[3]{2},\sqrt[3]{2})$. 根据题意,此储水箱所用的材料的最小值一定存在,并且是在区域 D 内取得,而驻点又是唯一的,因此该驻点必是所求的最小值点.

综上,当储水箱的长为$\sqrt[3]{2}$m,宽为$\sqrt[3]{2}$m,高为$\dfrac{2}{\sqrt[3]{2}\cdot\sqrt[3]{2}}=\sqrt[3]{2}$时,所用的材料最省.

本例表明,体积一定的长方体中,立方体的表面积最小.

注 10.9　上面的例子,其实有一个最好的初等解法,因为

$$S(x,y)=2\left(xy+y\frac{2}{xy}+x\frac{2}{xy}\right)=2\left(xy+\frac{2}{x}+\frac{2}{y}\right)\geqslant 2\cdot 3\sqrt[3]{xy\cdot\frac{2}{x}\cdot\frac{2}{y}}=8\sqrt[3]{4},$$

而且上式等号在 $xy=\dfrac{2}{x}=\dfrac{2}{y}$,也即 $x=y=\sqrt[3]{2}$时取得,此时高$\dfrac{2}{xy}=\sqrt[3]{2}$. 所以,设计水箱的长=宽=高=$\sqrt[3]{2}$时,能使用料最省.

例 10.35* (最小二乘法)　通过观测或实验得到一组数据(x_i,y_i),$i=1,2,\cdots,n$. 它们大体在一条直线上,即可近似用直线方程来反映变量 x 和 y 之间的对应关系. 现要确定一直线使得与这 n 个点(数据)的偏差平方和最小(最小二乘方).

解　设所求直线方程为 $y=ax+b$,通过所测得的 n 个点(x_i,y_i) $(i=1,2,\cdots,n)$确定 a,b,使得

$$f(a,b)=\sum_{i=1}^{n}(ax_i+b-y_i)^2$$

为最小.

为此,由方程组

$$\begin{cases} f_a=2\sum\limits_{i=1}^{n}x_i(ax_i+b-y_i)=0,\\ f_b=2\sum\limits_{i=1}^{n}(ax_i+b-y_i)=0,\end{cases}$$

把这组关于 a,b 的线性方程加以整理,得

$$\begin{cases} a\sum\limits_{i=1}^{n}x_i^2+b\sum\limits_{i=1}^{n}x_i=\sum\limits_{i=1}^{n}x_iy_i,\\ a\sum\limits_{i=1}^{n}x_i+bn=\sum\limits_{i=1}^{n}y_i.\end{cases}$$

求此方程组的解,即得函数 $f(a,b)$的驻点为

$$\bar{a}=\frac{n\sum_{i=1}^{n}x_iy_i-\left(\sum_{i=1}^{n}x_i\right)\left(\sum_{i=1}^{n}y_i\right)}{n\sum_{i=1}^{n}x_i^2-\left(\sum_{i=1}^{n}x_i\right)^2},\quad \bar{b}=\frac{\left(\sum_{i=1}^{n}x_i^2\right)\left(\sum_{i=1}^{n}y_i\right)-\left(\sum_{i=1}^{n}x_iy_i\right)\left(\sum_{i=1}^{n}x_i\right)}{n\sum_{i=1}^{n}x_i^2-\left(\sum_{i=1}^{n}x_i\right)^2}.$$

进一步确定该驻点是极小值点,由于

$$A=f_{aa}(\bar{a},\bar{b})=2\sum_{i=1}^{n}x_i^2>0,\quad B=f_{ab}(\bar{a},\bar{b})=2\sum_{i=1}^{n}x_i,\quad C=f_{bb}(\bar{a},\bar{b})=2n,$$

$$AC-B^2=4n\sum_{i=1}^{n}x_i^2-4\left(\sum_{i=1}^{n}x_i\right)^2>0.$$

所以,$f(a,b)$在点$(\bar{a},\bar{b})$处取得极小值,由实际问题可知这极小值为最小值.

记 $\bar{x}=\frac{1}{n}\sum_{i=1}^{n}x_i$,$\bar{y}=\frac{1}{n}\sum_{i=1}^{n}y_i$,则 $\bar{a}$,$\bar{b}$ 可简单表示为

$$\bar{a}=\frac{\sum_{i=1}^{n}x_iy_i-n\bar{x}\bar{y}}{\sum_{i=1}^{n}x_i^2-n(\bar{x})^2},\quad \bar{b}=\bar{y}-a\bar{x}.$$

这种求得待定参数 a,b 的方法称为**最小二乘法**,由此所确定的直线 $y=ax+b$ 称为**经验公式**. 这是一种运用线性方式近似替代未知函数的典型方法,在实际中有着广泛的应用.

10.6.3 多元函数的条件极值和拉格朗日乘数法

对于前面所讨论的函数的极值,只要求函数的自变量在其定义域内,并无其他的限制条件,通常我们称这类极值为**无条件极值**. 但在实际应用中,常遇到对函数的自变量还有一些附加限制条件的极值问题. 例如,要设计一个容积为 V 的长方体开口水箱,试问水箱的长、宽、高各等于多少时,其表面积最小? 为此,设水箱的长、宽、高分别为 x,y,z,则表面积为

$$S(x,y,z)=2(xz+yz)+xy.$$

依题意,上述表面积函数的自变量不仅要符合定义域的要求($x>0,y>0,z>0$),还要满足条件

$$xyz=V.$$

这类附有限制条件的极值问题称为**条件极值**问题.

条件极值问题的一般形式是在条件组(m 个)

$$\varphi_k(x_1,x_2,\cdots,x_n)=0,\quad k=1,2,\cdots,m\quad (m<n) \tag{10.44}$$

的限制下,求**目标函数**

$$y=f(x_1,x_2,\cdots,x_n) \tag{10.45}$$

的极值.

过去遇到这类极值问题时，是采用消元法把问题转化为无条件极值问题来求解. 如上面的例子，通过限制条件 $xyz=V$ 解出 $z=V/xy$，代入函数 $S(x,y,z)$ 中，得到

$$F(x,y)=S\left(x,y,\frac{V}{xy}\right)=2V\left(\frac{1}{x}+\frac{1}{y}\right)+xy,$$

然后求函数 $F(x,y)$ 的极值问题.

然而，在一般条件下，要从限制条件组(10.44)中解出 m 个变量并不总是可能的. 下面将要介绍的拉格朗日乘数法就是一种不直接依赖消元而求解条件极值问题的非常有效的方法.

以三元函数这一情况入手，欲求函数

$$u=f(x,y,z)$$

在限制条件 $\varphi(x,y,z)=0$ 下的极值.

我们假定函数 $f(x,y,z)$ 和 $\varphi(x,y,z)$ 在所考察的区域内具有一阶连续偏导数，则目标函数 $u=f(x,y,z)$ 在限制条件 $\varphi(x,y,z)=0$ 下的条件极值问题可以转化为求**拉格朗日函数**

$$L(x,y,z,\lambda)=f(x,y,z)+\lambda\cdot\varphi(x,y,z)$$

的无条件极值问题，这里称辅助变量 λ 为**拉格朗日乘数**.

这里方法的证明从略.

采用拉格朗日乘数法求目标函数 $u=f(x,y,z)$ 在限制条件 $\varphi(x,y,z)=0$ 下的条件极值的基本步骤为：

步骤 1　构造拉格朗日函数

$$L(x,y,z,\lambda)=f(x,y,z)+\lambda\cdot\varphi(x,y,z).$$

步骤 2　确定拉格朗日函数 $L(x,y,z,\lambda)$ 的驻点，即由方程组

$$\begin{cases}L_x=f_x(x,y,z)+\lambda\varphi_x(x,y,z)=0,\\ L_y=f_y(x,y,z)+\lambda\varphi_y(x,y,z)=0,\\ L_z=f_z(x,y,z)+\lambda\varphi_z(x,y,z)=0,\\ L_\lambda=\varphi(x,y,z)=0,\end{cases}$$

解出 x,y,z,λ，其中 x,y,z 就是所求条件极值的可能的极值点.

注 10.10　拉格朗日乘数法只给出了函数取极值的必要条件，所以，按照这种方法所得到的点是否为极值点仍需要讨论. 但在实际问题中，往往可以根据问题本身来判定所得到的点是否为极值点.

注 10.11　拉格朗日乘数法可推广到自变量多于三个且限制条件多于一个的情形. 例如，求函数 $u=f(x,y,z,t)$ 在限制条件 $\varphi(x,y,z,t)=0$ 和 $\psi(x,y,z,t)=0$ 下的条件极值. 可构造拉格朗日函数如下，

$$L(x,y,z,t,\lambda,\mu)=f(x,y,z,t)+\lambda\cdot\varphi(x,y,z,t)+\mu\cdot\psi(x,y,z,t)$$

其中,λ 和 μ 为拉格朗日乘数. 确定拉格朗日函数的驻点的同时即得所求条件极值的可能的极值点.

例 10.36　利用拉格朗日乘数法求本小节开始时所提到的水箱设计的问题.

解　所求问题的拉格朗日函数为

$$L(x,y,z,\lambda)=2(xz+yz)+xy+\lambda(xyz-V).$$

对 L 求偏导数,并令它们都为零以确定拉格朗日函数 L 的驻点

$$\begin{cases}L_x=2z+y+\lambda yz=0,\\ L_y=2z+x+\lambda xz=0,\\ L_z=2(x+y)+\lambda xy=0,\\ L_\lambda=xyz-V=0.\end{cases}$$

求解方程组可得

$$x=y=2z=\sqrt[3]{2V},\quad \lambda=-\frac{4}{\sqrt[3]{2V}}.$$

由题意可知,所求水箱的表面积在容积一定的条件下确实存在最小值. 因此,当水箱的高为 $\sqrt[3]{\dfrac{V}{4}}$,长和宽为高的两倍时,水箱的表面积最小,最小值为 $3(2V)^{\frac{2}{3}}$.

例 10.37　设某农场在两个城市的市场上出售同一种农产品,两个市场的需求函数分别为 $P_1=18-2Q_1$, $P_2=12-Q_2$,其中,P_1 和 P_2 分别表示该农产品在两个市场上的价格(单位:万元/t),Q_1 和 Q_2 分别表示该农产品在两个市场上的销售量(单位:t),农场生产该农产品的总成本函数是 $C=2Q+5$,Q 表示该农产品在两个市场上的销售总量,即 $Q=Q_1+Q_2$.

(1) 如果农场实行差别价格策略,问在两个市场上该农产品的销售量和价格如何确定,使得农场的获利最大.

(2) 如果农场实行无差别价格策略,问在两个市场上该农产品的销售量和价格如何确定,使得农场的获利最大.

(3) 比较两种策略下的总利润大小.

解　(1) 农场实行差别价格策略,总利润函数为

$$L(Q_1,Q_2)=P_1Q_1+P_2Q_2-[2(Q_1+Q_2)+5]=-2Q_1^2-Q_2^2+16Q_1+10Q_2-5.$$

由方程组

$$\begin{cases}\dfrac{\partial L}{\partial Q_1}=-4Q_1+16=0,\\[2mm] \dfrac{\partial L}{\partial Q_2}=-2Q_2+10=0,\end{cases}$$

得 $Q_1=4$, $Q_2=5$,相应地,$P_1=10$, $P_2=7$. 而该问题一定存在最大值,且点(4,5)是唯一驻点,最大值在驻点处取得. 将 $Q_1=4$, $Q_2=5$ 代入总利润函数得 $L=52$ 万元.

(2) 农场实行无差别价格策略，则 $P_1=P_2$，即有限制条件 $2Q_1-Q_2=6$. 为此，构造拉格朗日函数 $L(Q_1,Q_2,\lambda)=-2Q_1^2-Q_2^2+16Q_1+10Q_2-5+\lambda(2Q_1-Q_2-6)$. 由方程组

$$\begin{cases}\dfrac{\partial L}{\partial Q_1}=-4Q_1+16+2\lambda=0,\\ \dfrac{\partial L}{\partial Q_2}=-2Q_2+10-\lambda=0,\\ \dfrac{\partial L}{\partial \lambda}=2Q_1-Q_2-6,\end{cases}$$

得 $Q_1=5,Q_2=4,\lambda=2$，相应地 $P_1=P_2=8$. 而该问题一定存在最大值，且点(5,4)是唯一驻点，最大值在驻点处取得. 将 $Q_1=5,Q_2=4$ 代入利润函数得 $L=49$ 万元.

(3) 比较以上结果可知，企业实行差别价格定价所得利润大于统一定价时的利润.

习 题 10.6

1. 求下列函数的极值点，并指出是极大值点还是极小值点：

(1) $z=3axy-x^3-y^3(a>0)$； (2) $z=x^2-xy+y^2-2x+y$；

(3) $z=e^{2x}(x+y^2+2y)$.

2. 求下列函数在指定范围内的最小值和最大值：

(1) $z=x^2-xy+y^2$，$\{(x,y)\,|\,|x|+|y|\leqslant 1\}$；

(2) $z=\sin x+\sin y-\sin(x+y)$，$\{(x,y)\,|\,x\geqslant 0,y\geqslant 0,x+y\leqslant 2\pi\}$.

3. 在一切边长为 $2p$ 的三角形中，求出面积为最大的三角形.（提示，求三角形面积的海伦公式：$S=\sqrt{l(l-a)(l-b)(l-c)}$，其中，$a,b,c$ 为三角形的三边长，$l=\dfrac{a+b+c}{2}$）.

4. 在直角坐标平面上求一点，使它到三条直线 $x=0,y=0$ 及 $x+2y-16=0$ 的距离平方和最小.

5. 某工厂生产两种产品 A 与 B，出售价格分别为 10 元和 9 元，生产 x 单位的产品 A 和生产 y 单位的产品 B 的总成本为

$$400+2x+3y+0.01(3x^2+xy+3y^2)\quad(\text{元}).$$

求取得最大利润时两种产品的产量.

6. 某种合金的含铅量百分比为 p，其溶解温度为 t，由实验测得 p 与 t 的数据如下表：

p	36.9	46.7	63.7	77.8	84.0	87.5
t	181	197	235	270	283	292

试用最小二乘法建立含铅量百分比 p 与溶解温度 t 之间的经验公式 $t=ap+b$.

7. 求表面积为 a^2 而体积最大的长方体的体积.

8. 抛物面 $x^2+y^2=z$ 被平面 $x+y+z=1$ 截成一个椭圆. 求这个椭圆到原点的最长与最短距离.

9. 求空间中一点 (x_0,y_0,z_0) 到平面 $Ax+By+Cz+D=0$ 的最短距离.

10. 经市场调查,某超市葡萄和橙子的日销售量分别为 q_1 和 $q_2$kg,销售价格分别为 p_1 和 p_2,其销售函数分别为.

$$q_1=16-2p_1+4p_2,\quad q_2=4p_1-10p_2,$$

超市进货的成本函数为 $C=3q_1+2q_2$,试问如何对葡萄和橙子进行定价可使利润最大?

11. 设生产某产品的数量 P 与所用的两种原料 A、B 的数量 x 和 y 之间有如下关系

$$P(x,y)=0.005x^2y,$$

已知原料 A、B 的价格分别为 1 元和 2 元,现欲用 150 元购买原料,问购进两种原料各多少时可使生产该产品的数量最多?

第 11 章　重积分及其应用

在一元函数积分学中我们知道，定积分是某种确定形式的和的极限，这种和的极限的概念推广到定义在平面区域上的二元函数情形，便得到二重积分的概念，推广到定义在空间区域上的三元函数情形，便得到三重积分的概念. 本章将从具体的问题引入二重积分与三重积分的概念，然后讨论它的性质、计算以及它的一些应用.

11.1　重积分的概念与性质

11.1.1　二重积分的概念

我们以计算曲顶柱体的体积和平面薄片的质量为例来导出二重积分的概念.

例 11.1　曲顶柱体的体积.

设 $z=f(x,y)$ 是定义在有界闭区域 D 上的正连续函数，它在空间直角坐标系中表示一张曲面 S. 所谓曲顶柱体是这样一个空间立体 Ω，它以 D 为底，侧面是以 D 的边界曲线为准线，而母线平行于 z 轴的柱面，顶为曲面 S(图 11-1). 如何求这个曲顶柱体的体积 V?

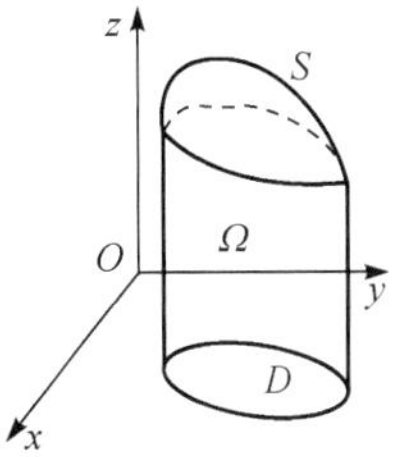

图 11-1

平顶柱体的高是不变的，它的体积为底面积乘以高. 但对于曲顶柱体. 当点 (x,y) 在 D 上变动时，高 $f(x,y)$ 是一个变量，因此它的体积就不能按上面的方法来计算. 这里我们又一次碰到了“直与曲”，“常量与变量”的矛盾. 我们可以仿照求曲边梯形面积的方法来考虑求曲顶柱体的体积问题.

(1) **分割**. 将区域 D 用任意一组曲线网分成 n 个小区域 $\Delta\sigma_1,\Delta\sigma_2,\cdots,\Delta\sigma_n$(也用 $\Delta\sigma_i$ 表示第 i 个小区域的面积)，以这些小区域为底，其边界曲线为准线，作母线平行于 z 轴的柱面，这些柱面将原来的曲顶柱体 Ω 分划成 n 个小曲顶柱体 $\Delta\Omega_i(i=1,2,\cdots,n)$，它们的体积记为 $\Delta V_i(i=1,2,\cdots,n)$，于是 $V=\sum\limits_{i=1}^{n}\Delta V_i$.

(2) **近似代替**. 在每一个小区域 $\Delta\sigma_i$ 上任取一点 (ξ_i,η_i)，作以 $\Delta\sigma_i$ 为底，$f(\xi_i,\eta_i)$ 为高的小平顶柱体(图 11-2). 由于 $f(x,y)$ 连续，对于同一个小区域来说，函数值的变化不大. 因此第 i 个小曲顶柱体的体积近似等于相应的小平顶柱体的体积，即 $\Delta V_i\approx f(\xi_i,\eta_i)\Delta\sigma_i$.

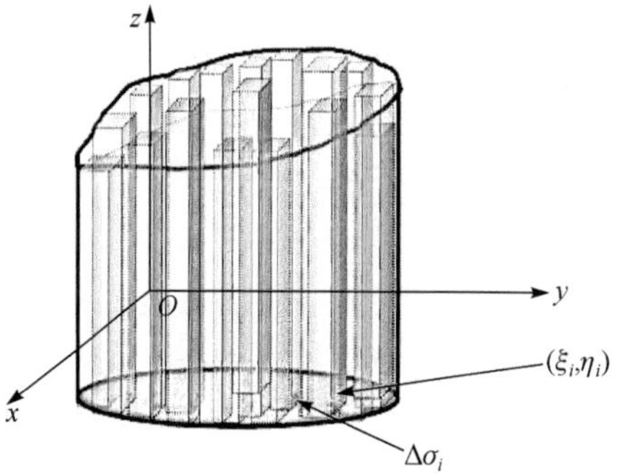

图 11-2

(3) **求和.** 整个曲顶柱体的体积近似值为

$$V=\sum_{i=1}^{n}\Delta V_i\approx\sum_{i=1}^{n}f(\xi_i,\eta_i)\Delta\sigma_i.$$

(4) **取极限.** 将 D 无限细分,且当所有小区域的最大直径 $\lambda\to0$ 时,若和式的极限存在,则曲顶柱体的体积定义

$$V=\lim_{\lambda\to0}\sum_{i=1}^{n}f(\xi_i,\eta_i)\Delta\sigma_i.$$

注 11.1　区域 D 的直径规定为 $d=\max\{|P_1P_2|\,|\,P_1,P_2\in A\}$.

例 11.2　平面薄片的质量.

设 xOy 面上有一平面薄片区域 D(图 11-3),它在 (x,y) 处的面密度为 $\rho(x,y)$,而且 $\rho(x,y)$ 在 D 上连续,现计算该平面薄片的质量 M.

如果薄片的质量是均匀的,即面密度 ρ 为常数,那么薄片的质量可以用公式 $M=\rho\cdot\sigma$ 来计算,这里 σ 是区域 D 的面积. 现在面密度 $\rho(x,y)$ 是变量,薄片的质量就不能用上述公式计算,前面处理曲顶柱体体积的方法完全适用于本问题.

(1) **分割.** 将 D 任意分成 n 个小区域 $\Delta\sigma_1,\Delta\sigma_2,\cdots,\Delta\sigma_n$, $\Delta\sigma_i$ 既代表第 i 个小区域又代表它的面积(图 11-3).

(2) **近似代替.** 第 i 个小平面薄片的质量可近似为 $\Delta M_i\approx\rho(\xi_i,\eta_i)\Delta\sigma_i$, $(\xi_i,\eta_i)\in\Delta\sigma_i$

(3) **求和.** 整个平面薄片的质量的近似值为

$$M\approx\sum_{i=1}^{n}\rho(\xi_i,\eta_i)\Delta\sigma_i.$$

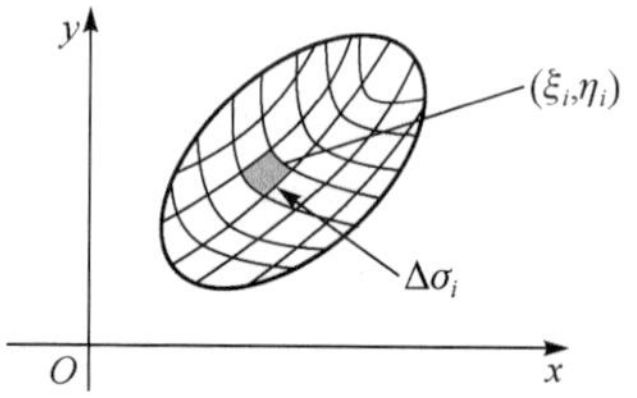

图 11-3

(4) **取极限.** 记 λ_i 为 $\Delta\sigma_i$ 的直径,

$$\lambda=\max\{\lambda_1,\lambda_2,\cdots,\lambda_n\}.$$

则整个平面薄片的质量定义为 $M=\lim\limits_{\lambda\to0}\sum\limits_{i=1}^{n}\rho(\xi_i,\eta_i)\Delta\sigma_i$.

上述实际意义不同的两个问题,解决的思想方法都可归结为同一形式的和的极限. 在物理、几何和工程技术中,还有许多问题都可归结为这样形式的极限.

定义 11.1　设函数 $f(x,y)$ 在有界闭区域 D 上有界. 将区域 D 任意分成 n 个小区域

$$\Delta\sigma_1,\Delta\sigma_2,\cdots,\Delta\sigma_n,$$

其中,$\Delta\sigma_i$ 既表示第 i 个小区域,也表示它的面积. 在每个小区域 $\Delta\sigma_i$ 上任取一点

(ξ_i,η_i)，作乘积 $f(\xi_i,\eta_i)\Delta\sigma_i(i=1,2,\cdots,n)$，并作和 $\sum\limits_{i=1}^{n}f(\xi_i,\eta_i)\Delta\sigma_i$. 记 λ_i 为 $\Delta\sigma_i$ 的直径，$\lambda=\max\{\lambda_1,\lambda_2,\cdots,\lambda_n\}$. 若极限 $\lim\limits_{\lambda\to 0}\sum\limits_{i=1}^{n}f(\xi_i,\eta_i)\Delta\sigma_i$ 存在，则称此极限值为函数 $f(x,y)$ 在区域 D 上的**二重积分**，记为

$$\iint\limits_D f(x,y)\mathrm{d}\sigma=\lim_{\lambda\to 0}\sum_{i=1}^{n}f(\xi_i,\eta_i)\Delta\sigma_i .$$

其中，$f(x,y)$ 称为被积函数，$f(x,y)\mathrm{d}\sigma$ 称为被积表达式，$\mathrm{d}\sigma$ 称为面积元素，x,y 称为**积分变量**，D 称为积分区域，$\sum\limits_{i=1}^{n}f(\xi_i,\eta_i)\Delta\sigma_i$ 称为**积分和式**.

由二重积分的定义可知，曲面 $z=f(x,y)\geqslant 0$ 在区域 D 上的曲顶柱体的体积为

$$V=\lim_{\lambda\to 0}\sum_{i=1}^{n}f(\xi_i,\eta_i)\Delta\sigma_i=\iint\limits_D f(x,y)\mathrm{d}\sigma.$$

在区域 D 上面密度为 $\rho(x,y)$ 的平面薄片的质量为

$$M=\lim_{\lambda\to 0}\sum_{i=1}^{n}\rho(\xi_i,\eta_i)\Delta\sigma_i=\iint\limits_D\rho(x,y)\mathrm{d}\sigma .$$

注 11.2　极限 $\lim\limits_{\lambda\to 0}\sum\limits_{i=1}^{n}f(\xi_i,\eta_i)\Delta\sigma_i$ 的存在不依赖区域 D 的分割，也不依赖 (ξ_i,η_i) 的取法.

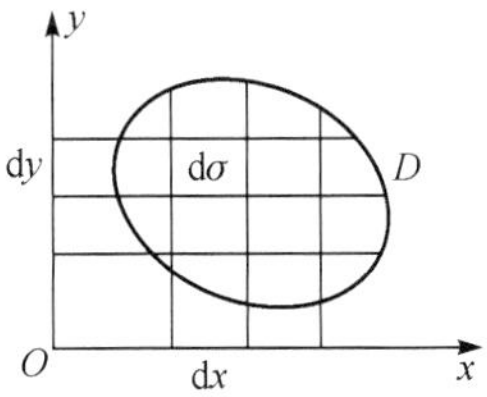

图 11-4

注 11.3　$\iint\limits_D f(x,y)\mathrm{d}\sigma$ 中的面积元素 $\mathrm{d}\sigma$ 象征着积分和式中的 $\Delta\sigma_i$，由于定义中对区域 D 的划分是任意的，若用一组平行于坐标轴的直线（图 11-4）来划分区域 D，则矩形区域 $\Delta\sigma_i=\Delta x_i\cdot\Delta y_i$. 因此，在直角坐标系中，也把面积元素 $\mathrm{d}\sigma$ 记作 $\mathrm{d}x\mathrm{d}y$，把二重积分记为 $\iint\limits_D f(x,y)\mathrm{d}x\mathrm{d}y$.

11.1.2　二重积分的几何意义及可积条件

1. 二重积分的几何意义

当 $f(x,y)\geqslant 0$ 时，$\iint\limits_D f(x,y)\mathrm{d}\sigma$ 表示一曲顶柱体的体积；当 $f(x,y)<0$ 时，$\iint\limits_D f(x,y)\mathrm{d}\sigma$ 表示一曲顶柱体体积的相反数；当 $f(x,y)$ 在 D 的部分区域上为正，而在其他部分区域上为负时，那么 $\iint\limits_D f(x,y)\mathrm{d}\sigma$ 就等于这些部分区域上的曲顶柱体体

积的代数和.

当区域 D 关于 y 轴对称,函数 $f(x,y)$ 为 x 的奇函数,即 $f(-x,y)=-f(x,y)$ 时,则$\iint\limits_D f(x,y)\mathrm{d}x\mathrm{d}y=0$.

当区域 D 关于 x 轴对称,函数 $f(x,y)$ 为 y 的奇函数,即 $f(x,-y)=-f(x,y)$ 时,则$\iint\limits_D f(x,y)\mathrm{d}x\mathrm{d}y=0$.

当区域 D 关于 y 轴对称,函数 $f(x,y)$ 为 x 的偶函数,即 $f(-x,y)=f(x,y)$ 时,则$\iint\limits_D f(x,y)\mathrm{d}x\mathrm{d}y=2\iint\limits_{D_1} f(x,y)\mathrm{d}x\mathrm{d}y$,$D_1$ 为 D 在 y 轴右(或左)侧的部分区域.

当区域 D 关于 x 轴对称,函数 $f(x,y)$ 为 y 的偶函数,即 $f(x,-y)=f(x,y)$ 时,则$\iint\limits_D f(x,y)\mathrm{d}x\mathrm{d}y=2\iint\limits_{D_1} f(x,y)\mathrm{d}x\mathrm{d}y$,$D_1$ 为 D 在 x 轴上(或下)侧的部分区域.

例如,D 为 $x^2+y^2\leqslant 1$ 时,$\iint\limits_D (x^2+y^2+1)\mathrm{d}x\mathrm{d}y=4\iint\limits_{D_1}(x^2+y^2+1)\mathrm{d}x\mathrm{d}y$,$D_1$ 为 D 在第一象限所围区域.

2. 可积的条件

若 $f(x,y)$在闭区域 D 上连续,则 $f(x,y)$在 D 上的二重积分存在.

11.1.3 二重积分的性质

二重积分与定积分有着类似的性质,我们假定出现的函数都是连续的.

性质 11.1 $\iint\limits_D kf(x,y)\mathrm{d}\sigma=k\iint\limits_D f(x,y)\mathrm{d}\sigma$,$k$ 为常数.

性质 11.2 $\iint\limits_D (f(x,y)\pm g(x,y))\mathrm{d}\sigma=\iint\limits_D f(x,y)\mathrm{d}\sigma\pm\iint\limits_D g(x,y)\mathrm{d}\sigma$.

性质 11.3 若区域 D 由两个部分区域 D_1,D_2 组成,则

$$\iint\limits_D f(x,y)\mathrm{d}\sigma=\iint\limits_{D_1} f(x,y)\mathrm{d}\sigma+\iint\limits_{D_2} f(x,y)\mathrm{d}\sigma.$$

性质 11.3 也称为**二重积分对于积分区域具有可加性.**

性质 11.4 若在区域 D 上,$f(x,y)\equiv 1$,σ 表示区域 D 的面积,则

$$\iint\limits_D f(x,y)\mathrm{d}\sigma=\iint\limits_D 1\cdot\mathrm{d}\sigma\overset{\text{记}}{=}\iint\limits_D \mathrm{d}\sigma=\sigma.$$

性质 11.5 若在区域 D 上恒有 $f(x,y)\leqslant\varphi(x,y)$,则有不等式

$$\iint\limits_D f(x,y)\mathrm{d}\sigma\leqslant\iint\limits_D \varphi(x,y)\mathrm{d}\sigma.$$

特别地，由于$-|f(x,y)|\leqslant f(x,y)\leqslant|f(x,y)|$，故有

$$\left|\iint\limits_D f(x,y)\mathrm{d}\sigma\right|\leqslant\iint\limits_D|f(x,y)|\mathrm{d}\sigma.$$

性质 11.6(估值不等式)　设 M 与 m 分别是 $f(x,y)$在闭区域 D 上的最大值和最小值，σ 是区域 D 的面积，则

$$m\sigma\leqslant\iint\limits_D f(x,y)\mathrm{d}\sigma\leqslant M\sigma\ .$$

性质 11.7(中值定理)　设函数 $f(x,y)$在闭区域 D 上连续，σ 是 D 的面积，则在 D 上至少存在一点(ξ,η)，使得

$$\iint\limits_D f(x,y)\mathrm{d}\sigma=f(\xi,\eta)\sigma.$$

例 11.3　比较积分

$$\iint\limits_D\ln(x+y)\mathrm{d}\sigma\quad与\quad\iint\limits_D[\ln(x+y)]^2\mathrm{d}\sigma$$

的大小，D 是三顶点为$(1,0)$，$(1,1)$和$(2,0)$的三角形.

解　如图 11-5 所示，D 上的点满足

$1\leqslant x+y\leqslant 2<\mathrm{e},\ln(x+y)>[\ln(x+y)]^2$，

因此

$$\iint\limits_D\ln(x+y)\mathrm{d}\sigma>\iint\limits_D([\ln(x+y)])^2\mathrm{d}\sigma.$$

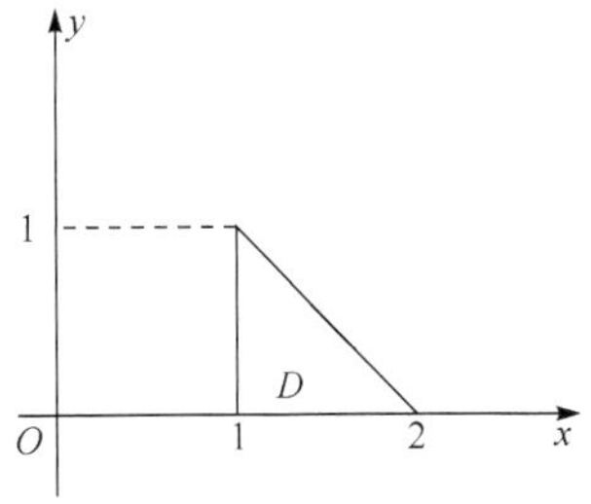

图 11-5

***例 11.4**　估计 $I=\iint\limits_D(x^2+4y^2+9)\mathrm{d}\sigma$ 的值，D 是圆域 $x^2+y^2\leqslant 4$.

解　由于

$$f_x=2x=0,$$
$$f_y=8y=0\Rightarrow(x,y)=(0,0)$$

是 $f(x,y)$在区域 D 内的驻点，且 $f(0,0)=9$.

在 D 的边界上，$f(x,y)=x^2+4(4-x^2)+9=25-3x^2\Rightarrow 13\leqslant f(x,y)\leqslant 25$，$|x|\leqslant 2$，所以 $f_{\min}=9$，$f_{\max}=25$，从而 $36\pi\leqslant 9\cdot 4\pi\leqslant I\leqslant 25\cdot 4\pi\leqslant 100\pi$.

习　题　11.1

1. 下列二重积分表示怎样的空间立体的体积？试画出下列空间立体的图形：

(1) $\iint\limits_D(x^2+y^2+1)\mathrm{d}\sigma$，其中，$D$ 是圆域 $x^2+y^2\leqslant 1$；

(2) $\iint\limits_D\sqrt{2-x^2-y^2}\mathrm{d}x\mathrm{d}y-\iint\limits_D\sqrt{x^2+y^2}\mathrm{d}x\mathrm{d}y$，其中，$D$ 是圆域 $x^2+y^2\leqslant 1$.

2. 利用被积函数的对称性确定下列二重积分的值：

(1) $\iint\limits_D x^2y^3\,\mathrm{d}\sigma$，其中，$D$ 是矩形区域 $0\leqslant x\leqslant 1,-1\leqslant y\leqslant 1$；

(2) $\iint\limits_D \dfrac{y\cos x}{x^2+y^2}\mathrm{d}\sigma$，其中，$D$ 是圆域 $x^2+y^2\leqslant r^2$.

*3. 利用二重积分的性质，估计下列积分的值：

(1) $I=\iint\limits_D \dfrac{\mathrm{d}\sigma}{100+\cos^2x+\cos^2y},\quad D=\{(x,y)\,|\,|x|+|y|\leqslant 1\}$；

(2) $I=\iint\limits_D (x+xy-x^2-y^2)\mathrm{d}\sigma,\quad D=\{(x,y)\,|\,0\leqslant x\leqslant 1,0\leqslant y\leqslant 2\}$.

11.2 二重积分的计算

二重积分的定义原则上给出了计算二重积分的方法，但由于计算和的极限很繁杂，因此有必要研究切实的计算方法. 本节介绍计算二重积分的常用方法，即把二重积分化为两次单积分(即二次积分)来计算.

11.2.1 用直角坐标计算二重积分

我们应用几何的观点来讨论二重积分 $\iint\limits_D f(x,y)\mathrm{d}\sigma$ 的计算问题，在讨论中假定 $f(x,y)\geqslant 0$. 设区域 $D=\{x\,|\,\varphi_1(x)\leqslant y\leqslant\varphi_2(x),a\leqslant x\leqslant b\}$ 为 X－型区域，如图 11-6(a) 所示，其中，函数 $\varphi_1(x),\varphi_2(x)$ 在区间 $[a,b]$ 上连续.

一方面，二重积分 $\iint\limits_D f(x,y)\mathrm{d}\sigma$ 表示如图 11-7 所示的曲顶柱体的体积 V. 另一方面，我们在区间 $[a,b]$ 上任意取定一个点 x_0，作平行于 yOz 面的平面 $x=x_0$，这平面截曲顶柱体所得截面是以区间 $[\varphi_1(x_0),\varphi_2(x_0)]$ 为底，曲线 $z=f(x_0,y)$ 为曲边的曲边梯形，其面积为 $A(x_0)=\int_{\varphi_1(x_0)}^{\varphi_2(x_0)}f(x_0,y)\mathrm{d}y$.

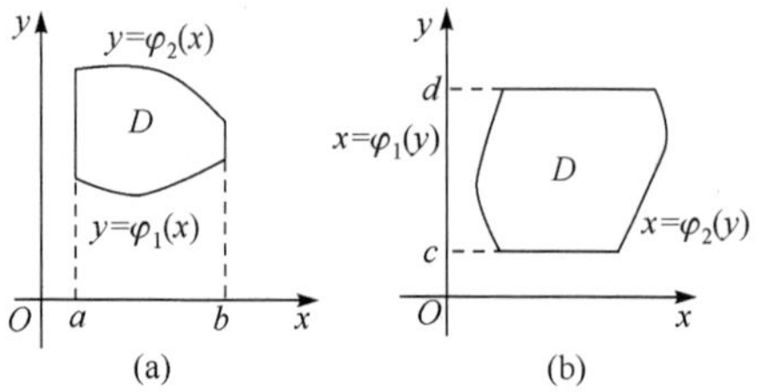

图 11-6

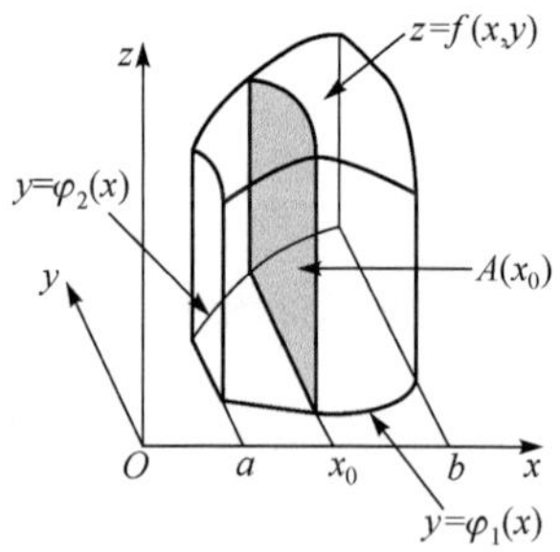

图 11-7

一般地，过区间$[a,b]$上任一点 x 且平行于 yOz 面的平面截曲顶柱体所得截面的面积为

$$A(x)=\int_{\varphi_1(x)}^{\varphi_2(x)} f(x,y)\mathrm{d}y,$$

所以，利用计算平行截面面积为已知的立体的定积分方法，综上即得

$$\iint_D f(x,y)\mathrm{d}\sigma=V=\int_a^b A(x)\mathrm{d}x=\int_a^b\left[\int_{\varphi_1(x)}^{\varphi_2(x)} f(x,y)\mathrm{d}y\right]\mathrm{d}x$$

上式右端是一个先对 y，后对 x 的二次积分，即先把 x 看成常数，对 $f(x,y)$求$[\varphi_1(x),\varphi_2(x)]$上的定积分，然后对所得的结果关于 x 求$[a,b]$上的定积分. 这样的先对 y，后对 x 的积分，常记作

$$\iint_D f(x,y)\mathrm{d}\sigma=\int_a^b \mathrm{d}x\int_{\varphi_1(x)}^{\varphi_2(x)} f(x,y)\mathrm{d}y \tag{11.1}$$

类似的，区域 $D=\{y|\varphi_1(y)\leqslant y\leqslant\varphi_2(y),c\leqslant y\leqslant \mathrm{d}\}$为 Y－型区域，如图 11-6(b)所示，函数 $\varphi_1(y)$，$\varphi_2(y)$在区间$[c,d]$上连续，则有

$$\iint_D f(x,y)\mathrm{d}\sigma=\int_c^d \mathrm{d}y\int_{\varphi_1(y)}^{\varphi_2(y)} f(x,y)\mathrm{d}x \tag{11.2}$$

这就是把二重积分化为先对 x，后对 y 的二次积分的公式.

注 11.4　积分区域 D 如图 11-8 所示，用式(11.1)或式(11.2)时，需先要将 D 分划成几个 X－型区域或 Y－型区域后结合积分对区域有可加性去计算.

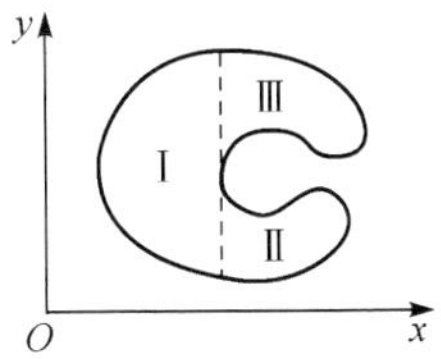

图 11-8

注 11.5　化二重积分为二次积分关键是定限，第一次积分的上、下限是区域 D 的上、下(或左、右)边界曲线的函数表达式，第二次积分的上、下限是区域 D 上的点相应积分变量的取值区间的端点. 二次积分的顺序选择原则是两个单积分便于计算.

例 11.5　计算二重积分$\iint_D (x^2+y)\mathrm{d}x\mathrm{d}y$，$D$ 是由抛物线 $x=y^2$ 和 $y=x^2$ 所围成的平面闭区域.

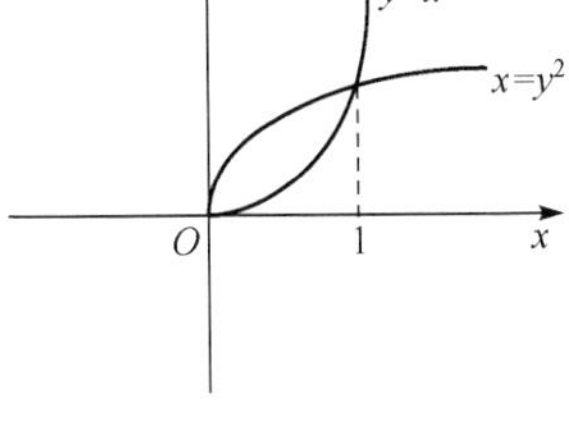

图 11-9

分析　如图 11-9 所示，曲线 $x=y^2$ 和 $y=x^2$ 围成的区域既是 X－型区域，又是 Y－型区域，因此我们可以选择先对 y，后对 x 的积分顺序，也可以选择先对 x，后对 y 的积分顺序. 这里将 D 看成 Y－型区域做解如下.

解　由 $x=y^2$ 与 $y=x^2$ 联立其两曲线交点为$(0,0)$，$(1,1)$，则

$$\iint_D (x^2+y)\mathrm{d}x\mathrm{d}y = \int_0^1 \mathrm{d}y \int_{y^2}^{\sqrt{y}} (x^2+y)\mathrm{d}x = \int_0^1 \left(\frac{4}{3}y^{\frac{3}{2}} - \frac{1}{3}y^6 - y^3\right)\mathrm{d}y = \frac{33}{140}.$$

例 11.6 计算二重积分$\iint_D xy\,\mathrm{d}x\mathrm{d}y$,其中,$D$ 是 $x=y^2$,$y=x-2$ 围成.

解 如图 11-10 所示,将区域 D 视为 Y—型区域有

$$\iint_D xy\,\mathrm{d}x\mathrm{d}y = \int_{-1}^2 \mathrm{d}y \int_{y^2}^{2+y} xy\,\mathrm{d}x = \frac{1}{2}\int_{-1}^2 (y^3+4y^2+4y-y^5)\mathrm{d}y = \frac{45}{8}.$$

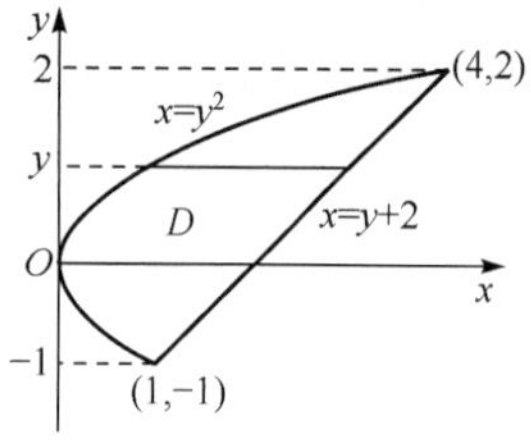

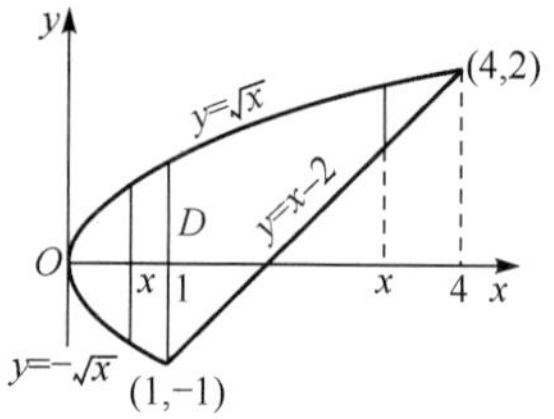

图 11-10

将区域 D 视为 X—**型区域**,计算需分两部分进行,读者可自行计算.

例 11.7 计算二重积分$\iint_D \frac{\sin y}{y}\mathrm{d}x\mathrm{d}y$,区域 D 由 $y=x$,$x=y^2$ 所围成.

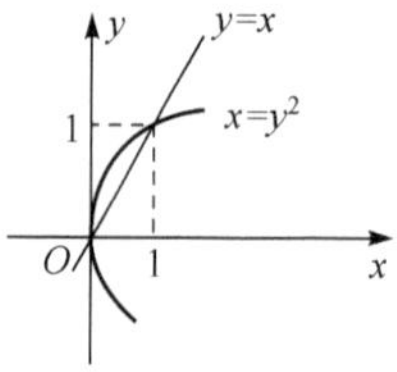

图 11-11

解 如图 11-11 所示,区域 D 视为 Y—型区域有

$$\iint_D \frac{\sin y}{y}\mathrm{d}x\mathrm{d}y = \int_0^1 \mathrm{d}y \int_{y^2}^{y} \frac{\sin y}{y}\mathrm{d}x$$
$$= \int_0^1 (\sin y - y\sin y)\,\mathrm{d}y = 1-\sin 1.$$

注 11.6 这里,视区域 D 为 X—型区域,则有

$$\iint_D \frac{\sin y}{y}\mathrm{d}x\mathrm{d}y = \int_0^1 \mathrm{d}x \int_x^{\sqrt{x}} \frac{\sin y}{y}\mathrm{d}y,$$

遇到积分$\int \frac{\sin y}{y}\mathrm{d}y$ 不能用初等函数表示时,则不能往下做了.

例 11.8 改变积分顺序 $\int_1^2 \mathrm{d}x \int_x^{2x} f(x,y)\mathrm{d}y$.

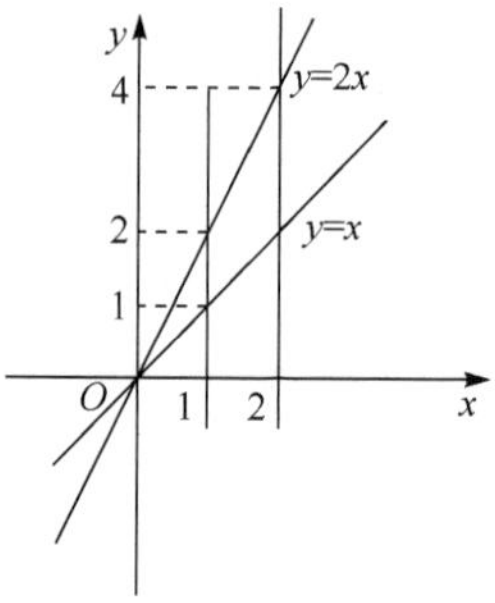

图 11-12

解 如图 11-12 所示

$\int_1^2 \mathrm{d}x \int_x^{2x} f(x,y)\mathrm{d}y = \iint_D f(x,y)\mathrm{d}\sigma$,$D$ 由直线 $y=x$,$y=2x$,$x=1$,$x=2$ 围成.

$$\int_1^2 \mathrm{d}x \int_x^{2x} f(x,y)\mathrm{d}y$$

$$=\int_1^2 dy\int_1^y f(x,y)dx+\int_2^4 dy\int_{\frac{y}{2}}^2 f(x,y)dx.$$

例 11.9　试求两个半径相等的直角圆柱面所围成的立体体积 V.

解　如图 11-13 所示,设圆柱面的半径为 R,两个圆柱面方程可设为 $x^2+y^2=R^2$,$x^2+z^2=R^2$,由对称性知,要求体积 $V=8V_1$,其中 V_1 为在第一象限部分的体积,这是以 $D:0\leqslant y\leqslant\sqrt{R^2-x^2}\ (0\leqslant x\leqslant R)$ 为底,$z=\sqrt{R^2-x^2}$ 为顶的曲顶柱体体积,而且

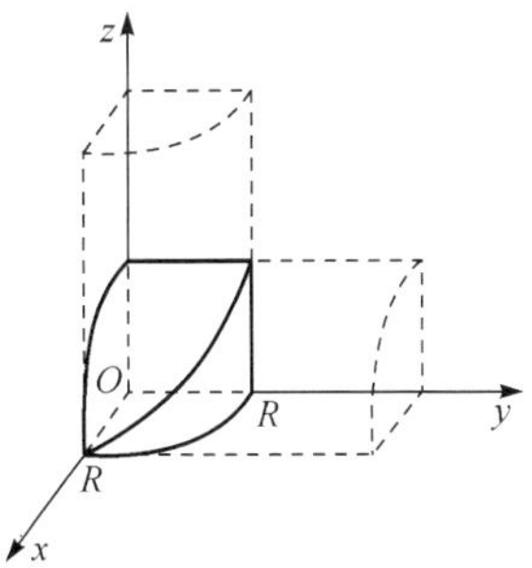

图 11-13

$$V_1=\iint_D\sqrt{R^2-x^2}dxdy=\int_0^R dx\int_0^{\sqrt{R^2-x^2}}\sqrt{R^2-x^2}dy$$
$$=\int_0^R(R^2-x^2)dx=\frac{2}{3}R^3,$$

所以体积 $V=8V_1=\dfrac{16}{3}R^3$.

11.2.2　用极坐标计算二重积分

由于有些二重积分的被积函数和积分区域 D 的边界曲线在极坐标系中用变量 r,θ 表示有比较简明情况. 所以,我们有必要考虑建立极坐标方法计算二重积分 $\iint\limits_D f(x,y)d\sigma$.

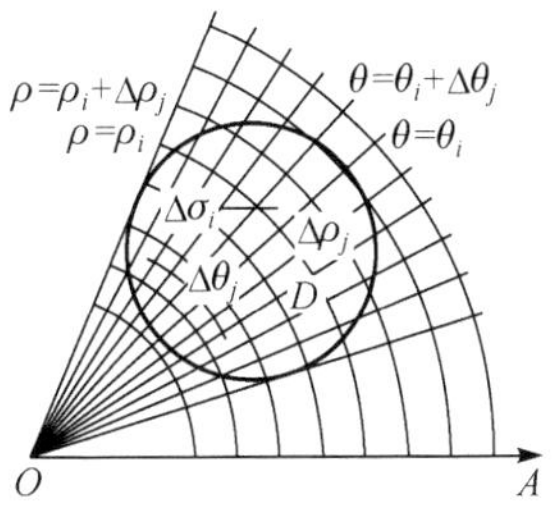

图 11-14

假定从极点 O 出发且穿过区域 D 内部的射线与区域 D 的边界曲线相交不多于两点. 我们以极点为中心的一簇同心圆 $r=$常数,从极点出发的一族射线 $\theta=$常数,把闭区域 D 分成 n 个小闭区域(图 11-14).

忽略包含边界的小区域,我们可得到极坐标系中的面积微元为 $d\sigma=rdrd\theta$,再根据极坐标和直角坐标之间的关系 $x=r\cos\theta$, $y=r\sin\theta$,从而得到二重积分

$$\iint_D f(x,y)d\sigma=\iint_D f(r\cos\theta,r\sin\theta)rdrd\theta.$$

极坐标系中的二重积分,同样可以化为二次积分来计算. 下面根据极坐标系中区域 D 的不同类型,分别给出其计算公式.

(1) 极点在积分区域 D 之外(图 11-15(a)),D 可以用不等式

$$\varphi_1(\theta)\leqslant r\leqslant\varphi_2(\theta),\quad \alpha\leqslant\theta\leqslant\beta$$

来表示,其中,函数 $\varphi_1(\theta)$,$\varphi_2(\theta)$ 在区间$[\alpha,\beta]$上连续. 二重积分化为二次积分公式为

$$\iint_D f(r\cos\theta,r\sin\theta)rdrd\theta=\int_\alpha^\beta\left[\int_{\varphi_1(\theta)}^{\varphi_2(\theta)}f(r\cos\theta,r\sin\theta)rdr\right]d\theta$$

$$=\int_{\alpha}^{\beta}\mathrm{d}\theta\int_{\varphi_1(\theta)}^{\varphi_2(\theta)}f(r\cos\theta,r\sin\theta)r\mathrm{d}r.$$

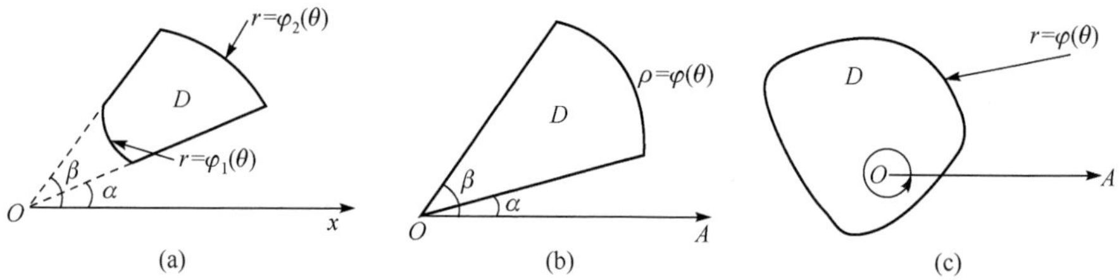

图 11-15

(2) 极点在积分区域 D 的边界上(图 11-15(b)),D 可以用不等式

$$0\leqslant r\leqslant\varphi(\theta),\quad \alpha\leqslant\theta\leqslant\beta$$

表示,其中函数 $\varphi_1(\theta)$,$\varphi_2(\theta)$在区间$[\alpha,\beta]$上连续. 二重积分化为二次积分公式为

$$\iint_D f(r\cos\theta,r\sin\theta)r\mathrm{d}r\mathrm{d}\theta=\int_{\alpha}^{\beta}\left[\int_0^{\varphi(\theta)}f(r\cos\theta,r\sin\theta)r\mathrm{d}r\right]\mathrm{d}\theta$$

$$=\int_{\alpha}^{\beta}\mathrm{d}\theta\int_0^{\varphi(\theta)}f(r\cos\theta,r\sin\theta)r\mathrm{d}r.$$

(3) 极点在积分区域 D 的内部(图 11-15(c)),D 可以用不等式

$$0\leqslant r\leqslant\varphi(\theta),\quad 0\leqslant\theta\leqslant 2\pi$$

表示,其中,函数 $\varphi(\theta)$在区间$[\alpha,\beta]$上连续. 二重积分化为二次积分公式为

$$\iint_D f(r\cos\theta,r\sin\theta)r\mathrm{d}r\mathrm{d}\theta=\int_0^{2\pi}\left[\int_0^{\varphi(\theta)}f(r\cos\theta,r\sin\theta)r\mathrm{d}r\right]\mathrm{d}\theta$$

$$=\int_0^{2\pi}\mathrm{d}\theta\int_0^{\varphi(\theta)}f(r\cos\theta,r\sin\theta)r\mathrm{d}r.$$

例 11.10　写出$\iint\limits_D f(x,y)\mathrm{d}x\mathrm{d}y$ 的极坐标二次积分形式

$$D=\left\{(x,y)\,\middle|\,1-x\leqslant y\leqslant\sqrt{1-x^2},0\leqslant x\leqslant 1\right\}.$$

解　如图 11-16 所示,在极坐标系下圆的方程为 $r=1$,直线方程为

$$r=\frac{1}{\sin\theta+\cos\theta},$$

$$\iint_D f(x,y)\mathrm{d}x\mathrm{d}y=\int_0^{\frac{\pi}{2}}\mathrm{d}\theta\int_{\frac{1}{\sin\theta+\cos\theta}}^{1}f(r\cos\theta,r\sin\theta)r\mathrm{d}r$$

例 11.11　计算$\iint\limits_D \mathrm{e}^{-x^2-y^2}\mathrm{d}x\mathrm{d}y$,$D$ 是中心在原点,半径为 a 的圆周所围成的区域(图 11-17).

解　在极坐标下,D:$0\leqslant r\leqslant a$,$0\leqslant\theta\leqslant 2\pi$,则

$$\iint_D \mathrm{e}^{-x^2-y^2}\mathrm{d}x\mathrm{d}y=\iint_D \mathrm{e}^{-r^2}r\mathrm{d}r\mathrm{d}\theta=\int_0^{2\pi}\left(\int_0^a r\mathrm{e}^{-r^2}\mathrm{d}r\right)\mathrm{d}\theta=\pi(1-\mathrm{e}^{-a^2}).$$

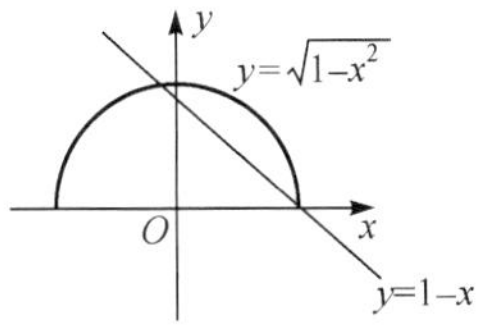

图 11-16

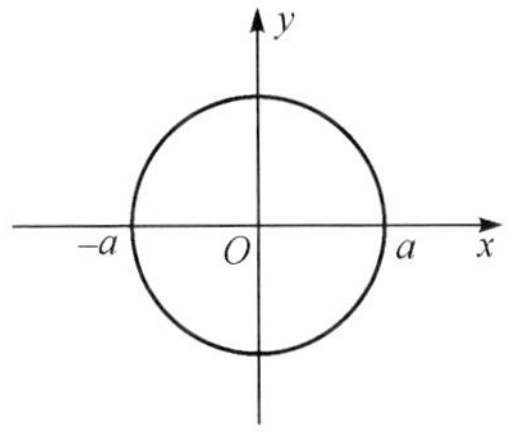

图 11-17

若不用极坐标计算，直接用直角坐标，由于$\int e^{-y^2}\mathrm{d}y$不能用初等函数表示，所以算不出来.

例 11.12 计算二重积分$\iint\limits_D \frac{\sin(\pi\sqrt{x^2+y^2})}{\sqrt{x^2+y^2}}\mathrm{d}\sigma$，$D=\{(x,y)\mid 1\leqslant x^2+y^2\leqslant 4\}$(图 11-18).

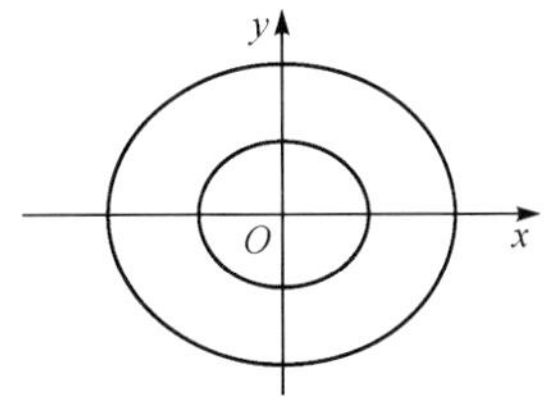

图 11-18

解 由对称性，只考虑第一象限部分 D_1，$D=4D_1$.

$$\iint\limits_D \frac{\sin(\pi\sqrt{x^2+y^2})}{\sqrt{x^2+y^2}}\mathrm{d}\sigma = 4\iint\limits_{D_1} \frac{\sin(\pi\sqrt{x^2+y^2})}{\sqrt{x^2+y^2}}\mathrm{d}\sigma$$

$$= 4\int_0^{\frac{\pi}{2}}\mathrm{d}\theta\int_1^2 \sin(\pi r)\mathrm{d}r = -4.$$

上面介绍了在两种坐标系中二重积分的算法. 当积分区域为圆、圆环或圆的一部分或被积函数中含有 x^2+y^2 项时，采用极坐标计算会较为便利.

习 题 11.2

1. 将二重积分$\iint\limits_D f(x,y)\mathrm{d}\sigma$化为次序不同的二次积分：

(1) D 是以点(0,0),(2,0),(1,1)为顶点的三角形区域；

(2) D 是由曲线 $y=x^2$ 和 $y=4-x^2$ 所围区域；

(3) D 是圆域 $x^2+(y-a)^2\leqslant a^2$；

(4) 在第一象限中，由 $y=2x$, $2y=x$, $xy=2$ 所围区域.

2. 交换下列二次积分的次序：

(1) $\int_0^2\mathrm{d}x\int_x^{2x}f(x,y)\mathrm{d}y$； (2) $\int_0^a\mathrm{d}x\int_x^{\sqrt{2ax-x^2}}f(x,y)\mathrm{d}y$；

(3) $\int_0^1\mathrm{d}x\int_0^{x^2}f(x,y)\mathrm{d}y+\int_1^2\mathrm{d}x\int_0^{\sqrt{1-(x-1)^2}}f(x,y)\mathrm{d}y$.

3. 计算下列二重积分：

(1) $\iint\limits_D xy\mathrm{d}\sigma$,其中,$D$ 是 $0\leqslant x\leqslant 1,0\leqslant y\leqslant 2$ 所围区域;

(2) $\iint\limits_D x\ln y\mathrm{d}\sigma$,其中,$D$ 是矩形区域 $0\leqslant x\leqslant 4,1\leqslant y\leqslant \mathrm{e}$;

(3) $\iint\limits_D \mathrm{e}^{x+y}\mathrm{d}\sigma$,其中,$D$ 是 $0\leqslant x\leqslant 1,0\leqslant y\leqslant 2$ 所围区域;

(4) $\iint\limits_D x\sin(x+y)\mathrm{d}\sigma, D: 0\leqslant x\leqslant \pi, 0\leqslant y\leqslant \frac{\pi}{2}$;

(5) $\iint\limits_D xy^2\mathrm{d}\sigma$,$D$ 是由曲线 $y^2=2px$ 和直线 $x=\frac{p}{2}$ 所围区域;

(6) $\iint\limits_D (x^2+y)\mathrm{d}\sigma$,$D$ 是由曲线 $y=x^2, y^2=x$ 所围区域;

(7) $\iint\limits_D y\mathrm{d}\sigma$,$D$ 是由抛物线 $y^2=x$ 和直线 $y=2x-1$ 所围区域;

(8) $\iint\limits_D (x-y)\mathrm{d}\sigma$,$D$ 是由抛物线 $y=2-x^2$ 和直线 $y=2x-1$ 所围区域;

(9) $\iint\limits_D \frac{x^2}{y^2}\mathrm{d}\sigma$,$D$ 是由 $x=2, y=x$ 和 $xy=1$ 所围区域;

(10) 求 $\iint\limits_D (x+y)\operatorname{sgn}(x-y)\mathrm{d}x\mathrm{d}y, D=\{(x,y)\mid 0\leqslant x\leqslant 1, 0\leqslant y\leqslant 1\}$;

(11) $\iint\limits_D \sqrt{|y-x^2|}\mathrm{d}x\mathrm{d}y, D: |x|\leqslant 1, 0\leqslant y\leqslant 2$.

4. 将二重积分 $\iint\limits_D f(x,y)\mathrm{d}x\mathrm{d}y$ 用极坐标表示为二次积分:

(1) D 是圆域 $x^2+y^2\leqslant a^2$;　　(2) D 是圆域 $x^2+y^2\leqslant ax$;

(3) D 是圆域 $x^2+y^2\leqslant by$;　　(4) D 是 $y=x, y=0$ 和 $x=1$ 围成的区域;

(5) D 是 $x^2+y^2=4x, x^2+y^2=8x, y=x, y=2x$ 围成的区域;

(6) D 是 $x^2+y^2\leqslant ax$ 和 $x^2+y^2\leqslant ay$ 之公共部分.

5. 在极坐标下计算下列二重积分:

(1) $\iint\limits_D |xy|\mathrm{d}\sigma$,$D$ 是圆域 $x^2+y^2\leqslant a^2$;

(2) $\iint\limits_D \sqrt{x}\mathrm{d}\sigma$,$D$ 是圆域 $x^2+y^2\leqslant x$;

(3) $\iint\limits_D \frac{1}{(x^2+y^2)^2}\mathrm{d}x\mathrm{d}y$,$D$ 是 $x^2+y^2=2x$ 内且 $x\geqslant 1$ 的部分;

(4) $\iint\limits_D \sin\sqrt{x^2+y^2}\mathrm{d}\sigma$,$D$ 是环形区域 $\pi^2\leqslant x^2+y^2\leqslant 4\pi^2$;

(5) $\iint\limits_D \arctan\dfrac{y}{x}\mathrm{d}\sigma$,$D$ 是 $x^2+y^2\geqslant 1$. $x^2+y^2\leqslant 4$, $y\geqslant 0$, $y\leqslant x$ 所围区域.

6. 利用二重积分求由曲线 $x^2+y^2=4x$, $x^2+y^2=8x$, $y=x$, $y=\sqrt{3}x$ 所围区域的面积.

7. 求球体 $x^2+y^2+z^2\leqslant 4a^2$ 和圆柱体 $x^2+y^2\leqslant 2ax(a>0)$公共部分的体积(称为 Vivian 体).

8. 求由曲面 $z=1-x^2-y^2$ 和平面 $y=x$, $y=\sqrt{3}x$, $z=0$ 所围成的立体在第一象限的体积.

9. 求由曲面 $z=x^2+y^2$ 与 $z=\sqrt{x^2+y^2}$ 所围成的立体体积.

11.3　三重积分的概念及其计算法

11.3.1　三重积分的定义

1. 非均匀物体的质量

设非均匀物体分布在三维空间中的一个有界闭区域 Ω 上,其体密度为连续函数 $\mu(x,y,z)$,求物体 Ω 的质量 M.

(1) **分割.** 把 Ω 任意分成 n 个空间小区域 ΔV_1, ΔV_2, $\cdots$, ΔV_n,约定 $\Delta\sigma_i$ 不仅代表第 i 个小区域也代表它的体积(图 11-19).

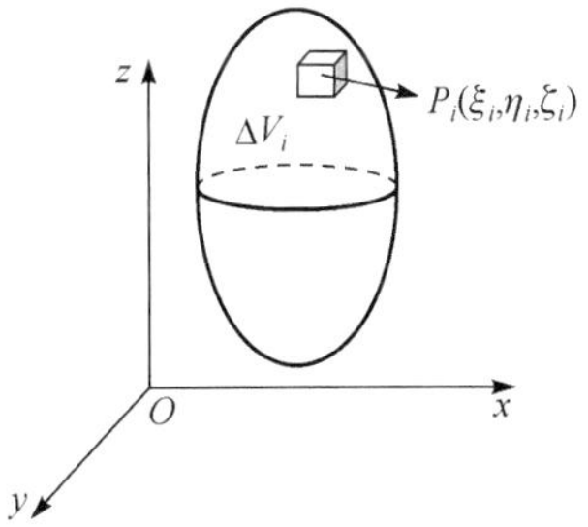

图 11-19

(2) **近似代替.** 第 i 个小区域的质量可近似为

$\Delta M_i\approx\mu(\xi_i,\eta_i,\zeta_i)\Delta V_i$,　$((\xi_i,\eta_i,\zeta_i)\in\Delta V_i)$.

(3) **求和.** 质量 M 的近似值为

$$M\approx\sum_{i=1}^{n}\mu(\xi_i,\eta_i,\zeta_i)\Delta V_i.$$

(4) **取极限.** λ_i 为 ΔV_i 的直径,$\lambda=\max\limits_{1\leqslant i\leqslant n}\{\lambda_i\}$,规定

$$\lambda=\max\{\lambda_1,\lambda_2,\cdots,\lambda_n\},\quad M=\lim_{\lambda\to 0}\sum_{i=1}^{n}\rho(\xi_i,\eta_i,\zeta_i)\Delta V_i.$$

定义 11.2　设 $f(x,y,z)$是空间闭区域 Ω 上的有界函数,将 Ω 任意地分划成 n 个小区域

$$\Delta v_1,\Delta v_2,\cdots,\Delta v_n,$$

其中,Δv_i 既表示第 i 个小区域,也表示它的体积. 在每个小区域 Δv_i 上任取一点 (ξ_i,η_i,ζ_i),作乘积 $f(\xi_i,\eta_i,\zeta_i)\Delta v_i$, $i=1,2,\cdots,n$,和式为 $\sum\limits_{i=1}^{n}f(\xi_i,\eta_i,\zeta_i)\Delta v_i$,以 λ 记这 n 个小区域直径的最大者,若极限 $\lim\limits_{\lambda\to 0}\sum\limits_{i=1}^{n}f(\xi_i,\eta_i,\zeta_i)\Delta v_i$ 存在,则称此极限值为

函数 $f(x,y,z)$ 在区域 Ω 上的三重积分,记为

$$\iiint_{\Omega} f(x,y,z)\mathrm{d}v = \lim_{\lambda\to 0}\sum_{i=1}^{n} f(\xi_i,\eta_i,\zeta_i)\Delta v_i.$$

其中,$f(x,y,z)$ 称为被积函数,$f(x,y,z)\mathrm{d}v$ 称为被积表达式,$\mathrm{d}v$ 称为**体积元素**,x,y,z 称为**积分变量**,Ω 称为**积分区域**,$\sum_{i=1}^{n} f(\xi_i,\eta_i)\Delta\sigma_i$ 称为**积分和式**.

2. 三重积分的性质

(1) 若函数 $f(x,y,z)$ 在区域 Ω 上连续,则三重积分 $\iiint_{\Omega} f(x,y,z)\mathrm{d}v$ 存在.

(2) 物理意义. 如果 $f(x,y,z)=\rho(x,y,z)$ 表示某物体在 (x,y,z) 处的体密度,Ω 是该物体所占有的空间区域,则三重积分

$$\iiint_{\Omega} f(x,y,z)\mathrm{d}v = \iiint_{\Omega}\rho(x,y,z)\mathrm{d}v$$

是物体 Ω 的质量 M.

(3) 如果在区域 Ω 上被积函数 $f(x,y,z)\equiv 1$,则

$$\iiint_{\Omega} f(x,y,z)\mathrm{d}v = \iiint_{\Omega} 1\cdot \mathrm{d}v \overset{\text{记}}{=} \iiint_{\Omega}\mathrm{d}v = V,$$

其中,V 为区域 Ω 的体积.

(4) 在直角坐标系下也可记作 $\mathrm{d}v=\mathrm{d}x\mathrm{d}y\mathrm{d}z$,

$$\iiint_{\Omega} f(x,y,z)\mathrm{d}v = \iiint_{\Omega} f(x,y,z)\mathrm{d}x\mathrm{d}y\mathrm{d}z.$$

11.3.2 三重积分的计算法

1. 利用直角坐标计算三重积分

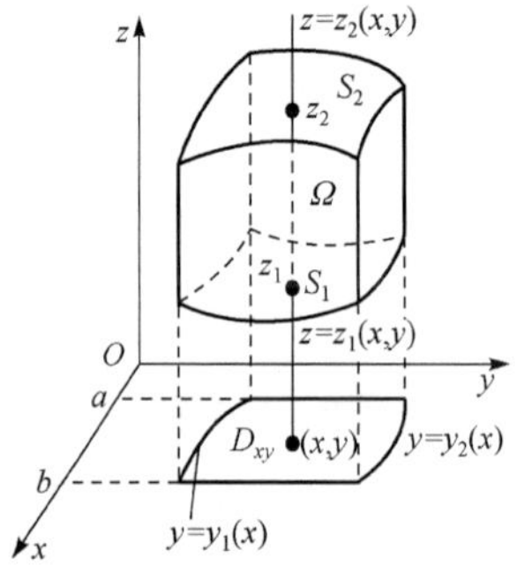

图 11-20

设区域 Ω 的底面为 $S_1: z=z_1(x,y)$,顶面为 $S_2: z=z_2(x,y)$;侧面为母线平行于 z 轴的柱面,Ω 在 xOy 面上的投影区域为 D_{xy},也即

$\Omega=\{(x,y,z)\mid z_1(x,y)\leqslant z\leqslant z_2(x,y),(x,y)\in D_{xy}\}$,

如图 11-20 所示,则三重积分

$$\iiint_{\Omega} f(x,y,z)\mathrm{d}v = \int_a^b \mathrm{d}x\int_{\varphi_1(x)}^{\varphi_2(x)}\mathrm{d}y\int_{z_1(x,y)}^{z_2(x,y)} f(x,y,z)\mathrm{d}z,$$

其中,$D_{xy}=\{(x,y)\mid \varphi_1(x,y)\leqslant y\leqslant \varphi_2(x,y),\ a\leqslant x\leqslant b\}$.

例 11.13　计算三重积分 $\iiint\limits_{\Omega} x\,\mathrm{d}x\mathrm{d}y\mathrm{d}z$，$\Omega$ 为三坐标面及平面 $x+2y+z=1$ 所围成的闭区域.

解　如图 11-21 所示，有

$$\Omega=\{(x,y,z)\,|\,0\leqslant z\leqslant 1-x-2y,(x,y)\in D_{xy}\},$$

$$D_{xy}=\{(x,y)\,|\,0\leqslant y\leqslant \frac{1-x}{2},0\leqslant x\leqslant 1\},$$

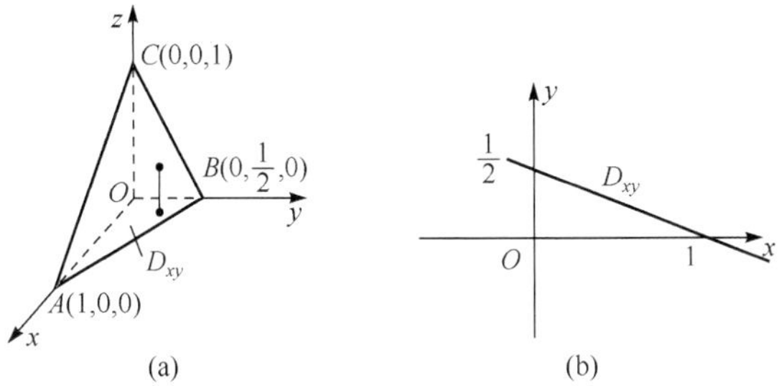

图 11-21

因此

$$\begin{aligned}\iiint\limits_{\Omega} x\,\mathrm{d}x\mathrm{d}y\mathrm{d}z &= \int_0^1 \mathrm{d}x\int_0^{\frac{1-x}{2}}\mathrm{d}y\int_0^{1-x-2y} x\,\mathrm{d}z\\ &= \int_0^1 (xy-x^2y-xy^2)\Big|_0^{\frac{1-x}{2}}\mathrm{d}x\\ &= \frac{1}{4}\int_0^1 (x-2x^2+x^3)\,\mathrm{d}x=\frac{1}{48}.\end{aligned}$$

下面以例简介不画立体图计算三重积分的步骤：找出上顶、下底方程，画出投影区域，化三次积分.

例 11.14　化三重积分 $I=\iiint\limits_{\Omega} f(x,y,z)\,\mathrm{d}x\mathrm{d}y\mathrm{d}z$ 为三次积分，Ω 为由曲面 $z=x^2+2y^2$ 及 $z=2-x^2$ 所围成的闭区域.

解　因为上顶为 $z=2-x^2$，下底为 $z=x^2+2y^2$，由 $\begin{cases}z=x^2+2y^2\\ z=2-x^2\end{cases}$，得

$$x^2+y^2=1.$$

给出 $D_{xy}:x^2+y^2\leqslant 1$，故

$$I=\int_{-1}^{1}\mathrm{d}x\int_{-\sqrt{1-x^2}}^{\sqrt{1-x^2}}\mathrm{d}y\int_{x^2+2y^2}^{2-x^2} f(x,y,z)\,\mathrm{d}z.$$

例 11.15　计算三重积分 $\iiint\limits_{\Omega} z\,\mathrm{d}x\mathrm{d}y\mathrm{d}z$，$\Omega$ 是由锥面 $z=\dfrac{h}{R}\sqrt{x^2+y^2}$ 与平面 $z=$

$h(R>0,h>0)$ 所围成的闭区域.

解 因为上顶为 $z=h$,下底为 $z=\frac{h}{R}\sqrt{x^2+y^2}$,由$\begin{cases}z=\frac{h}{R}\sqrt{x^2+y^2}\\ z=h\end{cases}$,得

$$x^2+y^2=R^2,$$

给出 $D_{xy}:x^2+y^2\leqslant R^2$,则

$$\iiint_\Omega z\,\mathrm{d}x\mathrm{d}y\mathrm{d}z=\int_{-R}^{R}\mathrm{d}x\int_{-\sqrt{R^2-x^2}}^{\sqrt{R^2-x^2}}\mathrm{d}y\int_{\frac{h}{R}\sqrt{x^2+y^2}}^{h}z\,\mathrm{d}z$$
$$=\frac{h^2}{2R^2}\int_{-R}^{R}\mathrm{d}x\int_{-\sqrt{R^2-x^2}}^{\sqrt{R^2-x^2}}[R^2-(x^2+y^2)]\mathrm{d}y$$
$$=\frac{h^2}{2R^2}\int_0^{2\pi}\mathrm{d}\theta\int_0^R(R^2-\rho^2)\rho\mathrm{d}\rho=\frac{1}{4}\pi R^2h^2.$$

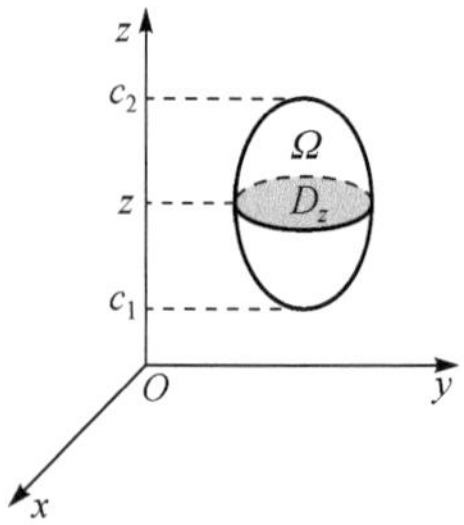

图 11-22

如果空间区域 Ω 可表示为(图 11-22)

$$\Omega=\{(x,y,z)\,|\,(x,y)\in D_z,c_1\leqslant z\leqslant c_2\},$$

其中,D_z 为过点$(0,0,z)$垂直于 z 轴的平面截区域 Ω 所得到的平面区域,则有计算公式

$$\iiint_\Omega f(x,y,z)\mathrm{d}x\mathrm{d}y\mathrm{d}z=\int_{c_1}^{c_2}\mathrm{d}z\iint_{D_z}f(x,y,z)\mathrm{d}x\mathrm{d}y.$$

对于例 11.15,$D_z:x^2+y^2=\frac{R^2}{h^2}z^2,0\leqslant z\leqslant h$,从而

$$\iiint_\Omega z\,\mathrm{d}x\mathrm{d}y\mathrm{d}z=\int_0^h\mathrm{d}z\iint_{D_z}z\,\mathrm{d}x\mathrm{d}y=\int_0^h z\,\mathrm{d}z\iint_{D_z}\mathrm{d}x\mathrm{d}y=\int_0^h z\pi\frac{R^2}{h^2}z^2\mathrm{d}z=\frac{1}{4}\pi R^2h^2$$

例 11.16 计算三重积分$\iiint_\Omega z^2\mathrm{d}x\mathrm{d}y\mathrm{d}z$,$\Omega$是由椭球$\frac{x^2}{a^2}+\frac{y^2}{b^2}+\frac{z^2}{c^2}=1$所围成的空间闭区域.

解 由于积分区域表为

$$\Omega=\{(x,y,z)\,|\,\frac{x^2}{a^2}+\frac{y^2}{b^2}\leqslant1-\frac{z^2}{c^2},-c\leqslant z\leqslant c\},D_z:\frac{x^2}{a^2}+\frac{y^2}{b^2}+\frac{z^2}{c^2}=1,$$

$$\iiint_\Omega z^2\mathrm{d}x\mathrm{d}y\mathrm{d}z=\int_{-c}^{c}\mathrm{d}z\iint_{D_z}z^2\mathrm{d}x\mathrm{d}y=\int_{-c}^{c}z^2\mathrm{d}z\iint_{D_z}\mathrm{d}x\mathrm{d}y$$
$$=\int_{-c}^{c}z^2\pi ab(1-\frac{z^2}{c^2})\mathrm{d}z=\frac{4}{15}\pi abc^3.$$

2. 利用柱面坐标计算三重积分

设 $M(x,y,z)$为空间内一点,点 M 在 xOy 面上的投影为 $P(x,y,0)$,P 点的平

面极坐标为(ρ,θ)，则点 M 可由数 ρ,θ,z 确定(图 11-23).

变换关系为

$$\begin{cases}x=\rho\cos\theta,\\ y=\rho\sin\theta,\\ z=z.\end{cases}$$

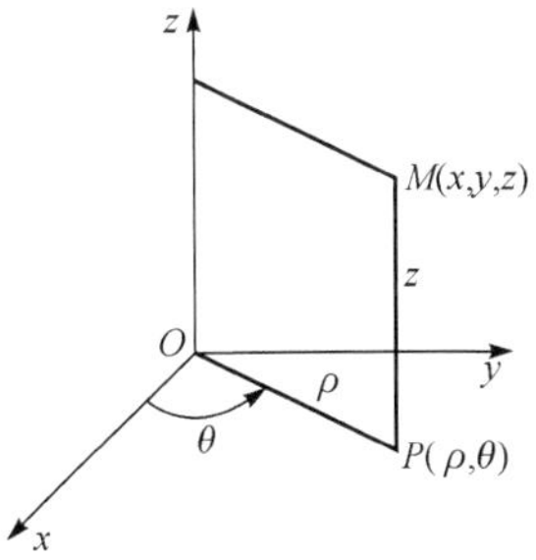

图 11-23

其中，$0\leqslant\rho<+\infty$，$0\leqslant\theta\leqslant2\pi$，$-\infty<z<+\infty$，$M(\rho,\theta,z)$称为点 M 的**柱面坐标**.

对于柱面坐标，$\rho=r$(常数)表示一个半径为 r 的柱面，$\theta=\alpha$(常数)表示一个半平面，$z=c$(常数)表示一个水平面，体积元素 $\mathrm{d}v=\rho\mathrm{d}\rho\mathrm{d}\theta\mathrm{d}z$(图 11-24)，则

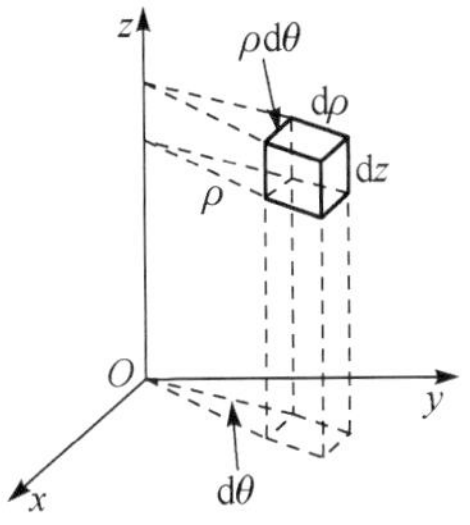

图 11-24

$$\begin{aligned}&\iiint_{\Omega}f(x,y,z)\mathrm{d}x\mathrm{d}y\mathrm{d}z\\&=\iiint_{\Omega}f(\rho\cos\theta,\rho\sin\theta,z)\rho\mathrm{d}\rho\mathrm{d}\theta\mathrm{d}z\\&=\int_{\alpha}^{\beta}\mathrm{d}\theta\int_{\varphi_1(\theta)}^{\varphi_2(\theta)}\rho\mathrm{d}\rho\int_{z_1(r,\theta)}^{z_2(r,\theta)}f(\rho\cos\theta,\rho\sin\theta,z)\mathrm{d}z.\end{aligned}$$

例 11.17　计算 $I=\iiint_{\Omega}\dfrac{1}{x^2+y^2+1}\mathrm{d}x\mathrm{d}y\mathrm{d}z$，其中，$\Omega$ 是由 $x^2+y^2=z^2$ 和 $z=1$ 所围成的闭区域.

解　因为上顶 $z=1$，下底 $z=\sqrt{x^2+y^2}=\rho$，$D_{xy}:x^2+y^2\leqslant1\,(\rho\leqslant1)$，故

$$\begin{aligned}I&=\int_0^{2\pi}\mathrm{d}\theta\int_0^1\frac{\rho}{\rho^2+1}\mathrm{d}\rho\int_{\rho}^1\mathrm{d}z\\&=2\pi\int_0^1\left(\frac{1+\rho}{1+\rho^2}-1\right)\mathrm{d}\rho=\pi\left(\ln2-2+\frac{\pi}{2}\right).\end{aligned}$$

例 11.18　计算 $I=\iiint_{\Omega}(x^2+y^2+z)\mathrm{d}v$，$\Omega$ 是由曲线$\begin{cases}y^2=2z\\x=0\end{cases}$绕 z 轴旋转一周而成的旋转面与平面 $z=4$ 所围成的立体.

解　积分区域 Ω 如图 11-25 所示. 因为上顶 $z=4$，下底 $z=\dfrac{x^2+y^2}{2}=\dfrac{\rho^2}{2}$，$D_{xy}:x^2+y^2\leqslant8\,(\rho\leqslant\sqrt{8})$，故利用柱面坐标，得

$$\begin{aligned}I&=\iiint_{\Omega}(x^2+y^2+z)\mathrm{d}v=\int_0^{2\pi}\mathrm{d}\theta\int_0^{\sqrt{8}}\rho\mathrm{d}\rho\int_{\frac{\rho^2}{2}}^{4}(\rho^2+z)\mathrm{d}z\\&=2\pi\cdot\int_0^{\sqrt{8}}\rho\left(\rho^2z+\frac{1}{2}z^2\right)\Big|_{\frac{\rho^2}{2}}^{4}\mathrm{d}\rho=\frac{256}{3}\pi.\end{aligned}$$

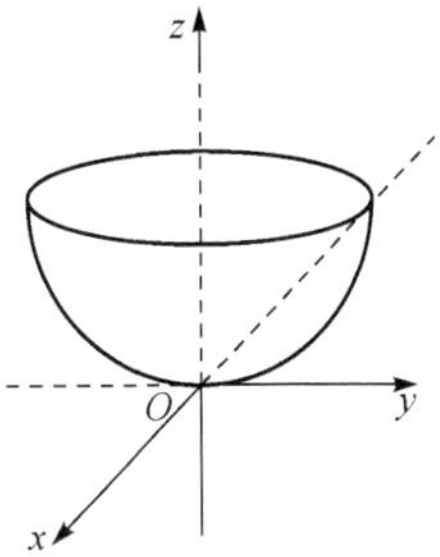

图 11-25

一般而言,若积分区域 Ω 是圆柱体区域,或 Ω 的投影是以原点为中心的圆域时用柱面坐标来计算.

*3. 利用球面坐标计算三重积分

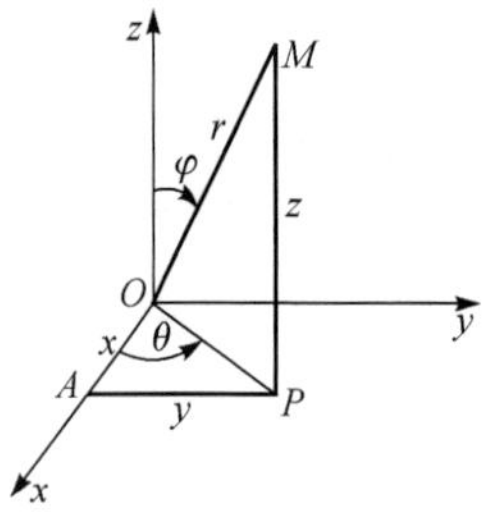

图 11-26

设 $M(x,y,z)$ 为空间内一点,则 M 可用三个参数 r,θ,φ 来确定(图 11-26),其中,$0\leqslant r<+\infty$,$0\leqslant\theta\leqslant 2\pi$,$0\leqslant\varphi\leqslant\pi$,这种坐标称为 M 点的球面坐标,其变换关系为

$$x=OP\cos\theta=r\sin\varphi\cos\theta,$$
$$y=OP\sin\theta=r\sin\varphi\sin\theta,$$
$$z=r\cos\varphi.$$

在球面坐标下(图 11-27),体积元素为 $dv=r^2\sin\varphi drd\theta d\varphi$.

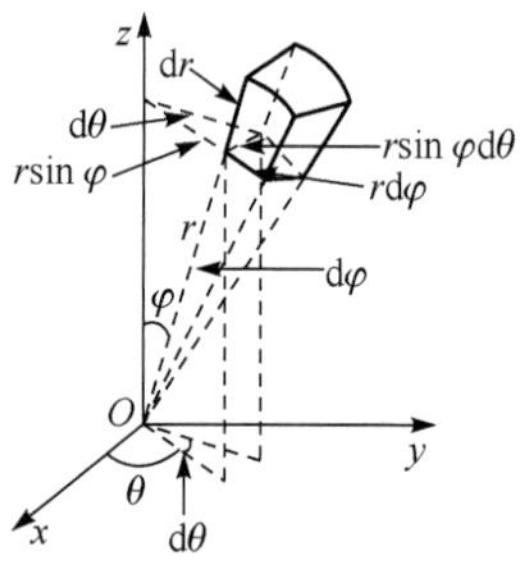

图 11-27

因此,三重积分可化为

$$\iiint\limits_{\Omega}f(x,y,z)dv$$
$$=\iiint\limits_{\Omega}f(r\sin\varphi\cos\theta,r\sin\varphi\sin\theta,r\cos\varphi)r^2\sin\varphi drd\theta d\varphi$$

如果积分区域 Ω 的边界曲面是一个包含原点的封闭曲面,其球面坐标方程为 $r=r(\theta,\varphi)$,则三重积分可化为

$$\iiint\limits_{\Omega}f(x,y,z)dv$$
$$=\iiint\limits_{\Omega}f(r\sin\varphi\cos\theta,r\sin\varphi\sin\theta,r\cos\varphi)r^2\sin\varphi drd\theta d\varphi$$
$$=\int_0^{2\pi}d\theta\int_0^{\pi}d\varphi\int_0^{r(\theta,\varphi)}f(r\sin\varphi\cos\theta,r\sin\varphi\sin\theta,r\cos\varphi)r^2\sin\varphi dr$$

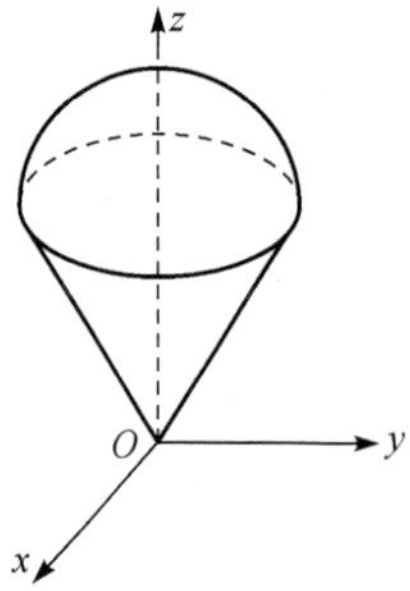

图 11-28

例 11.19 计算三重积分 $\iiint\limits_{\Omega}(x+z)dv$,$\Omega$ 是由锥面 $z=\sqrt{x^2+y^2}$ 与球面 $z=\sqrt{1-x^2-y^2}$ 所围成的空间闭区域.

解 积分区域 Ω(图 11-28)可表示为

$$\Omega=\{(r,\theta,\varphi)\,|\,0\leqslant\theta\leqslant 2\pi,0\leqslant\varphi\leqslant\frac{\pi}{4},0\leqslant r\leqslant 1\}$$

积分

$$\iiint\limits_{\Omega}(x+z)dv=\int_0^{2\pi}d\theta\int_0^{\frac{\pi}{4}}d\varphi\int_0^1(r\sin\varphi\cos\theta+r\cos\varphi)r^2\sin\varphi dr$$

$$= \frac{1}{4}\int_0^{2\pi} d\theta \int_0^{\frac{\pi}{4}} (\sin^2\varphi\cos\varphi + \sin\varphi\cos\varphi) d\varphi = \frac{1}{8}\pi.$$

习　题　11.3

求下列三重积分：

(1) $\iiint\limits_{\Omega} xyz\,dv, \Omega = \{(x,y,z) \mid 0 \leqslant x \leqslant 1, 0 \leqslant y \leqslant 2, 0 \leqslant z \leqslant 3\}$；

(2) $\iiint\limits_{\Omega} \frac{dv}{(1+x+y+z)^3}$，$\Omega$ 由 $x+y+z=1$ 与三个坐标平面围成；

(3) $\iiint\limits_{\Omega} xyz\,dv$，$\Omega$：$0 \leqslant z \leqslant \sqrt{4-x^2-y^2}$ 且 $x^2+y^2 \leqslant 1$；

(4) $\iiint\limits_{\Omega} z\,dv$，$\Omega$ 由 $z=\sqrt{2-x^2-y^2}$ 与 $z=x^2+y^2$ 围成；

(5) $\iiint\limits_{\Omega} (x^2+y^2)\,dv$，$\Omega$ 由 $2z=x^2+y^2$ 与 $z=2$ 围成；

(6) $\iiint\limits_{\Omega} (x^2+y^2)\,dv$，$\Omega$：$a^2 \leqslant x^2+y^2+z^2 \leqslant b^2$ 且 $z \geqslant 0$；

(7) $\iiint\limits_{\Omega} xyz\,dv$，$\Omega$：$x^2+y^2+z^2 \leqslant 1, x \leqslant 0, y \geqslant 0, z \geqslant 0$；

(8) $\iiint\limits_{\Omega} x^2y^2z\,dv$，$\Omega$ 由 $x^2+y^2=2z$ 与 $z=2$ 围成；

(9) $\iiint\limits_{\Omega} \sqrt{x^2+y^2+z^2}\,dv$，$\Omega$：$x^2+y^2+z^2 \leqslant z$.

11.4　重积分的应用

11.4.1　曲面的面积

如果曲面 S 由方程 $z=f(x,y)$ 确定，在 xOy 面上的投影区域为 D(图 11-29)，求曲面 S 的面积.

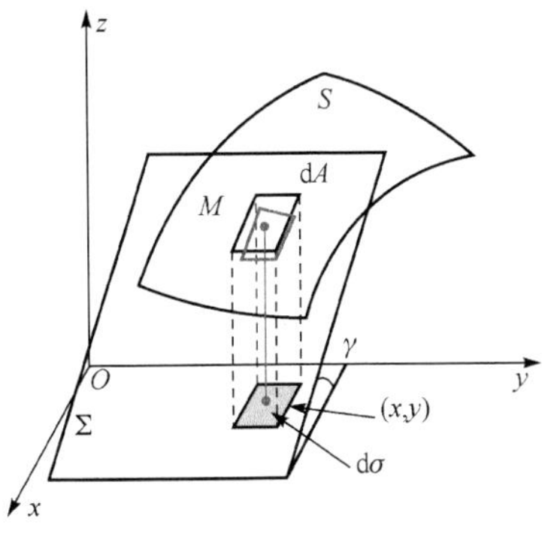

图 11-29

用网格线将曲面 S 任意分成若干小块，第 i 块记为 dA，第 i 块 dA 在 xOy 面上的投影记为 $d\sigma$，如图 11-29 所示，有

$$\cos\gamma \cdot dS \approx d\sigma \quad 或 \quad dS \approx \frac{d\sigma}{\cos\gamma},$$

其中，γ 为第 i 块 dA 上一点的法向量与 z 轴的

夹角. 因为

$$\cos\gamma=\frac{1}{\sqrt{1+f_x^2(x,y)+f_y^2(x,y)}},$$

$$dS\approx\frac{d\sigma}{\cos\gamma}=\sqrt{1+f_x^2(x,y)+f_y^2(x,y)}\,d\sigma.$$

记 $dA=\sqrt{1+f_x^2(x,y)+f_y^2(x,y)}\,d\sigma$ 为曲面 S 的面积元素. 曲面 S 的面积为

$$A=\iint_D dA=\iint_D\sqrt{1+f_x^2(x,y)+f_y^2(x,y)}\,d\sigma=\iint_D\sqrt{1+\left(\frac{\partial z}{\partial x}\right)^2+\left(\frac{\partial z}{\partial y}\right)^2}\,dxdy.$$

如果曲面 S 由方程 $y=y(x,z)$ 确定,在 xOz 面上的投影区域为 D,则面积为

$$A=\iint_D\sqrt{1+\left(\frac{\partial y}{\partial x}\right)^2+\left(\frac{\partial y}{\partial z}\right)^2}\,dxdz.$$

如果曲面 S 由方程 $x=x(y,z)$ 确定,在 yOz 面上的投影区域为 D,则面积为

$$A=\iint_D\sqrt{1+\left(\frac{\partial x}{\partial y}\right)^2+\left(\frac{\partial x}{\partial z}\right)^2}\,dydz.$$

例 11.20 求半径为 a 的球的表面积.

解 取上半球面,方程为 $z=\sqrt{a^2-x^2-y^2}$,在 xOy 面上的投影区域

$$D=\{(x,y)\mid x^2+y^2\leqslant a^2\}.$$

又由于

$$\frac{\partial z}{\partial x}=\frac{-x}{\sqrt{a^2-x^2-y^2}},$$

$$\frac{\partial z}{\partial y}=\frac{-y}{\sqrt{a^2-x^2-y^2}},$$

$$\sqrt{1+(\frac{\partial z}{\partial x})^2+(\frac{\partial z}{\partial y})^2}=\frac{a}{\sqrt{a^2-x^2-y^2}},$$

$$A_1=\iint_D\frac{a}{\sqrt{a^2-x^2-y^2}}\,dxdy.$$

选用极坐标有

$$A_1=\iint_D\frac{a}{\sqrt{a^2-x^2-y^2}}\,dxdy=\iint_D\frac{a}{\sqrt{a^2-\rho^2}}\rho\,dxdy=a\int_0^{2\pi}d\theta\int_0^a\frac{\rho}{\sqrt{a^2-\rho^2}}\,d\rho$$

$$=2\pi a\cdot\lim_{b\to a^-}\int_0^b\frac{\rho}{\sqrt{a^2-\rho^2}}\,d\rho=\lim_{b\to a^-}2\pi a(a-\sqrt{a^2-b^2})=2\pi a^2,$$

所以要求面积 $A=2A_1=4\pi a^2$.

例 11.21 求锥面 $z=\sqrt{x^2+y^2}$ 被柱面 $z^2=2x$ 截下的部分的面积.

解　联立方程组$\begin{cases} z=\sqrt{x^2+y^2}, \\ z^2=2x, \end{cases}$消去 z，得$(x-1)^2+y^2=1$，曲面在 xOy 面上的投影域区域 D 为$(x-1)^2+y^2\leqslant 1$.

由 $z=\sqrt{x^2+y^2}$，得 $z_x=\dfrac{x}{\sqrt{x^2+y^2}}$，$z_y=\dfrac{y}{\sqrt{x^2+y^2}}$，从而

$$A=\iint\limits_D\sqrt{1+\left(\frac{\partial z}{\partial x}\right)^2+\left(\frac{\partial z}{\partial y}\right)^2}\mathrm{d}x\mathrm{d}y$$

$$=\iint\limits_D\sqrt{1+\left(\frac{x}{\sqrt{x^2+y^2}}\right)^2+\left(\frac{y}{\sqrt{x^2+y^2}}\right)^2}\mathrm{d}x\mathrm{d}y=\sqrt{2}\iint\limits_D\mathrm{d}x\mathrm{d}y=\sqrt{2}\pi$$

*11.4.2　质心

设 xOy 平面上有 n 个质点，分别位于点(x_1,y_1)，(x_2,y_2)，…，(x_n,y_n)处，质量分别为 $m_1,m_2,\cdots,m_n$，由力学理论知道，该质点系的质心坐标为

$$\bar{x}=\frac{M_y}{M}=\frac{\sum\limits_{i=1}^{n}m_ix_i}{\sum\limits_{i=1}^{n}m_i},\quad \bar{y}=\frac{M_x}{M}=\frac{\sum\limits_{i=1}^{n}m_iy_i}{\sum\limits_{i=1}^{n}m_i},$$

其中，$M=\sum\limits_{i=1}^{n}m_i$ 为质点系的总质量；$M_y=\sum\limits_{i=1}^{n}m_ix_i$ 为质点系对 y 轴的静力矩；$M_x=\sum\limits_{i=1}^{n}m_iy_i$ 为质点系对 x 轴的静力矩.

设有一平面薄片，占有 xOy 平面上的有界闭区域 D，在点(x,y)处的面密度为 $\mu(x,y)$，则薄片对 x 轴，y 轴的静力矩元素分别为

$$\mathrm{d}M_x=y\mu(x,y)\mathrm{d}\sigma,\quad \mathrm{d}M_y=x\mu(x,y)\mathrm{d}\sigma.$$

对 x 轴，y 轴的静力矩分别为

$$M_x=\iint\limits_D y\mu(x,y)\mathrm{d}\sigma,\quad M_y=\iint\limits_D x\mu(x,y)\mathrm{d}\sigma.$$

而薄片的质量 $M=\iint\limits_D\mu(x,y)\mathrm{d}\sigma$，因此薄片的质心的坐标为

$$\bar{x}=\frac{M_y}{M}=\frac{\iint\limits_D x\mu(x,y)\mathrm{d}\sigma}{\iint\limits_D\mu(x,y)\mathrm{d}\sigma},\quad \bar{y}=\frac{M_x}{M}=\frac{\iint\limits_D y\mu(x,y)\mathrm{d}\sigma}{\iint\limits_D\mu(x,y)\mathrm{d}\sigma}.$$

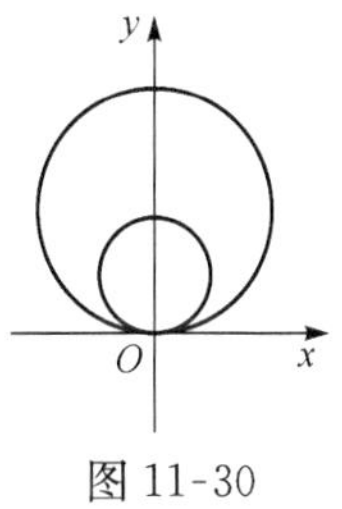

图 11-30

例 11.22　求位于两圆周 $\rho=2\sin\theta$ 和 $\rho=4\sin\theta$ 之间的均匀薄片($\mu=$常数)的质心.

解　如图 11-30 所示，由于薄片关于 y 轴对称，故其质心一

定在 y 上,即 $\bar{x}=0$. 由于

$$A=\iint_D \mathrm{d}\sigma = 3\pi,$$

$$\iint_D y\,\mathrm{d}\sigma = \iint_D \rho^2\sin\theta\mathrm{d}\rho\mathrm{d}\theta = \int_0^\pi \sin\theta\mathrm{d}\theta\int_{2\sin\theta}^{4\sin\theta}\rho^2\,\mathrm{d}\rho$$

$$=\frac{56}{3}\int_0^\pi \sin^4\theta\mathrm{d}\theta = 7\pi,$$

因此

$$\bar{y}=\frac{M_x}{M}=\frac{\iint_D y\mu(x,y)\mathrm{d}\sigma}{\iint_D \mu(x,y)\mathrm{d}\sigma}=\frac{\iint_D y\,\mathrm{d}\sigma}{\iint_D \mathrm{d}\sigma}=\frac{1}{A}\iint_D y\,\mathrm{d}\sigma=\frac{7}{3},$$

薄片的质心坐标为 $C\left(0,\frac{7}{3}\right)$.

类似地,如果物体占有空间有界闭区域为 Ω,在点 (x,y,z) 处的体密度为 $\rho(x,y,z)$,则物体的质心坐标是

$$\bar{x}=\frac{1}{M}\iiint_\Omega x\rho(x,y,z)\mathrm{d}v,\qquad \bar{y}=\frac{1}{M}\iiint_\Omega y\rho(x,y,z)\mathrm{d}v,$$

$$\bar{z}=\frac{1}{M}\iiint_\Omega z\rho(x,y,z)\mathrm{d}v, M=\iiint_\Omega \rho(x,y,z)\mathrm{d}v.$$

例 11.23　均匀半球体的质心.

解　如图 11-31 所示,取半球体的对称轴为 z 轴,原点取在球心上,并设球的半径为 a,则半球体占空间区域

$$\Omega=\{(x,y,z)\,|\,x^2+y^2+z^2\leqslant a^2, z\geqslant 0\},$$

由对称性知道 $\bar{x}=\bar{y}=0$,而且

$$\bar{z}=\frac{1}{M}\iiint_\Omega z\rho(x,y,z)\mathrm{d}v=\frac{1}{V}\iiint_\Omega z\,\mathrm{d}v,$$

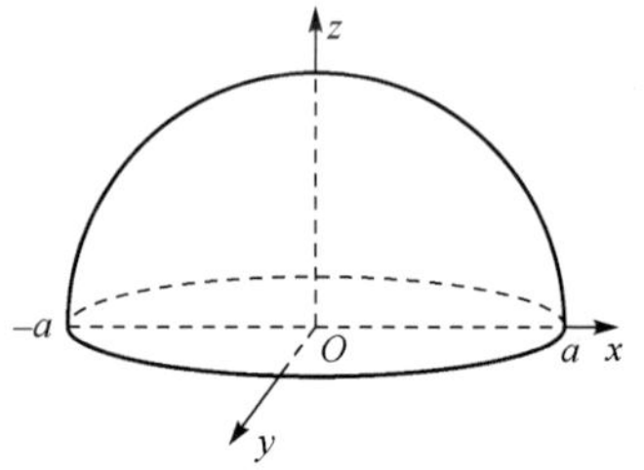

图 11-31

$$V=\frac{2}{3}\pi a^3,$$

$$\iiint_\Omega z\,\mathrm{d}v=\iiint_\Omega r\cos\varphi\cdot r^2\sin\varphi\mathrm{d}r\mathrm{d}\theta\mathrm{d}\varphi=\int_0^{2\pi}\mathrm{d}\theta\int_0^{\frac{\pi}{2}}\sin\varphi\cos\varphi\mathrm{d}\varphi\int_0^a r^3\,\mathrm{d}r=\frac{\pi}{4}a^4,$$

因此,$\bar{z}=\frac{3}{8}a$,质心为 $\left(0,0,\frac{3}{8}a\right)$.

*11.4.3　转动惯量

设 xOy 平面上有 n 个质点,分别位于点 $(x_1,y_1),(x_2,y_2),\cdots,(x_n,y_n)$ 处,质量分

别为 $m_1, m_2, \cdots, m_n$，由力学理论知道，该质点系对于 x 轴和 y 轴的转动惯量为

$$I_x = \sum_{i=1}^{n} y_i^2 m_i, \quad I_y = \sum_{i=1}^{n} x_i^2 m_i.$$

设有一平面薄片，占有 xOy 平面上的有界闭区域 D，在点 (x,y) 处的面密度为 $\mu(x,y)$，则薄片对 x 轴，y 轴的转动惯量元素分别为

$$\mathrm{d}I_x = y^2\mu(x,y)\mathrm{d}\sigma, \quad \mathrm{d}I_y = x^2\mu(x,y)\mathrm{d}\sigma,$$

对 x 轴，y 轴的转动惯量分别为

$$I_x = \iint_D y^2\mu(x,y)\mathrm{d}\sigma, \quad I_y = \iint_D x^2\mu(x,y)\mathrm{d}\sigma.$$

例 11.24　求半径为 a 的均匀半圆薄片(面密度 μ 为常数)对于其直径边的转动惯量.

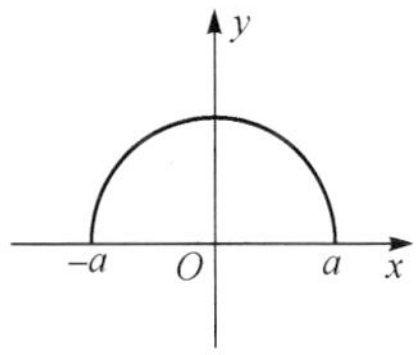

图 11-32

解　薄片所占区域(图 11-32)为

$$D = \{(x,y) \mid x^2 + y^2 \leqslant a^2, y \geqslant 0\}$$

要求转动惯量

$$I_x = \iint_D y^2\mu\mathrm{d}\sigma = \mu\iint_D y^2\mathrm{d}\sigma = \mu\int_0^{\pi}\mathrm{d}\theta\int_0^a \rho^2\sin^2\theta \cdot \rho\mathrm{d}\rho$$

$$= \mu \cdot \frac{1}{4}a^4\int_0^{\pi}\sin^2\theta\mathrm{d}\theta = \frac{1}{4}\mu a^4 \cdot \frac{\pi}{2} = \frac{1}{8}\mu\pi a^4.$$

类似地，如果物体占有空间有界闭区域为 Ω，在点 (x,y,z) 处的体密度为 $\rho(x,y,z)$，则物体对 x,y,z 轴的转动惯量为

$$I_x = \iiint_\Omega (y^2+z^2)\rho(x,y,z)\mathrm{d}v, \quad I_x = \iiint_\Omega (x^2+z^2)\rho(x,y,z)\mathrm{d}v,$$

$$I_z = \iiint_\Omega (x^2+y^2)\rho(x,y,z)\mathrm{d}v.$$

习　题　11.4

1. 证明半径为 a 的球面面积为 $4\pi a^2$.

2. 求上半球面 $z=\sqrt{a^2-x^2-y^2}$ 被圆柱面 $x^2+y^2=ax$ 所截下部分的面积.

3. 求极限 $\lim\limits_{t\to 0^+}\dfrac{1}{t^6}\iiint_{\Omega_t}\sin(x^2+y^2+z^2)^{\frac{3}{2}}\mathrm{d}x\mathrm{d}y\mathrm{d}z$，$\Omega_t = \{(x,y,z) \mid x^2+y^2+z^2 \leqslant t^2\}$.

*4. 求密度为常数 μ 的均匀椭圆薄板 $\dfrac{x^2}{a^2}+\dfrac{y^2}{b^2}\leqslant 1$ 在第一象限部分的质心.

*5. 求 $\dfrac{x^2}{a^2}+\dfrac{y^2}{b^2}+\dfrac{z^2}{c^2}=1, x\geqslant 0, y\geqslant 0, z\geqslant 0$ 所界均匀物体质心.

*6. 求密度为常数 1 的均匀球体 $x^2+y^2+z^2\leqslant 1$ 对三个坐标轴的转动惯量.

第 12 章　曲线积分与曲面积分

12.1　第一型曲线积分

12.1.1　第一型曲线积分概念与性质

1. 曲线形构件的质量

设有曲线形构件 L，线密度为 $\mu(x,y)$（图 12-1），求构件的质量.

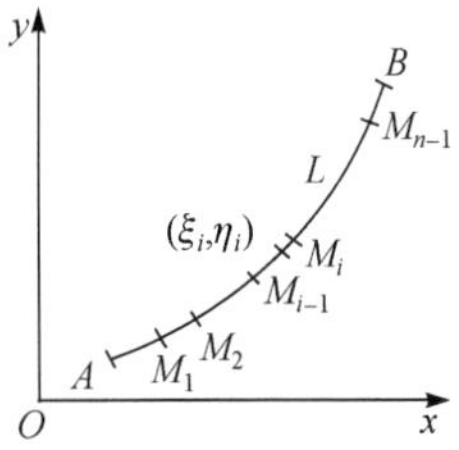

图 12-1

将 L 任意分成 n 个小弧段，分点为 $M_0,M_1,M_2,\cdots,M_n$，第 i 个小弧段为 $\overset{\frown}{M_{i-1}M_i}$，用 Δs_i 表示第 i 个小弧段的长度. 在第 i 个小弧段上任取一点 (ξ_i,η_i)，密度为 $\mu(\xi_i,\eta_i)$，则第 i 个小弧段的质量 $\Delta M_i \approx \mu(\xi_i,\eta_i)\Delta s_i(i=1,2,\cdots,n)$，整个构件的质量 $M \approx \sum\limits_{i=1}^{n}\mu(\xi_i,\eta_i)\cdot\Delta s_i$. 设 λ 为各小弧段长度的最大值，曲线形构件 L 的质量定义为 $M=\lim\limits_{\lambda\to 0}\sum\limits_{i=1}^{n}\mu(\xi_i,\eta_i)\cdot\Delta s_i$.

2. 第一型曲线积分的定义

定义 12.1　设 L 为 xOy 平面内一条光滑曲线，函数 $f(x,y)$ 在 L 上有界.

(1) **分割**. 在 L 上任意插入一些分点 $M_0,M_1,M_2,\cdots,M_n$，将 L 分成 n 个小弧段，第 i 个小弧段的长度为 Δs_i.

(2) **作和**. 在第 i 个小弧段上任取一点 (ξ_i,η_i)，对应的函数值为 $f(\xi_i,\eta_i)$，作乘积 $f(\xi_i,\eta_i)\cdot\Delta s_i(i=1,2,\cdots,n)$，作和 $\sum\limits_{i=1}^{n}\mu(\xi_i,\eta_i)\cdot\Delta s_i$.

(3) **取极限**. 设 λ 为各小弧段长度的最大值，如果极限 $\lim\limits_{\lambda\to 0}\sum\limits_{i=1}^{n}f(\xi_i,\eta_i)\cdot\Delta s_i$ 存在，则称此极限为函数 $f(x,y)$ 沿曲线 L 的第一类型（或对弧长的）曲线积分，记为

$$\int_L f(x,y)\mathrm{d}s=\lim_{\lambda\to 0}\sum_{i=1}^{n}f(\xi_i,\eta_i)\cdot\Delta s_i,$$

其中，$f(x,y)$ 称为**被积函数**，L 称为**积分弧段**.

几点说明：

(1) 如果函数 $f(x,y)$ 在 L 上连续，则对弧长的曲线积分 $\int_L f(x,y)\mathrm{d}s$ 存在.

(2) 如果 $f(x,y)=\mu(x,y)$ 为曲线 L 的密度，则曲线积分

$$\int_L f(x,y)\mathrm{d}s=\int_L \mu(x,y)\mathrm{d}s=M$$

为曲线 L 的质量.

(3) 类似地，在空间曲线 L 上也可建立函数 $f(x,y,z)$ 的曲线积分

$$\int_L f(x,y,z)\mathrm{d}s,$$

它与 $\int_L f(x,y)\mathrm{d}s$ 具有类似性质，$f(x,y,z)=\mu(x,y,z)$ 为曲线 L 的密度，它表示曲线 L 的质量.

3. 第一型曲线积分的性质

性质 12.1(线性性质)

$$\int_L[\alpha f(x,y)+\beta g(x,y)]\mathrm{d}s=\alpha\int_L f(x,y)\mathrm{d}s+\beta\int_L g(x,y)\mathrm{d}s \quad (\alpha,\beta \text{ 为常数}).$$

性质 12.2　如果曲线 L 为分段光滑，即 $L=L_1+L_2$，L_1，L_2 光滑，则

$$\int_L f(x,y)\mathrm{d}s=\int_{L_1} f(x,y)\mathrm{d}s+\int_{L_2} f(x,y)\mathrm{d}s.$$

性质 12.3　如果在 L 上，函数 $f(x,y)\equiv 1$ 则

$$\int_L f(x,y)\mathrm{d}s=\int_L 1\mathrm{d}s\overset{\text{记}}{=}\int_L \mathrm{d}s=S\text{—— 曲线 } L \text{ 的长度}.$$

性质 12.4　如果在 L 上 $f(x,y)\leqslant g(x,y)$，则

$$\int_L f(x,y)\mathrm{d}s\leqslant\int_L g(x,y)\mathrm{d}s.$$

特别地，有

$$\left|\int_L f(x,y)\mathrm{d}s\right|\leqslant\int_L |f(x,y)|\mathrm{d}s.$$

12.1.2　第一型曲线积分计算的方法

定理 12.1　设 $f(x,y)$ 在曲线弧 L 上有定义且连续，L 的参数方程为

$$\begin{cases}x=\varphi(t)\\ y=\psi(t)\end{cases}\quad(\alpha\leqslant t\leqslant\beta),$$

其中，$\varphi(t)$、$\psi(t)$ 在 $[\alpha,\beta]$ 上具有一阶连续导数，且 $[\varphi'(t)]^2+[\psi'(t)]^2\neq 0$，则曲线积分 $\int_L f(x,y)\mathrm{d}s$ 存在，且

$$\int_L f(x,y)\mathrm{d}s=\int_\alpha^\beta f[\varphi(t),\psi(t)]\sqrt{[\varphi'(t)]^2+[\psi'(t)]^2}\,\mathrm{d}t.$$

证明略.

注 12.1 作为特例,下面两个公式也常被使用

$$\int_L Lf(x,y)\mathrm{d}s = \int_a^b f[x,y(x)]\sqrt{1+[y'(x)]^2}\,\mathrm{d}x,$$

$$L=\widetilde{AB}:y=y(x),x\in[a,b];$$

$$\int_L f(x,y)\mathrm{d}s = \int_c^{\mathrm{d}} f[x(y),y]\sqrt{1+[x'(y)]^2}\,\mathrm{d}y,$$

$$L=\widetilde{AB}:x=x(y),y\in[c,\mathrm{d}].$$

而且,对于空间曲线情况也有

$$\int_L f(x,y,z)\mathrm{d}s = \int_\alpha^\beta f[\varphi(t),\psi(t),\omega(t)]\sqrt{[\varphi'(t)]^2+[\psi'(t)]^2+[\omega'(t)]^2}\,\mathrm{d}t,$$

$$L=\widetilde{AB}:x=\varphi(t),y=\psi(t),z=\omega(t),t\in[\alpha,\beta].$$

注 12.2 若 L 是分段光滑的,且 $L=L_1+L_2$,则

$$\int_{L_1+L_2} f(x,y)\mathrm{d}s = \int_{L_1} f(x,y)\mathrm{d}s + \int_{L_2} f(x,y)\mathrm{d}s.$$

注 12.3 曲线 L 是封闭曲线时,经常记$\int_L L=\oint_L$.

例 12.1 计算$\int_L (x^2+y^2)^n\mathrm{d}s$,其中 L 为半圆周 $x=a\cos t, y=a\sin t, 0\leqslant t\leqslant\pi$.

解 如图 12-2 所示

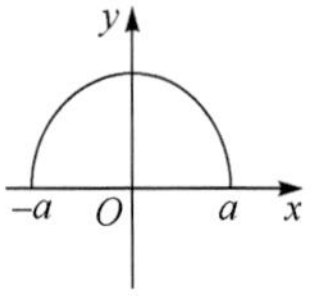

图 12-2

$$\int_L (x^2+y^2)^n\mathrm{d}s = \int_0^\pi a^{2n}\sqrt{a^2}\,\mathrm{d}t = \pi a^{2n+1}.$$

特例是,如果曲线 L 方程由 $y=\psi(x)(a\leqslant x\leqslant b)$确定,则

$$\int_L f(x,y)\mathrm{d}s = \int_a^b f[x,\psi(x)]\sqrt{1+\psi'^2(x)}\,\mathrm{d}x.$$

如果曲线 L 方程由 $x=\varphi(y)(c\leqslant y\leqslant d)$确定,则

$$\int_L f(x,y)\mathrm{d}s = \int_c^{\mathrm{d}} f[\varphi(y),y]\sqrt{1+\varphi'^2(y)}\,\mathrm{d}y.$$

例 12.2 计算$\int_L \sqrt{y}\,\mathrm{d}s$,$L$ 是抛物线 $y=x^2$ 从 $O(0,0)$ 到 $B(1,1)$ 之间的一段弧.

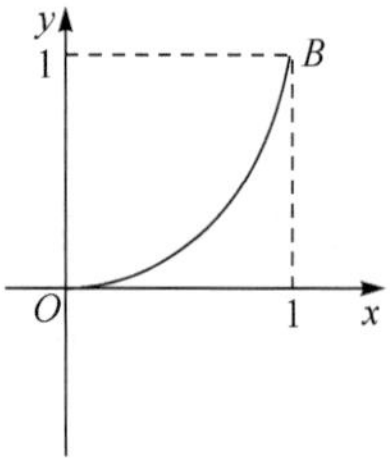

图 12-3

解 如图 12-3 所示

$$\int_L \sqrt{y}\,\mathrm{d}s = \int_0^1 \sqrt{x^2}\sqrt{1+(x^2)'^2}\,\mathrm{d}x$$

$$=\int_0^1 x\sqrt{1+4x^2}\,\mathrm{d}x = \frac{1}{12}(5\sqrt{5}-1).$$

例 12.3　计算$\oint_L x\,\mathrm{d}s$,曲线 L 由 $y=x,y=x^2$ 围成区域的整个边界.

解　如图 12-4 所示,$L=\overline{OA}+\widetilde{OA}$,

$\overline{OA}$的参数方程为 $y=x(0\leqslant x\leqslant 1)$

$$\int_{\overline{OA}} x\,\mathrm{d}s=\int_0^1 \sqrt{2}x\,\mathrm{d}x=\frac{\sqrt{2}}{2},$$

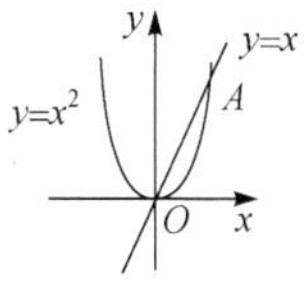

图 12-4

$\widetilde{OA}$的参数方程为 $y=x^2(0\leqslant x\leqslant 1)$

$$\int_{\widetilde{OA}} x\,\mathrm{d}s=\int_0^1 x\sqrt{1+4x^2}\,\mathrm{d}x=\frac{1}{12}(5\sqrt{5}-1),$$

所以,$\oint_L x\,\mathrm{d}s=\int_{\overline{OA}} x\,\mathrm{d}s+\int_{\widetilde{OA}} x\,\mathrm{d}s=\frac{\sqrt{2}}{2}+\frac{1}{12}(5\sqrt{5}-1).$

例 12.4　计算曲线积分$\int_\Gamma (x^2+y^2+z^2)\,\mathrm{d}s$,其中 Γ 为螺旋线 $x=a\cos t$、$y=a\sin t,z=kt$ 上对应于 t 从 0 到 2π 的一段.

解

$$\begin{aligned}&\int_\Gamma (x^2+y^2+z^2)\,\mathrm{d}s\\&=\int_0^{2\pi}[(a\cos t)^2+(a\sin t)^2+(kt)^2]\sqrt{(-a\sin t)^2+(a\cos t)^2+k^2}\,\mathrm{d}t\\&=\int_0^{2\pi}(a^2+k^2t^2)\sqrt{a^2+k^2}\,\mathrm{d}t=\frac{2}{3}\pi\sqrt{a^2+k^2}(3a^2+4\pi^2k^2)\end{aligned}$$

习　题　12.1

1. 求$\int_L 4\,\mathrm{d}s$,L 为 $x=x_0,0\leqslant y\leqslant\frac{3}{2}$.

2. 求$\int_L x^2yz\,\mathrm{d}s$,$L$ 为折线 $ABCD$,A,B,C,D 依次为(0,0,0),(0,0,2),(1,0,2),(1,3,2).

3. 求$\oint_L \mathrm{e}^{\sqrt{x^2+y^2}}\,\mathrm{d}s$,$L$ 为圆周 $x^2+y^2=a^2$,直线 $y=x$ 及 x 轴在第一象限内所围扇形的整个边界.

4. 求$\oint_L \frac{(x+y)\mathrm{d}x-(x-y)\mathrm{d}y}{x^2+y^2}\mathrm{d}s$,$L$ 为圆周 $x^2+y^2=a^2$ 沿逆时针方向绕行一周.

12.2 第二型曲线积分

12.2.1 第二型曲线积分的概念与性质

1. 变力沿曲线做功

设一质点在 xOy 平面内受外力

$$\vec{F}(x,y)=P(x,y)\vec{i}+Q(x,y)\vec{j}$$

作用,沿曲线 L 从 A 点移动到 B 点,求力 $\vec{F}(x,y)$ 所做的功.

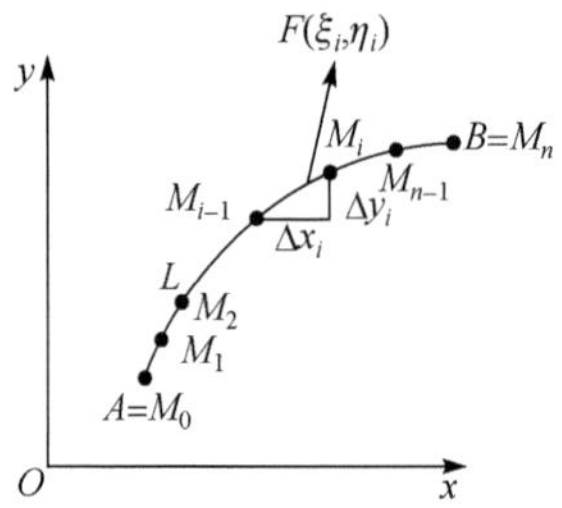

图 12-5

将 L 任意分成 n 个小弧段(图 12-5),分点为

$M_1(x_1,y_1),M_2(x_2,y_2),\cdots,M_{n-1}(x_{n-1},y_{n-1})$,

考虑第 i 个有向小弧段为 $M_{i-1}M_i$ 用有向线段 $\overrightarrow{M_{i-1}M_i}=\Delta x_i\vec{i}+\Delta y_i\vec{j}$ 代替.

在第 i 个小弧段上任取一点 (ξ_i,η_i),对应的外力 $\vec{F}(\xi_i,\eta_i)=P(\xi_i,\eta_i)\vec{i}+Q(\xi_i,\eta_i)\vec{j}$,则外力沿第 i 个小弧段做功为

$$\Delta W_i\approx\vec{F}(\xi_i,\eta_i)\cdot\overrightarrow{M_{i-1}M_i}=P(\xi_i,\eta_i)\Delta x_i+Q(\xi_i,\eta_i)\Delta y_i,\quad i=1,2,\cdots,n.$$

外力 $\vec{F}(x,y)$ 沿曲线 L 所做的功为

$$W\approx\sum_{i=1}^{n}\Delta W_i=\sum_{i=1}^{n}[P(\xi_i,\eta_i)\Delta x_i+Q(\xi_i,\eta_i)\Delta y_i].$$

设 λ 为各小弧段长度的最大值,外力 $\vec{F}(x,y)$ 沿曲线 L 所做的功定义为

$$W=\lim_{\lambda\to0}\sum_{i=1}^{n}[P(\xi_i,\eta_i)\Delta x_i+Q(\xi_i,\eta_i)\Delta y_i].$$

2. 第二型曲线积分的定义

定义 12.2 设 L 为 xOy 平面内从 A 点到 B 点的一条有向光滑曲线,函数 $P(x,y)$、$Q(x,y)$ 在 L 上有界,

(1) **分割**. 在 L 上任意插入一些分点 $M_1(x_1,y_1),M_2(x_2,y_2),\cdots,M_{n-1}(x_{n-1},y_{n-1})$,将 L 分成 n 个小有向弧段 $\widetilde{M_{i-1}M_i}$,$i=1,2,\cdots,n$,记 $\Delta x_i=x_i-x_{i-1}$,$\Delta y_i=x_i-x_{i-1}$.

(2) **作和**. 在第 i 个小有向弧段 $\widetilde{M_{i-1}M_i}$ 上任取一点 (ξ_i,η_i),对应的函数值为 $P(\xi_i,\eta_i)$、$Q(\xi_i,\eta_i)$,作乘积 $P(\xi_i,\eta_i)\cdot\Delta x_i$,$Q(\xi_i,\eta_i)\cdot\Delta x_i(i=1,2,\cdots,n)$,作和 $\sum_{i=1}^{n}P(\xi_i,\eta_i)\cdot\Delta x_i$,$\sum_{i=1}^{n}Q(\xi_i,\eta_i)\cdot\Delta y_i$.

(3) **取极限.** 设 λ 为各小弧段长度的最大值，如果极限 $\lim\limits_{\lambda\to 0}\sum\limits_{i=1}^{n}P(\xi_i,\eta_i)\cdot\Delta x_i$ 存在，则称此极限值为函数 $P(x,y)$ 在有向曲线 L 上对坐标 x 的曲线积分，记为

$$\int_L P(x,y)\mathrm{d}x=\lim_{\lambda\to 0}\sum_{i=1}^{n}P(\xi_i,\eta_i)\cdot\Delta x_i.$$

如果极限 $\lim\limits_{\lambda\to 0}\sum\limits_{i=1}^{n}Q(\xi_i,\eta_i)\cdot\Delta y_i$ 存在，则称此极限值为函数 $Q(x,y)$ 在有向曲线 L 上对坐标 y 的曲线积分，记为

$$\int_L Q(x,y)\mathrm{d}x=\lim_{\lambda\to 0}\sum_{i=1}^{n}Q(\xi_i,\eta_i)\cdot\Delta y_i.$$

此处定义的两种积分也称为第二型曲线积分.

几点说明：

(1) 如果函数 $P(x,y)$、$Q(x,y)$ 在 L 上连续，则对曲线的积分 $\int_L P(x,y)\mathrm{d}x$ 与 $\int_L Q(x,y)\mathrm{d}y$ 一定存在.

(2) 对坐标 x 和 y 的曲线积分经常联合出现，记

$$\int_L P(x,y)\mathrm{d}x+\int_L Q(x,y)\mathrm{d}y=\int_L P(x,y)\mathrm{d}x+Q(x,y)\mathrm{d}y.$$

(3) 外力 $\vec{F}(x,y)=P(x,y)\vec{i}+Q(x,y)\vec{j}$ 沿曲线 L 所做的功

$$W=\int_L P(x,y)\mathrm{d}x+Q(x,y)\mathrm{d}y.$$

3. 第二型曲线积分的性质

性质 12.5(线性性质)

$$\int_L[\alpha P_1(x,y)+\beta P_2(x,y)]\mathrm{d}x=\alpha\int_L P_1(x,y)\mathrm{d}x+\beta\int_L P_2(x,y)\mathrm{d}x\quad(\alpha,\beta\text{ 为常数}).$$

性质 12.6　设有向分段光滑曲线 $L=L_1+L_2$，则

$$\int_L P(x,y)\mathrm{d}x=\int_{L_1}P(x,y)\mathrm{d}x+\int_{L_2}P(x,y)\mathrm{d}x.$$

性质 12.7　设 L^- 表示与 L 有相反方向的有向曲线，则

$$\int_{L^-}P(x,y)\mathrm{d}x=-\int_L P(x,y)\mathrm{d}x.$$

注 12.4　对坐标 y 的曲线积分有与对 x 的曲线积分相同的性质.

12.2.2 第二型曲线积分的计算方法

定理 12.2 设 $P(x,y)$、$Q(x,y)$ 在有向曲线弧 $L:\begin{cases}x=\varphi(t)\\ y=\psi(t)\end{cases}$ 上有定义且连续,当参数 t 单调地由 α 变到 β 时,点 $M(x,y)$ 由 L 的起点 A 沿 L 移动到终点 B,$\varphi(t)$、$\psi(t)$ 在 α,β 为端点的闭区间上具有一阶连续导数,且 $[\varphi'(t)]^2+[\psi'(t)]^2\neq 0$,则曲线积分 $\int_L P(x,y)\mathrm{d}x+Q(x,y)\mathrm{d}y$ 存在,且

$$\int_L P(x,y)\mathrm{d}x+Q(x,y)\mathrm{d}y=\int_\alpha^\beta\{P[\varphi(t),\psi(t)]\varphi'(t)+Q[\varphi(t),\psi(t)]\psi'(t)\}\mathrm{d}t.$$

证明略.

注 12.5 积分下限 α 为曲线 L 的起点对应的参数,积分的上限 β 为曲线 L 的终点对应的参数.

注 12.6 特例,如果有曲线 $L:y=\psi(x)$,其起点对应 $x=a$,终点对应 $x=b$,则

$$\int_L P(x,y)\mathrm{d}x+Q(x,y)\mathrm{d}y=\int_a^b\{P[x,\psi(x)]+Q[x,\psi(x)]\psi'(x)\}\mathrm{d}x.$$

如果曲线 $L:x=\varphi(y)$,起点对应 $y=c$,终点对应 $y=d$,则

$$\int_L P(x,y)\mathrm{d}x+Q(x,y)\mathrm{d}y=\int_c^d\{P[\varphi(y),y]\varphi'(y)+Q[\varphi(y),y]\}\mathrm{d}y.$$

例 12.5 计算 $\int_L y^2\mathrm{d}x$,其中 L 为:

(1) 半径为 a、圆心为原点、按逆时针方向绕行的上半圆周;

(2) 从点 $A(a,0)$ 沿 x 轴到点 $B(-a,0)$ 的直线段.

解 如图 12-6 所示.

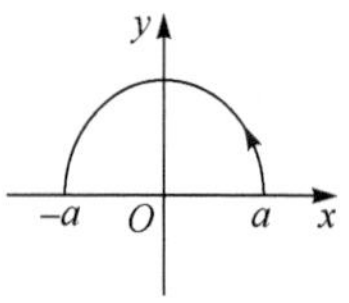

图 12-6

(1) L 的参数方程为 $x=a\cos\theta,y=a\sin\theta,\theta$ 从 0 变到 π

$$\int_L y^2\mathrm{d}x=\int_0^\pi a^2\sin^2\theta(-a\sin\theta)\mathrm{d}\theta$$

$$=a^3\int_0^\pi(1-\cos^2\theta)\mathrm{d}\cos\theta=-\frac{4}{3}a^3.$$

(2) L 的方程为 $y=0$,x 从 a 变到 $-a$,因此

$$\int_L y^2\mathrm{d}x=\int_a^{-a}0\mathrm{d}x=0.$$

例 12.6 计算 $\int_L 2xy\mathrm{d}x+x^2\mathrm{d}y$,其中 L 为:

(1) 抛物线 $y=x^2$ 上从 $O(0,0)$ 到 $B(1,1)$ 一段弧;

(2) 抛物线 $x=y^2$ 上从 $O(0,0)$ 到 $B(1,1)$ 一段弧;

(3) 有向折线 OAB，这里 O,A,B 依次为 $(0,0)$，$(1,0)$，$(1,1)$.

解　如图 12-7 所示.

(1) 化为以 x 为变量的定积分，$L: y=x^2$，x 从 0 变到 1，所以

$$\int_L 2xy\,dx + x^2\,dy = \int_0^1 (2x\cdot x^2 + x^2\cdot 2x)\,dx = 4\int_0^1 x^3\,dx = 1.$$

(2) 化为以 y 为变量的定积分，$L: x=y^2$，y 从 0 变到 1，所以

$$\int_L 2xy\,dx + x^2\,dy = \int_0^1 (2y^2\cdot y\cdot 2y + y^4)\,dy = 5\int_0^1 y^4\,dx = 1.$$

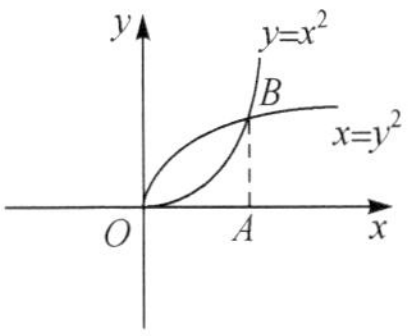

图 12-7

(3) $L=OA+AB$，

$OA: y=0$，x 从 0 变到 1，$\int_{OA} 2xy\,dx + x^2\,dy = \int_0^1 (2x\cdot 0 + x^2\cdot 0)\,dx = 0$；

$AB: x=1$，y 从 0 变到 1，$\int_{AB} 2xy\,dx + x^2\,dy = \int_0^1 (2y\cdot 0 + 1)\,dy = 1$；

所以，$\int_L 2xy\,dx + x^2\,dy = 0+1=1$.

类似地，对于空间曲线 $\Gamma: x=\varphi(t), y=\psi(t), z=\omega(t)$，$t$ 从 α 变到 β，可给出

$$\int_\Gamma P(x,y,z)\,dx = \int_\alpha^\beta P[\varphi(t),\psi(t),\omega(t)]\varphi'(t)\,dt,$$

$$\int_\Gamma Q(x,y,z)\,dy = \int_\alpha^\beta Q[\varphi(t),\psi(t),\omega(t)]\psi'(t)\,dt,$$

$$\int_\Gamma R(x,y,z)\,dy = \int_\alpha^\beta R[\varphi(t),\psi(t),\omega(t)]\omega'(t)\,dt.$$

联合一起有

$$\begin{aligned}
&\int_\Gamma P(x,y,z)\,dx + Q(x,y,z)\,dy + R(x,y,z)\,dz \\
&= \int_\Gamma P(x,y,z)\,dx + \int_\Gamma Q(x,y,z)\,dy + \int_\Gamma R(x,y,z)\,dz \\
&= \int_\alpha^\beta \{P[\varphi(t),\psi(t),\omega(t)]\varphi'(t) + Q[\varphi(t),\psi(t),\omega(t)]\psi'(t) \\
&\quad + R[\varphi(t),\psi(t),\omega(t)]\omega'(t)\}\,dt
\end{aligned}$$

例 12.7　计算 $\int_\Gamma x^3\,dx + 3zy^2\,dy - x^2y\,dz$，其中，$\Gamma$ 是从点 $A(3,2,1)$ 到点 $B(0,0,0)$ 的直线段.

解　直线段 AB 的方程为 $\frac{x}{3}=\frac{y}{2}=\frac{z}{1}$，$\Gamma: x=3t, y=2t, z=t$，$t$ 从 1 变到 0，有

$$\int_{\Gamma} x^3\mathrm{d}x + 3zy^2\mathrm{d}y - x^2y\mathrm{d}z = \int_1^0 [(3t)^3 \cdot 3 + 3t \cdot (2t)^2 \cdot 2 - (3t)^2 \cdot 2t]\mathrm{d}t$$
$$= 87\int_1^0 t^3\mathrm{d}t = -\frac{87}{4}.$$

*12.2.3　两类曲线积分间的联系

这里不给证明,只给出公式结论.

(1) 平面上的$\int_{\Gamma} P(x,y)\mathrm{d}x + Q(x,y)\mathrm{d}y = \int_{\Gamma}\{P(x,y)\cos\alpha + Q(x,y)\cos\beta\}\mathrm{d}s$,其中,$\cos\alpha$,$\cos\beta$是$\Gamma$切向量的方向余弦,若$\Gamma$: $y=f(x)$时,有

$$\cos\alpha = \frac{\mathrm{d}x}{\mathrm{d}s} = \frac{\mathrm{d}x}{\sqrt{1+f'^2(x)}},\quad \cos\beta = \frac{\mathrm{d}y}{\mathrm{d}s} = \frac{\mathrm{d}y}{\sqrt{1+f'^2(x)}};$$

(2) 空间中的$\int_{\Gamma} P\mathrm{d}x + Q\mathrm{d}y + R\mathrm{d}z = \int_{\Gamma}(P\cos\alpha + Q\cos\beta + R\cos\gamma)\mathrm{d}s$,

其中,$\cos\alpha = \frac{\mathrm{d}x}{\mathrm{d}s}$,$\cos\beta = \frac{\mathrm{d}y}{\mathrm{d}s}$,$\cos\gamma = \frac{\mathrm{d}z}{\mathrm{d}s}$是$\Gamma$的切向量的方向余弦.

习　题　12.2

1. 求$\oint_L \mathrm{d}x + 2\mathrm{d}y =$ ________,其中,L是以原点为圆心的单位圆.

2. 求$\oint_L 2x\mathrm{d}x + y^2\mathrm{d}y =$ ________,其中,L是平面上任意一条光滑闭曲线.

3. 求$\oint_L x\mathrm{d}y - y\mathrm{d}x =$ ________,其中,L是平面上长短半轴分别为a,b的椭圆.

4. 求$\oint_L x\mathrm{d}y - y\mathrm{d}x =$ ________,其中,L是平面上边长分别为a,b的矩形.

5. 设L为直线$x = y_0$上从点$A(0,y_0)$到点$B(3,y_0)$的有向直线段,则$\int_L 4\mathrm{d}y =$ ________.

6. 若L是上半椭圆$\begin{cases} x = a\cos t \\ y = b\sin t \end{cases}$取逆时针方向,则$\int_L y\mathrm{d}x - x\mathrm{d}y =$ ________.

12.3　格林公式及其应用

12.3.1　格林公式

一元函数微积分学,有牛顿-莱布尼茨公式

$$\int_a^b f(x)\mathrm{d}x = F(b) - F(a) \quad 或 \quad \int_a^b F'(x)\mathrm{d}x = F(b) - F(a).$$

对于曲线积分有如下定理.

定理 12.3　设闭区域 D 由分段光滑的曲线 L 围成,函数 $P(x,y)$ 及 $Q(x,y)$ 在 D 上具有一阶连续偏导数,则有

$$\oint_L P(x,y)\mathrm{d}x + Q(x,y)\mathrm{d}y = \iint_D \left(\frac{\partial Q}{\partial x} - \frac{\partial P}{\partial y}\right)\mathrm{d}x\mathrm{d}y,$$

其中,L 是 D 的取正向的边界曲线.

边界曲线 L 的正向是指质点沿该方向移动时,区域 D 总在它的左边.

证明略.

格林公式沟通了沿闭曲线的积分与二重积分之间的联系.

以上公式中取 $P=-y, Q=x$,可得区域 D 的面积为

$$A = \frac{1}{2}\oint_L x\mathrm{d}y - y\mathrm{d}x.$$

12.3.2　格林公式的应用

1. 简化曲线积分

例 12.8　求 $\int_{AB} x\mathrm{d}y$,其中,曲线 AB 是半径为 r 的圆在第一象限的部分.

解　如图 12-8 所示,引入 $L=\overrightarrow{OA}+AB+\overrightarrow{BO}$,由于 $\int_{\overrightarrow{OA}} x\mathrm{d}y = 0, \int_{\overrightarrow{BO}} x\mathrm{d}y = 0$,所以

$$\int_{AB} x\mathrm{d}y = \int_L x\mathrm{d}y - \left(\int_{\overrightarrow{OA}} x\mathrm{d}y + \int_{\overrightarrow{BO}} x\mathrm{d}y\right)$$

$$= -\iint_D \mathrm{d}x\mathrm{d}y = -\frac{1}{4}\pi r^2.$$

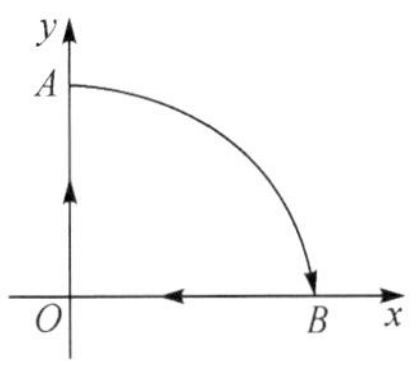

图 12-8

例 12.9　计算 $\oint_L \frac{x\mathrm{d}y - y\mathrm{d}x}{x^2+y^2}$,其中,$L$ 为一条无重点,分段光滑且不经过原点的连续闭曲线(逆时针方向).

解　由于 $P(x,y)=\frac{-y}{x^2+y^2}, Q(x,y)=\frac{x}{x^2+y^2}, x^2+y^2\neq 0$ 时,有

$$\frac{\partial Q}{\partial x} = \frac{y^2-x^2}{(x^2+y^2)^2} = \frac{\partial P}{\partial y},$$

所以,当闭曲线 L 内不含原点时

$$\oint_L \frac{x\mathrm{d}y - y\mathrm{d}x}{x^2+y^2} = \iint_D \left(\frac{\partial Q}{\partial x} - \frac{\partial P}{\partial y}\right)\mathrm{d}x\mathrm{d}y = 0,$$

当闭曲线 L 内含原点时，在 L 内作 $l: x^2+y^2=r^2$（图 12-9），设 D_1 是介于 L 与 l 之间的区域，可得

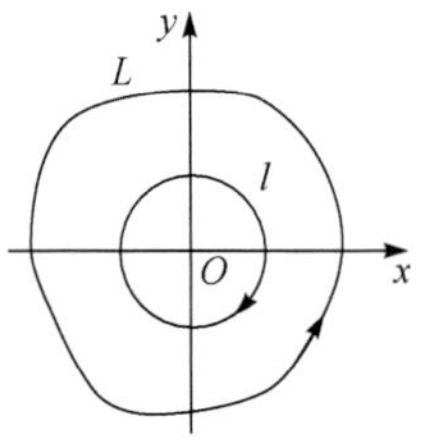

图 12-9

$$\begin{aligned}\oint_L \frac{x\mathrm{d}y - y\mathrm{d}x}{x^2+y^2} &= \oint_{L+l} \frac{y\mathrm{d}y - y\mathrm{d}x}{x^2+y^2} - \oint_l \frac{x\mathrm{d}y - y\mathrm{d}x}{x^2+y^2} \\ &= \iint_{D_1} \left(\frac{\partial Q}{\partial x} - \frac{\partial P}{\partial y}\right)\mathrm{d}x\mathrm{d}y \\ &\quad - \int_0^{-2\pi} \frac{r^2\cos^2\theta + r^2\sin^2\theta}{r^2}\mathrm{d}\theta \\ &= 2\pi.\end{aligned}$$

2. 简化二重积分

例 12.10　计算 $\iint_D \mathrm{e}^{-y^2}\mathrm{d}x\mathrm{d}y$，其中，$D$ 是以 $O(0,0)$，$A(1,1)$，$B(0,1)$ 为顶点的三角形区域.

解　如图 12-10 所示.

令 $P=0, Q=x\mathrm{e}^{-y^2}$，则 $\dfrac{\partial Q}{\partial x} - \dfrac{\partial P}{\partial y} = \mathrm{e}^{-y^2}$，因此有

$$\begin{aligned}\iint_D \mathrm{e}^{-y^2}\mathrm{d}x\mathrm{d}y &= \oint_{OA+AB+BO} x\mathrm{e}^{-y^2}\mathrm{d}y = \int_{OA} x\mathrm{e}^{-y^2}\mathrm{d}y = \int_0^1 x\mathrm{e}^{-x^2}\mathrm{d}x \\ &= \frac{1}{2}(1-\mathrm{e}^{-1}).\end{aligned}$$

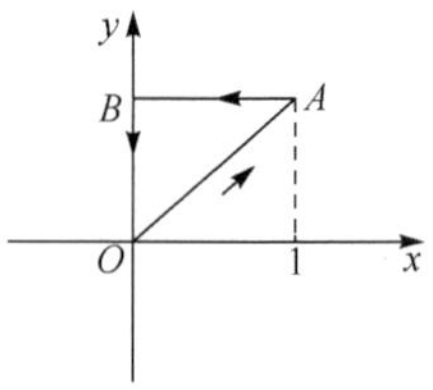

图 12-10

12.3.3　平面上曲线积分与路径无关的条件

设 G 为一个区域，A 与 B 为 G 内的任意两点，L_1 与 L_2 为 G 内任意两条连接 A 与 B 的分段光滑的曲线，如果

$$\int_{L_1} P(x,y)\mathrm{d}x + Q(x,y)\mathrm{d}y = \int_{L_2} P(x,y)\mathrm{d}x + Q(x,y)\mathrm{d}y,$$

则称曲线积分 $\int_{L_1} P(x,y)\mathrm{d}x + Q(x,y)\mathrm{d}y$ 在 G 内与路径无关. 由于

$$\int_{L_1} P(x,y)\mathrm{d}x + Q(x,y)\mathrm{d}y = \int_{L_2} P(x,y)\mathrm{d}x + Q(x,y)\mathrm{d}y,$$

$$\Leftrightarrow \int_{L_1} P(x,y)\mathrm{d}x + Q(x,y)\mathrm{d}y + \int_{L_2^-} P(x,y)\mathrm{d}x + Q(x,y)\mathrm{d}y = 0,$$

$$\Leftrightarrow \oint_{L_1+L_2^-} P(x,y)\mathrm{d}x + Q(x,y)\mathrm{d}y = 0.$$

因此，曲线积分$\int_{L_1} P(x,y)\mathrm{d}x + Q(x,y)\mathrm{d}y$在$G$内与路径无关等价于沿$G$内的任何闭曲线$L$，曲线积分$\oint_L P(x,y)\mathrm{d}x+Q(x,y)\mathrm{d}y=0$. 综合平面上曲线积分与路径无关的条件有如下的定理(证明略).

定理 12.4 设G是单连通区域，L是分段光滑的曲线，函数$P(x,y)$，$Q(x,y)$在G内具有一阶连续偏导数，则$\int_L P(x,y)\mathrm{d}x + Q(x,y)\mathrm{d}y$在$G$内与路径无关

$$\Leftrightarrow \oint_L P(x,y)\mathrm{d}x + Q(x,y)\mathrm{d}y = 0,\quad L \in G,$$

$$\Leftrightarrow \frac{\partial P}{\partial y} = \frac{\partial Q}{\partial x},\quad L \in G,$$

$$\Leftrightarrow \exists\, u = u(x,y)\text{使得 } \mathrm{d}u = P(x,y)\mathrm{d}x + Q(x,y)\mathrm{d}y,\ (x,y) \in G.$$

注 12.7 G为单连通区域是指它是由一条平面封闭曲线所围，也即G内任意封闭曲线所围区域都是G的子集. 否则，G称为**复连通区域**.

注 12.8 $\int_L P(x,y)\mathrm{d}x + Q(x,y)\mathrm{d}y$在$G$内与路径无关，$P_1(x_1,y_2)$，$P_2(x_1,y_2) \in G$时也记

$$\int_{\widetilde{P_1P_2}} P(x,y)\mathrm{d}x + Q(x,y)\mathrm{d}y = \int_{P_1}^{P_2} P(x,y)\mathrm{d}x + Q(x,y)\mathrm{d}y.$$

当存在$u=u(x,y)$，使得$\mathrm{d}u=P(x,y)\mathrm{d}x+Q(x,y)\mathrm{d}y$，$(x,y)\in G$时，则有

$$\int_{P_1}^{P_2} P(x,y)\mathrm{d}x + Q(x,y)\mathrm{d}y = u(P_2) - u(P_1) = u(x,y)\Big|_{P_1}^{P_2}.$$

例 12.11 求$\int_L (x^2+2xy)\mathrm{d}x + (x^2+y^4)\mathrm{d}y$，$L$为由点$O(0,0)$到点$B(1,1)$的曲线弧$y=\sin\dfrac{\pi x}{2}$.

解 如图 12-11 所示，有

$$\frac{\partial P}{\partial y} = \frac{\partial}{\partial y}(x^2+2xy) = 2x,\quad \frac{\partial Q}{\partial x} = \frac{\partial}{\partial x}(x^2+y^4) = 2x,$$

原积分与路径无关，考虑折线段$\overline{OAB}$可给出

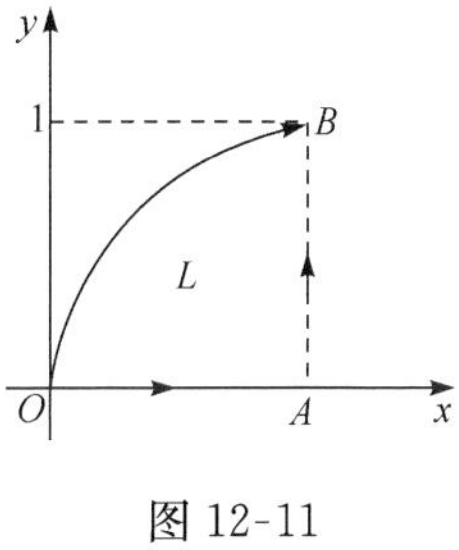

图 12-11

$$\text{原式} = \int_{\overline{OAB}} (x^2+2xy)\mathrm{d}x + (x^2+y^4)\mathrm{d}y$$

$$=\int_0^1 x^2\mathrm{d}x+\int_0^1(1+y^4)\mathrm{d}y=\frac{23}{15}.$$

这里的例题,考虑凑微分方法也可给出一样的结果如下

$$\text{原式}=\int_{(0,0)}^{(1,1)}(x^2\mathrm{d}x+y^4\mathrm{d}y)+(2xy\mathrm{d}x+x^2\mathrm{d}y)$$

$$=\int_{(0,0)}^{(1,1)}\mathrm{d}\left(\frac{x^3}{3}+\frac{y^5}{5}+x^2y\right)=\left(\frac{x^3}{3}+\frac{y^5}{5}+x^2y\right)\Bigg|_{(0,0)}^{(1,1)}=\frac{23}{15}.$$

习 题 12.3

1. 判断题:

(1) 设函数 $P(x,y)$ 和 $Q(x,y)$ 在平面有界闭区域 D 上有连续的一阶偏导数,且 $\dfrac{\partial P}{\partial y}=\dfrac{\partial Q}{\partial x}$,$L$ 是一条含于 D 内的光滑闭曲线,则 $\oint_L P\mathrm{d}x+Q\mathrm{d}y=0$ ( );

(2) 积分 $\oint_L \dfrac{x\mathrm{d}y-y\mathrm{d}x}{x^2+y^2}=0$,其中 L 是平面上不通过坐标原点的光滑闭曲线 ( );

(3) $\oint_L 2xy\mathrm{d}x+x^2\mathrm{d}y=0$,$L$ 是平面上的光滑闭曲线 ( ).

2. 计算曲线积分 $\int_C \mathrm{e}^x(\cos y\mathrm{d}x-\sin y\mathrm{d}y)$,其中 C 为从坐标原点起,经曲线 $y=x^2$ 到点 (a,a^2) 的路径.

3. 应用格林公式求下列曲线积分:

(1) $\oint_C xy^2\mathrm{d}y-x^2y\mathrm{d}x$,$C$ 为按逆时针方向绕圆 $x^2+y^2=1$ 的一周;

(2) $\oint_C(x+y^2)\mathrm{d}x+(x^2-y^2)\mathrm{d}y$,$C$ 为依次经过点 $A(1,1)$,$B(3,2)$,$C(3,5)$ 为顶点的三角形 ABC 的围线;

(3) $\int_{AO}(\mathrm{e}^x\sin y-my)\mathrm{d}x+(\mathrm{e}^x\cos y-m)\mathrm{d}y$,$AO$ 为由点 $A(1,0)$ 到 $O(0,0)$ 的上半圆 $x^2+y^2=x$.

4. 证明曲线积分 $\int_{(1,1)}^{(2,3)}(x+y)\mathrm{d}x+(x-y)\mathrm{d}y$ 在整个 xOy 平面上与路径无关,并计算积分值.

*12.4　第一型曲面积分

12.4.1　第一型曲面积分的概念与性质

设 Σ 为一块曲面，各点的密度(面密度)为 $\mu(x,y,z)$，求曲面的质量.

(1) **分割**. 将曲面 Σ 任意分成 n 个小曲面 $\Delta S_1,\Delta S_2,\cdots,\Delta S_n$，$\Delta S_i$ 既表示第 i 个小曲面，又表示第 i 个小曲面的面积.

(2) **作和**. 在第 i 个小曲面 ΔS_i 上任取一点 (ξ_i,η_i,ζ_i)，对应的密度为 $\mu(\xi_i,\eta_i,\zeta_i)$，作乘积 $\mu(\xi_i,\eta_i,\zeta_i)\Delta S_i(i=1,2,\cdots,n)$，作和 $\sum\limits_{i=1}^{n}\mu(\xi_i,\eta_i,\zeta_i)\Delta S_i$.

(3) **取极限**. 令 λ 表示各小曲面直径的最大值，曲面 Σ 的质量定义为

$$M=\lim_{\lambda\to 0}\sum_{i=1}^{n}\mu(\xi_i,\eta_i,\zeta_i)\Delta S_i .$$

抽象地，对于在曲面 Σ 上的有界函数 $f(x,y,z)$，如果极限 $\lim\limits_{\lambda\to 0}\sum\limits_{i=1}^{n}f(\xi_i,\eta_i,\zeta_i)\Delta S_i$ 存在，则称此极限为函数 $f(x,y,z)$ 在曲面 Σ 上对面积(或第一型)的曲面积分，记为

$$\iint_{\Sigma}f(x,y,z)\mathrm{d}S=\lim_{\lambda\to 0}\sum_{i=1}^{n}f(\xi_i,\eta_i,\zeta_i)\Delta S_i .$$

几点说明：

(1) 如果函数 $f(x,y,z)$ 在曲面 Σ 上连续，则 $f(x,y,z)$ 在曲面 Σ 上对面积的曲面积分存在.

(2) 如果 $f(x,y,z)=\mu(x,y,z)$ 为曲面 Σ 的质量密度函数，曲面 Σ 的质量为

$$m=\iint_{\Sigma}\mu(x,y,z)\mathrm{d}S=\lim_{\lambda\to 0}\sum_{i=1}^{n}\mu(\xi_i,\eta_i,\zeta_i)\Delta S_i=M.$$

(3) 如果曲面 Σ 由两块曲面 Σ_1,Σ_2 组成，则

$$\iint_{\Sigma}f(x,y,z)\mathrm{d}S=\iint_{\Sigma_1}f(x,y,z)\mathrm{d}S+\iint_{\Sigma_2}f(x,y,z)\mathrm{d}S.$$

(4) 如果在曲面 Σ 上，$f(x,y,z)\equiv 1$，则

$$\iint_{\Sigma}f(x,y,z)\mathrm{d}S=\iint_{\Sigma}1\mathrm{d}S\overset{\text{记}}{=}\iint_{\Sigma}\mathrm{d}S=S\text{—— 曲面 }\Sigma\text{ 的面积.}$$

12.4.2　第一型曲面积分的计算法

按照曲面的不同情况分为以下三种(证明略，涉及被积函数均约定为连续的).

(1) 曲面 Σ 的方程为 $z=z(x,y)$，Σ 在 xOy 面上的投影区域为 D_{xy} 时有

$$\iint\limits_{\Sigma} f(x,y,z)\mathrm{d}S=\iint\limits_{D_{xy}} f[x,y,z(x,y)]\sqrt{1+z_x^2(x,y)+z_y^2(x,y)}\,\mathrm{d}x\mathrm{d}y\,.$$

(2) 曲面 Σ 的方程为 $y=y(x,z)$，Σ 在 xOz 面上的投影区域为 D_{xz} 时有

$$\iint\limits_{\Sigma} f(x,y,z)\mathrm{d}S=\iint\limits_{D_{xz}} f[x,y(x,z),z]\sqrt{1+y_x^2(x,z)+y_z^2(x,z)}\,\mathrm{d}x\mathrm{d}z.$$

(3) 曲面 Σ 的方程为 $x=x(y,z)$，Σ 在 yOz 面上的投影区域为 D_{yz} 时有

$$\iint\limits_{\Sigma} f(x,y,z)\mathrm{d}S=\iint\limits_{D_{yz}} f[x(y,z),y,z]\sqrt{1+x_y^2(y,z)+x_z^2(y,z)}\,\mathrm{d}y\mathrm{d}z\,.$$

例 12.12　计算曲面积分 $\iint\limits_{\Sigma}\frac{\mathrm{d}S}{z}$，$\Sigma$ 是球面 $x^2+y^2+z^2=a^2$ 被平面 $z=h(0<h<a)$ 截出的顶部.

解　$\Sigma: z=\sqrt{a^2-x^2-y^2}$，$D_{xy}: x^2+y^2\leqslant a^2-h^2$，而且

$$\sqrt{1+z_x^2(x,y)+z_y^2(x,y)}=\frac{a}{\sqrt{a^2-x^2-y^2}},$$

$$\iint\limits_{\Sigma}\frac{\mathrm{d}S}{z}=\iint\limits_{D}\frac{a\,\mathrm{d}x\mathrm{d}y}{a^2-x^2-y^2}=\iint\limits_{D}\frac{ar\,\mathrm{d}r\mathrm{d}\theta}{a^2-r^2}=\int_0^{2\pi}\mathrm{d}\theta\int_0^{\sqrt{a^2h^2}}\frac{ar\,\mathrm{d}r}{a^2-r^2}=2\pi a\ln\frac{a}{h}.$$

例 12.13　计算曲面积分 $\oiint\limits_{\Sigma} xyz\,\mathrm{d}S$，$\Sigma$ 是由平面 $x=0, y=0, z=0$ 及 $x+y+z=1$ 所围成的四面体的整个边界曲面.

解　如图 12-12 所示，$\Sigma=\Sigma_1+\Sigma_2+\Sigma_3+\Sigma_4$，

在 Σ_1, Σ_2 及 Σ_3 上，被积函数 $xyz=0$，

在 $\Sigma_4: z=1-x-y$ 上有

$$\sqrt{1+z_x^2(x,y)+z_y^2(x,y)}=\sqrt{1+(-1)^2+(-1)^2}=\sqrt{3},$$

所以

$$\oiint\limits_{\Sigma} xyz\,\mathrm{d}S=\iint\limits_{\Sigma_1} xyz\,\mathrm{d}S+\iint\limits_{\Sigma_2} xyz\,\mathrm{d}S+\iint\limits_{\Sigma_3} xyz\,\mathrm{d}S+\iint\limits_{\Sigma_4} xyz\,\mathrm{d}S$$

$$=\iint\limits_{\Sigma_4} xyz\,\mathrm{d}S=\iint\limits_{D_{xy}}\sqrt{3}xy(1-x-y)\,\mathrm{d}x\mathrm{d}y$$

$$=\sqrt{3}\int_0^1\mathrm{d}x\int_0^{1-x} xy(1-x-y)\,\mathrm{d}y=\frac{\sqrt{3}}{120}.$$

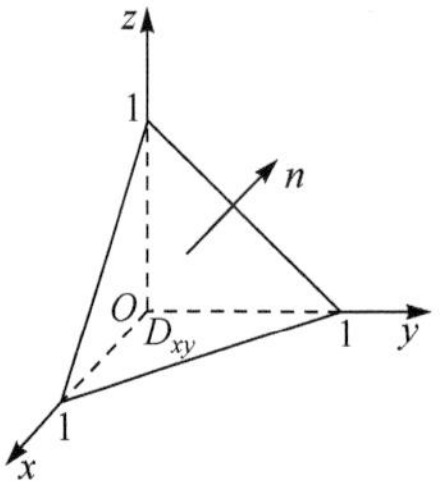

图 12-12

习　题　12.4

1. 求 $\iint\limits_{\Sigma}\mathrm{d}s$，$\Sigma$ 为 $z=2-(x^2+y^2)$ 在 xOy 面上方部分的曲面.

2. 求$\iint\limits_{\Sigma}(2xy-2x^2-x+z)\mathrm{d}s$，$\Sigma$ 为平面 $2x+2y+z=6$ 在第一象限中的部分.

*12.5　第二型曲面积分

12.5.1　第二型曲面积分的概念与性质

有向曲面　规定了侧的曲面称为有向曲面.

对于曲面 $\Sigma: z=z(x,y)$，指定侧依法向量 $\vec{n}=(-z_x,-z_y,1)$ 确定，若曲面 Σ 取上侧，也即，说曲面取上侧时，曲面的法向量应视为与 z 轴成锐角的夹角情况. 否则，相反情况，说曲面 Σ 取下侧.

对于曲面 $\Sigma: y=y(x,z)$，指定侧依法向量 $\vec{n}=(-y_x,1,-y_z)$ 确定，若曲面 Σ 取右侧，也即，说曲面取右侧时，曲面的法向量应视为与 y 轴成锐角的夹角情况. 否则，相反情况，说曲面 Σ 取左侧.

对于曲面 $\Sigma: x=x(y,z)$，指定侧依法向量 $\vec{n}=(1,-x_y,-x_z)$ 确定，若曲面 Σ 取前侧，也即，说曲面取前侧时，曲面的法向量应视为与 x 轴成锐角的夹角情况. 否则，相反情况，说曲面 Σ 取下侧.

有向曲面 Σ 为封闭曲线时，也有内侧或外侧之说，但对其涉及问题求解时都需要转换成上面所指几种侧的情况去进行.

设 Σ 是有向曲面，ΔS 为 Σ 上一块直径很的小曲面，ΔS 在 xOy 面上的投影区域的面积为 $(\Delta\sigma)_{xy}$，$\cos\gamma$ 为 ΔS 某点处的法向量与 z 轴正向夹锐角 γ 的余弦，有向曲面 ΔS 在 xOy 面上的投影(记为 $(\Delta S)_{xy}$) 定义为

$$(\Delta S)_{xy}=\begin{cases}(\Delta\sigma)_{xy}, & \cos\gamma>0,\\ -(\Delta\sigma)_{xy}, & \cos\gamma<0,\\ 0, & \cos\gamma=0.\end{cases}$$

类似地，可定义有向曲面 ΔS 在 yOz 面上的投影 $(\Delta S)_{yz}$ 及有向曲面 ΔS 在 xOz 面上的投影 $(\Delta S)_{xz}$.

定义 12.3　设 Σ 为光滑的有向曲面，函数 $R(x,y,z)$ 在 Σ 上有界.

(1) **分割.** 将 Σ 任意分成 n 个小有向曲面块 $\Delta S_1,\Delta S_2,\cdots,\Delta S_n$，第 i 块 ΔS_i 在 xOy 面上的投影分别为 $(\Delta S_i)_{xy}$.

(2) **作和.** 在第 i 块小曲面 ΔS_i 上任取一点 (ξ_i,η_i,ζ_i)，对应函数值为 $R(\xi_i,\eta_i,\zeta_i)$，作乘积

$$R(\xi_i,\eta_i,\zeta_i)(\Delta S_i)_{xy},\quad i=1,2,\cdots,n,$$

作和

$$\sum_{i=1}^{n} R(\xi_i, \eta_i, \zeta_i)(\Delta S_i)_{xy}.$$

(3) **取极限.** 设 λ 表示各小块曲面的直径的最大值，如果极限

$$\lim_{\lambda \to 0} \sum_{i=1}^{n} R(\xi_i, \eta_i, \zeta_i)(\Delta S_i)_{xy}$$

存在，则称此极限为函数 $R(x,y,z)$ 在有向曲面 Σ 上对坐标 x、y 的曲面积分，记为

$$\iint_{\Sigma} R(x,y,z)\mathrm{d}x\mathrm{d}y = \lim_{\lambda \to 0} \sum_{i=1}^{n} R(\xi_i, \eta_i, \zeta_i)(\Delta S_i)_{xy}.$$

类似地，函数 $P(x,y,z)$ 在有向曲面 Σ 上对坐标 y、z 的曲面积分定义为

$$\iint_{\Sigma} P(x,y,z)\mathrm{d}y\mathrm{d}z = \lim_{\lambda \to 0} \sum_{i=1}^{n} P(\xi_i, \eta_i, \zeta_i)(\Delta S_i)_{yz}.$$

函数 $Q(x,y,z)$ 在有向曲面 Σ 上对坐标 x、z 的曲面积分定义为

$$\iint_{\Sigma} Q(x,y,z)\mathrm{d}z\mathrm{d}x = \lim_{\lambda \to 0} \sum_{i=1}^{n} Q(\xi_i, \eta_i, \zeta_i)(\Delta S_i)_{zx}.$$

以上几种对坐标曲面的积分也简称为第二型曲面积分.

几点说明：

(1) 如果 $P(x,y,z)$、$Q(x,y,z)$、$R(x,y,z)$ 在 Σ 上连续，则对坐标的曲面积分存在.

(2) 如果分片光滑曲面 $\Sigma = \Sigma_1 + \Sigma_2$，则

$$\iint_{\Sigma} R(x,y,z)\mathrm{d}x\mathrm{d}y = \iint_{\Sigma_1} R(x,y,z)\mathrm{d}x\mathrm{d}y + \iint_{\Sigma_2} R(x,y,z)\mathrm{d}x\mathrm{d}y$$

并且，对坐标 y,z 及坐标 z,x 的曲面积分也有同样结果；Σ 是封闭曲线时也使用 $\iint_{\Sigma} = \oiint_{\Sigma}$.

(3) 设 Σ^- 表示与 Σ 有相反侧的有向曲面，则

$$\iint_{\Sigma^-} R(x,y,z)\mathrm{d}x\mathrm{d}y = -\iint_{\Sigma} R(x,y,z)\mathrm{d}x\mathrm{d}y$$

(4) 事实上，第二型曲面积分可认为是由考虑在空间流动的流体的流量问题(流体力学、空气动力学、气象学等自然科学都可归结的问题)抽象出来的. 例如，以流速

$$\vec{v} = \vec{v}(x,y,z) = P(x,y,z)\vec{i} + Q(x,y,z)\vec{j} + R(x,y,z)\vec{k}$$

的某液态或气态流体在空间中流动，单位时间内通过定向曲面 Σ 的流量(可定义)为

$$\Phi = \int_{\Sigma} P\mathrm{d}y\mathrm{d}z + Q\mathrm{d}z\mathrm{d}x + R\mathrm{d}x\mathrm{d}y.$$

12.5.2　第二型曲面积分的计算

按照曲面的不同情况分为以下三种(证明略,涉及被积函数均约定为连续的).

若有向曲面 $\Sigma: z = z(x,y)$ 在 xOy 面上的投影区域为 D_{xy},则

$$\iint_{\Sigma} R(x,y,z)\mathrm{d}x\mathrm{d}y = \pm \iint_{D_{xy}} R[x,y,z(x,y)]\mathrm{d}x\mathrm{d}y,$$

其中,Σ 是上侧时取"+"号,是下侧时取"−"号.

若有向曲面 $\Sigma: x = x(y,z)$ 在 yOz 面上投影区域为 D_{yz},则

$$\iint_{\Sigma} P(x,y,z)\mathrm{d}y\mathrm{d}z = \pm \iint_{D_{yz}} P[x(y,z),y,z]\mathrm{d}y\mathrm{d}z,$$

其中,Σ 是前侧时取"+"号,后侧时取"−"号.

若有向曲面 $\Sigma: y = y(x,z)$ 在 xOz 面上投影区域为 D_{xz},则

$$\iint_{\Sigma} Q(x,y,z)\mathrm{d}z\mathrm{d}x = \pm \iint_{D_{xz}} Q[x,y(x,z),z]\mathrm{d}x\mathrm{d}z,$$

其中,Σ 是右侧时取"+"号,Σ 是左侧时取"−"号.

例 12.14　计算曲面积分 $\iint_{\Sigma} xyz\,\mathrm{d}x\mathrm{d}y$,$\Sigma$ 是球面 $x^2+y^2+z^2=1, x\geqslant 0, y\geqslant 0$ 部分的外侧.

解　如图 12-13 所示,Σ 由 2 个部分组成,即

$\Sigma_1: z = -\sqrt{1-x^2-y^2}$ 的下侧,$\Sigma_2: z = \sqrt{1-x^2-y^2}$ 的上侧,

Σ_1 与 Σ_2 在 xOy 面上投影区域 $D_{xy}: x^2+y^2 \leqslant 1$ 的第一象限部分.

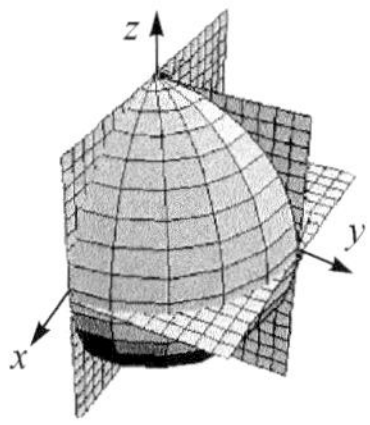

图 12-13

$$\begin{aligned}\iint_{\Sigma} xyz\,\mathrm{d}x\mathrm{d}y &= \iint_{\Sigma_1} xyz\,\mathrm{d}x\mathrm{d}y + \iint_{\Sigma_2} xyz\,\mathrm{d}x\mathrm{d}y \\ &= -\iint_{D_{xy}} xy(-\sqrt{1-x^2-y^2})\mathrm{d}x\mathrm{d}y + \iint_{D_{xy}} xy(\sqrt{1-x^2-y^2})\mathrm{d}x\mathrm{d}y \\ &= 2\iint_{D} xy(\sqrt{1-x^2-y^2})\mathrm{d}x\mathrm{d}y = 2\iint_{D} r^2\cos\theta\sin\theta\sqrt{1-r^2}\,r\mathrm{d}r\mathrm{d}\theta \\ &= \int_0^{2\pi}\sin 2\theta\mathrm{d}\theta\int_0^1 r^3\sqrt{1-r^2}\mathrm{d}r = \frac{2}{15}\end{aligned}$$

例 12.15　计算曲面积分 $\iint_{\Sigma} x^2\mathrm{d}y\mathrm{d}z + y^2\mathrm{d}z\mathrm{d}x + z^2\mathrm{d}x\mathrm{d}y$,$\Sigma$ 是长方体

$$\Omega = \{(x,y,z) \mid 0\leqslant x\leqslant a, 0\leqslant y\leqslant b, 0\leqslant z\leqslant c\}$$

的表面的外侧.

解　如图 12-14 所示,Σ 分成 6 个部分组,即

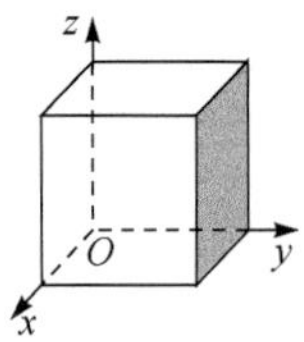

图 12-14

$\Sigma_1: z=c(0\leqslant x\leqslant a, 0\leqslant y\leqslant b)$ 的上侧,$\Sigma_2: z=0(0\leqslant x\leqslant a, 0\leqslant y\leqslant b)$ 的下侧,

$\Sigma_3: x=a(0\leqslant y\leqslant b, 0\leqslant z\leqslant c)$ 的前侧,$\Sigma_4: x=0(0\leqslant y\leqslant b, 0\leqslant z\leqslant c)$ 的后侧,

$\Sigma_5: y=b(0\leqslant x\leqslant a, 0\leqslant z\leqslant c)$ 的右侧,$\Sigma_6; y=0(0\leqslant x\leqslant a, 0\leqslant z\leqslant c)$ 的左侧,

由于除 Σ_3, Σ_4 外,其余四个曲面在 yOz 面上的投影区域面积为零,因此

$$\iint_{\Sigma} x^2\mathrm{d}y\mathrm{d}z=\iint_{\Sigma_3} x^2\mathrm{d}y\mathrm{d}z+\iint_{\Sigma_4} x^2\mathrm{d}y\mathrm{d}z=\iint_{D_{yz}} a^2\mathrm{d}y\mathrm{d}z+\iint_{D_{yz}} 0\mathrm{d}y\mathrm{d}z=a^2bc,$$

同理有

$$\iint_{\Sigma} y^2\mathrm{d}z\mathrm{d}x=ab^2c, \iint_{\Sigma} z^2\mathrm{d}x\mathrm{d}y=abc^2,$$

所以

$$\iint_{\Sigma} x^2\mathrm{d}y\mathrm{d}z+y^2\mathrm{d}z\mathrm{d}x+z^2\mathrm{d}x\mathrm{d}y=(a+b+c)abc.$$

12.5.3　两类型曲面积分间的联系

这里不给证明,只给出公式结论.

$$\iint_{\Sigma} P\mathrm{d}y\mathrm{d}z+Q\mathrm{d}z\mathrm{d}x+R\mathrm{d}x\mathrm{d}y=\iint_{\Sigma}(P\cos\alpha+Q\cos\beta+R\cos\gamma)\mathrm{d}S,$$

其中,$\cos\alpha, \cos\beta, \cos\gamma$ 是有向曲面 Σ 法向量的方向余弦,若 $\Sigma: z=f(x, y)$,可取

$$\cos\alpha=\frac{-\mathrm{d}x}{\sqrt{1+f_x^2+f_y^2}},\quad \cos\beta=\frac{-\mathrm{d}y}{\sqrt{1+f_x^2+f_y^2}},\quad \cos\beta=\frac{1}{\sqrt{1+f_x^2+f_y^2}}.$$

习　题　12.5

1. 设 Σ 为球面 $R^2=x^2+y^2+z^2$ 的外侧,求 $\iint_{\Sigma} x^2y^2z\mathrm{d}x\mathrm{d}y$.

2. 求 $\oint\!\!\oint_{\Sigma} xz\mathrm{d}x\mathrm{d}y+xy\mathrm{d}y\mathrm{d}z+yz\mathrm{d}z\mathrm{d}x$,$\Sigma$ 为平面 $x=0, y=0, z=0, x+y+z=1$ 所围空间区域的整个边界曲面的外侧.

*12.6　高斯公式　斯托克斯公式

定理 12.5(高斯公式)　设空间区域 Ω 由分片光滑的闭曲面 Σ 所围成,函数

$P(x,y,z)$、$Q(x,y,z)$、$R(x,y,z)$ 在 Ω 上具有一阶连续偏导数，则

$$\oiint_{\Sigma} P(x,y,z)\mathrm{d}y\mathrm{d}z + Q(x,y,z)\mathrm{d}z\mathrm{d}x + R(x,y,z)\mathrm{d}x\mathrm{d}y = \iiint_{\Omega}\left(\frac{\partial P}{\partial x}+\frac{\partial Q}{\partial y}+\frac{\partial R}{\partial z}\right)\mathrm{d}v,$$

其中，Σ 是 Ω 的整个边界曲面的外侧.

证明略.

例 12.16　计算 $\oiint_{\Sigma}(x-y)\mathrm{d}x\mathrm{d}y+(y-z)x\mathrm{d}y\mathrm{d}z$，$\Sigma$ 为柱面 $x^2+y^2=1$ 及平面 $z=0$，$z=3$ 所围成的空间闭区域 Ω 的整个边界曲面的外侧.

解　如图 12-15 所示，$P=(y-z)x$，$Q=0$，$R=(x-y)$，利用高斯公式，得

$$\begin{aligned}&\oiint_{\Sigma}(x-y)\mathrm{d}x\mathrm{d}y+(y-z)x\mathrm{d}y\mathrm{d}z\\ =&\iiint_{\Omega}(y-z)\mathrm{d}v=\iiint_{\Omega}(\rho\sin\theta-z)\rho\mathrm{d}\rho\mathrm{d}\theta\mathrm{d}z\\ =&\int_0^{2\pi}\mathrm{d}\theta\int_0^1\rho\mathrm{d}\rho\int_0^3(\rho\sin\theta-z)\mathrm{d}z=-\frac{9\pi}{2}.\end{aligned}$$

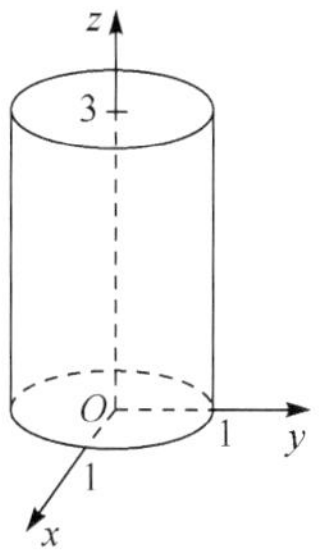

图 12-15

定理 12.6（斯托克斯公式）　设 Γ 为分段光滑的空间有向闭曲线，Σ 是以 Γ 为边界的分片光滑的有向曲面，Γ 的正向与 Σ 的侧符合右手规则，函数 $P(x,y,z)$、$Q(x,y,z)$、$R(x,y,z)$ 在包含曲面 Σ 的某个区域上具有一阶连续偏导数，则

$$\oint_{\Gamma}P\mathrm{d}x+Q\mathrm{d}y+R\mathrm{d}z=\iint_{\Sigma}\left(\frac{\partial R}{\partial y}-\frac{\partial O}{\partial z}\right)\mathrm{d}y\mathrm{d}z+\left(\frac{\partial P}{\partial z}-\frac{\partial R}{\partial x}\right)\mathrm{d}z\mathrm{d}x+\left(\frac{\partial Q}{\partial x}-\frac{\partial P}{\partial y}\right)\mathrm{d}x\mathrm{d}y$$

$$=\iint_{\Sigma}\begin{vmatrix}\mathrm{d}y\mathrm{d}z & \mathrm{d}z\mathrm{d}x & \mathrm{d}x\mathrm{d}y\\ \dfrac{\partial}{\partial x} & \dfrac{\partial}{\partial y} & \dfrac{\partial}{\partial z}\\ P & Q & R\end{vmatrix}=\iint_{\Sigma}\begin{vmatrix}\cos\alpha & \cos\beta & \cos\gamma\\ \dfrac{\partial}{\partial x} & \dfrac{\partial}{\partial y} & \dfrac{\partial}{\partial z}\\ P & Q & R\end{vmatrix}\mathrm{d}s,$$

其中，行列式记法中按第一行展开时，$\dfrac{\partial}{\partial x}$ 与 R 的“积”理解为 $\dfrac{\partial R}{\partial x}$，类似理解 $\dfrac{\partial}{\partial x}$ 与 Q 的“积”等.

证明略.

注 12.9　Γ 的正向与 Σ 的侧符合右手规则，即右手拇指指向 Σ 在某侧的法向量时，其余四指顺着 Γ 的取向.

例 12.17　计算曲线积分 $\oint_{\Gamma}z\mathrm{d}x+x\mathrm{d}y+y\mathrm{d}z$，其中，$\Gamma$ 为平面 $x+y+z=1$ 被三个坐标面所截成的三角形的整个边界，其正向与三角形的上侧符合右手规则.

解 如图 12-16 所示.

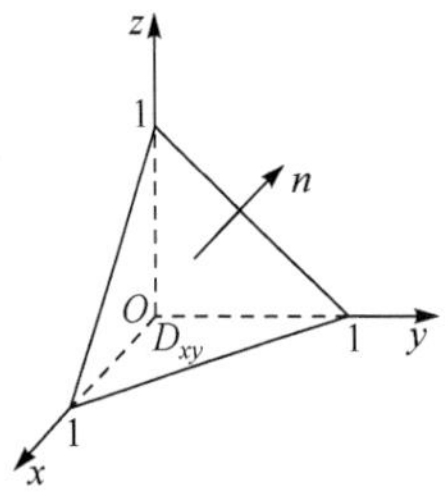

图 12-16

曲线 Γ 是以 Γ 为边界的平面三角形 Σ 的边界,利用斯托克斯公式,得

$$\oint_{\Gamma} z\,\mathrm{d}x + x\,\mathrm{d}y + y\,\mathrm{d}z = \iint_{\Sigma} \mathrm{d}y\mathrm{d}z + \mathrm{d}z\mathrm{d}x + \mathrm{d}x\mathrm{d}y,$$

由于 Σ 在 xOy 面上的投影区域为 $D_{xy}: 0 \leqslant y \leqslant 1-x, 0 \leqslant x \leqslant 1$,

$$\iint_{\Sigma} \mathrm{d}x\mathrm{d}y = \iint_{D_{xy}} \mathrm{d}\sigma = \frac{1}{2}.$$

同理,或由对称性,可得 $\iint_{\Sigma} \mathrm{d}y\mathrm{d}z = \iint_{\Sigma} \mathrm{d}z\mathrm{d}x = \frac{1}{2}$,所以有

$$\oint_{\Gamma} z\,\mathrm{d}x + x\,\mathrm{d}y + y\,\mathrm{d}z = \frac{3}{2}.$$

习 题 12.6

1. 利用高斯公式计算下列第二型曲面积分:

(1) $\oiint_{S} yz\,\mathrm{d}y\mathrm{d}z + zx\,\mathrm{d}z\mathrm{d}x + xy\,\mathrm{d}x\mathrm{d}y$,其中,$S$ 是单位球面 $x^2+y^2+z^2=1$ 的外侧.

(2) $\oiint_{S} x^2\,\mathrm{d}y\mathrm{d}z + y^2\,\mathrm{d}z\mathrm{d}x + z^2\,\mathrm{d}x\mathrm{d}y$,其中,$S$ 是锥面 $x^2+y^2=z^2$ 与平面 $z=h(h>0)$ 所围立体表面的外侧.

2. 利用斯托克斯公式计算下列第二型曲线积分:

(1) $\oint_{C} y\,\mathrm{d}x + z\,\mathrm{d}y + x\,\mathrm{d}z$,其中,$C$ 是球面 $x^2+y^2+z^2=a^2$ 与平面 $x+y+z=0$ 的交线,且 C 的正方向由 $x+y+z=0$ 上侧的法线方向按右手法则来确定.

(2) $\oint_{C} (y^2+z^2)\mathrm{d}x + (x^2+z^2)\mathrm{d}y + (x^2+y^2)\mathrm{d}z$,其中,$C$ 是 $x+y+z=1$ 与三个坐标平面的交线,且从原点看取逆时针方向.